普通高等工科教育"十一五"规划教材

单片机原理及其应用

第2版

陈立周　陈　宇　编

机 械 工 业 出 版 社

本书是根据普通高等专科学校和高等职业技术学院机电类的教学培养计划，以及“单片机原理及其应用”课程的基本要求而编写的。内容包括单片机的基础知识、8051 系列单片机的结构、MCS-51 指令系统、编程技巧、存储器的扩展方法、中断、并口、串口、定时/计数器的结构与原理、C51 编程，以及单片机控制系统的硬件设计、软件调试等。由于本课程是实践性较强的课程，所以在内容上既注意讲述有关单片机的基础理论，也注意介绍在开发应用中会遇到的实际问题。

为适应近年来单片机技术的发展，本书在第 1 版的基础上作了修改补充，增加了串行扩展技术、对 PC 的串行通信、Windows 环境下集成开发软件等内容，以提高学生开发单片机应用系统的能力。还对第 1 版某些内容作了较详细的阐述，增加实例，使之更便于自学。

本书可作为普通高等专科学校和高等职业技术学院机电类专业有关单片机原理及应用、单片机控制系统、单片机接口之类课程的教材。也可以供电大和从事单片机控制系统开发工作的工程技术人员学习参考。

本书配有免费电子课件，欢迎选用本书作教材的老师登录 www.cmpedu.com 注册下载。

图书在版编目(CIP)数据

单片机原理及其应用/陈立周，陈宇编．—2 版．—北京：机械工业出版社，2008.5(2023.9 重印)
普通高等工科教育“十一五”规划教材
ISBN 978-7-111-08197-5

Ⅰ. 单…　Ⅱ. ①陈…②陈…　Ⅲ. 单片微型计算机—高等学校—教材　Ⅳ. TP368.1

中国版本图书馆 CIP 数据核字(2008)第 039150 号

机械工业出版社(北京市百万庄大街 22 号　邮政编码 100037)
责任编辑：贡克勤　版式设计：霍永明　责任校对：陈立辉
封面设计：王奕文　责任印制：单爱军
北京虎彩文化传播有限公司印刷
2023 年 9 月第 2 版第 10 次印刷
184mm×260mm · 15.75 印张 · 385 千字
标准书号：ISBN 978-7-111-08197-5
定价：39.80 元

电话服务	网络服务
客服电话：010-88361066	机　工　官　网：www.cmpbook.com
010-88379833	机　工　官　博：weibo.com/cmp1952
010-68326294	金　　书　　网：www.golden-book.com
封底无防伪标均为盗版	机工教育服务网：www.cmpedu.com

前　言

本书是参照高等专科学校和高等职业技术学院有关电类专业的教学计划及其培养目标，以及就业岗位对从事单片机控制系统设计人员的要求而编写的。经过几年使用，我们感到有必要对本书初版内容作些修改，增加例题，使它更加切合当前的教学实际，更有利于当前高专、高职同学的自学。希望能为高专、高职的师生提供一本更加适合的单片机原理和应用的教材。

“单片机原理及其应用”是一门实践性较强的课程，既要加强基础知识和基本理论，又要提高其实用性。所以在修订中一方面着重于基本原理的讲述，另一方面根据近年来单片机技术的发展、片内功能的加强、开发软件和开发设备的更新换代，以及新的应用器件的不断出现，力求修订后能反映这些领域的发展与变化，使得修订后教材，在原理与应用、深度与广度方面，能够更好地适应高专与高职层次。

考虑到教学时数的限制，在内容上力求精简，使得教师能在规定学时内教完主要内容。所增加的部分内容，着重于实际应用、由浅入深，多用实例，以便于同学自学。本书目录中打*的部分，可以根据教学课时数和学生的具体情况选择使用，也可以不讲，待将来直接从事单片机开发时，作为自学内容。

本书由陈立周和陈宇编写，雷伍老师主审。在审阅中主审根据多年从事单片机开发的经验，对本书内容提了许多宝贵的意见，在此表示深切的感谢，并对福建工程学院计算机与信息科学系有关老师和工作人员在修订过程中给予的支持与帮助致以深切的谢意。

书中难免还会存在问题和错误，敬请使用本书的老师和同学给予批评指正。编者电子信箱为 chenlz@ fjut. edu. cn。

编　者

目　录

第一章　单片机的基础知识

第一节　不同进位计数制及其互换

电子计算机包括单片机都是一种对数据信息进行处理与控制的机器，因此在学习计算机之前有必要先了解一下有关数的知识。

在人们日常生活中，都习惯于使用十进制，但在数字电路和计算机内部，由于只能通过电位高低表示 1 和 0 两个数码，所以计算机内部不用十进制而用二进制。这样，在使用计算机的时候，经常需要把常用的十进制转换为二进制。又由于用二进制表示一个数，所用的数码长，不但书写和阅读不方便，而且容易出错，所以书写时又常把二进制数据转换为十六进制。有些开发软件甚至要指定使用某种进制，为此学习单片机的第一步，先要熟悉这三种进位计数制间的互换。

二进制只使用 0 和 1 两个数码，超过 1 按逢 2 进 1 的规则进位。所以每左移 1 位，该位所代表的数值是前一位的 2 倍。每右移 1 位，数值为前一位的 1/2。

十进制使用 0～9 共 10 个数码，超过 9 按逢 10 进 1 规则进位。所以每左移 1 位，该位所代表的数值是前一位的 10 倍。每右移 1 位，数值为前一位的 1/10。

十六进制由 16 个数码组成，除 0～9 外，还另加 A、B、C、D、E、F 共 6 个字母，分别代表 10、11、12、13、14、15，超过 15 按逢 16 进 1 规则进位。所以每左移 1 位，该位所代表的数值是前一位的 16 倍。每右移 1 位，数值为前一位的 1/16。

任何一种进位计数制，其位数多少决定于所表示的数的大小，位数越多，所表示的数值也越大，考虑到本书所讲的单片机是一种字长为 8 位的计算机，所以下面讨论二进制时每个字节都取 8 位。超过 8 位的数，则用两个或两个以上字节表示。

为不使三种的进制数相混淆，一般可在二进制数的后面加上符号 B，例如二进制数 01100110B。十六进制数的后面加上符号 H，例如 6EH、4BH 等；也可以不在后面加 H，而在前面加$或 0X，如$ 5E、$ 4B、0X5E、0X4B 等等。不加 B 或 H 的数，一般就默认为十进制。

一、二进制与十六进制数的互换

一个 4 位二进制数，相当于 1 位的十六进制数。所以这两种进位制的数进行互换比较简单，可以把每 4 位的二进制数划为一组，然后对每一组进行相应的变换，例如二进制数 01101110B 转换为十六进制可写成：

0110　　　　1110

6　　　　　E

同样，把十六进制转换成二进制，每一位的十六进制数对应 4 位二进制数，例如：

4　　　　　B

0100　　　1011

并按习惯十六进制数写成6EH、4BH，二进制数写成01101110B、和01001011B。如果被转换的是一个小数，则分组时应以小数点为准；整数从小数点开始，从右向左每4位划为一组，小数部分则从小数点开始，从左向右也以4位为一组，如果最后一组不足4位，可以用零补齐。以数1101100.11011为例，数的前后都要补0，使小数点前后都补足8位，即形成

0110　1100.　1101　1000

6　　C.　　D　　8

即1101100.11011B，等于6C.D8H

例1-1　将十六进制数00H和0FFH转换为二进制数。

解：00H＝00000000B

0FFH＝11111111B（在书写十六进制数时，若打头的数为A～F，则应在A～F之前再加一个0，以表示这是一个数而不是其他符号）。

二、二进制与十进制数的互换

对于二进制整数，各位数的权可以用底数为2的$n-1$次幂来确定，n表示该数的位数，即第一位的权为$2^0=1$，第2位的权为$2^1=2$，…若已知一个二进制数为10101010B，对应的十进制值应为170，它的按权展开式为

$$10101010B=1\times2^7+0\times2^6+1\times2^5+0\times2^4+1\times2^3+0\times2^2+1\times2^1+0\times2^0=170$$

对于二进制小数，其小数点以后各位的权，可以用底数为2的负n次幂来确定，n同样表示位数，即从小数点向右算起，第1位的权为$2^{-1}=0.5$，第2位的权为$2^{-2}=0.25$，…例如求11001100.00110011B的十进制值，其按权展开式为

$$\begin{aligned}11001100.00110011B&=1\times2^7+1\times2^6+0\times2^5+0\times2^4+1\times2^3+1\times2^2+0\times2^1+0\times2^0\\&+0\times2^{-1}+0\times2^{-2}+1\times2^{-3}+1\times2^{-4}+0\times2^{-5}+0\times2^{-6}+1\times2^{-7}\\&+1\times2^{-8}=204.19921875\end{aligned}$$

反过来：要将十进制整数转换为二进制数，可以采用逐次除以2余数反序排列的方法，所谓反序排列；指第1次除以2的余数排在最低位。以十进制数25为例，逐次除以2列式如下：

25÷2＝12 ……余1

12÷2＝6 ……余0

6÷2＝3 ……余0

3÷2＝1 ……余1

1÷2＝0 ……余1

由于8位微型计算机习惯将二进制数写成8位，可得

25＝00011001B

如果二进制数不超过8位，即十进制数不超过255，也可以不必列式，直接用口算转换。

要把十进制小数转换为二进制数，则小数部分不是用除2，而是逐次乘2，每次乘积若产生整数则将整数个位（即所为溢出位）按正序排列，小数部分继续乘2。以33.6875为例，其整数部分

33＝00100001B

其小数部分逐次乘2

$0.6875 \times 2 = 1.375$ ……小数点左边整数为1

$0.375 \times 2 = 0.75$ ……小数点左边整数为0

$0.75 \times 2 = 1.5$ ……小数点左边整数为1

$0.5 \times 2 = 1$ ……小数点左边整数为1

可得

$$33.6875 = 00100001.10110000B$$

三、十进制与十六进制数的互换

由于已经掌握了十进制与二进制的互换以及十六进制与二进制的互换，因此要把十进制数转换为十六进制数，可以先转换成二进制数，再改写成十六进制数。反之，十六进制数也可以先改成二进制数，再转换成十进制数。

十六进制数也可以按各位的权，利用按权展开式，求出该数对应的十进制数值。整数各位的权等于底数为16的 $n-1$ 次幂，（n 为位数），即第1位的权为 $16^0=1$，第2位的权为 $16^1=16$，依次类推。例如十六进制的数为8A71H，可用按权展开式求出十进制值，即

$$8A71H = 8 \times 16^3 + 10 \times 16^2 + 7 \times 16^1 + 1 \times 16^0 = 35441$$

对于十六进制的小数，其小数点以后各位的权，同样可以用底数为16的负 n 次幂来确定，n 表示位数，即从小数点向右算起，第一位的权为 $16^{-1}=0.0625$，第二位的权为 $16^{-2}=0.00390625$……。例如某个十六进制小数为0.4AC9H，转换为十进制值的按权展开式为

$$0.4AC9H = 4 \times 16^{-1} + 10 \times 16^{-2} + 12 \times 16^{-3} + 9 \times 16^{-4} = 0.2921295$$

反过来，要把十进制转换为十六进制数，其方法与十进制数转换为二进制相似，即整数部分采用逐次除以16，余数反序排列的方法。以13562为例：

$13562 \div 16 = 847$ ……余10(记作0AH)

$847 \div 16 = 52$ ……余15(记作0FH)

$52 \div 16 = 3$ ……余4

$3 \div 16 = 0$ ……余3

可得

$$13562 = 34FAH$$

十进制小数转换为十六进制小数，同样采用小数部分逐次乘16，每次乘积若产生整数，则将所得整数按正序排列，例如十进制小数0.359375转换为十六进制数：

$0.359375 \times 16 = 5.75$ ……小数点左边整数为5

$0.75 \times 16 = 12.0$ ……小数点左边整数为0CH

可得

$$0.359375 = 0.5CH$$

例1-2　将常用的十六进制数0FFH、0100H、0200H、0400H、0800H、0FFFFH、010000H化为二进制数和十进制数。

解：先按每一位十六进制数对应4位二进制数的原则，将十六进制数转换为二进制数，再用按权展开式或直接用口算转换为十进制：

0FFH = 11111111B = 255

0100H = 00000001 00000000B = 256

0200H = 00000010 00000000B = 512

0400H = 00000100 00000000B = 1024(简称 1K)

0800H = 00001000 00000000B = 2048(简称 2K)

0FFFFH = 11111111 11111111B = 65535(简称 64K)

010000H = 00000001 00000000 00000000B = 65536

第二节 带符号的二进制数

一、带符号二进制数与不带符号二进制数的区别

在数学运算中，表示一个数的正负，可以在数的前面冠以正号或负号。但计算机只能辨认 0 和 1 两个数码，不能辨认其他符号，如果要表示正负，可以在字长为 8 位的二进制数中，将最高位规定为符号位，最高位为 0 表示该数为正，最高位为 1 表示该数为负。例如数 01101111B 表示该数为 +1101111B，而数 11101111B 则表示该数为 -1101111B。这种将最高位定为符号位的二进制数，称为带符号的二进制数。对于 8 位字长的带符号二进制数来说，扣除符号位外，表示数值的仅有 7 位，所能表示的值范围为 +127 ~ -127。

应该注意，同样一个二进制数，它既可以是不带符号数，也可以是带符号数。例如二进制数 11001100B，既可以看作是不带符号数 204，也可以是带符号数 -76，到底它是 204 还是 -76，取决于事先约定，仅从数的本身是无法判别的。

例如下面要介绍的相对转移指令中的偏移量，约定必须使用带符号数，因此出现在偏移量中的二进制数，总是认为它是一个带符号数，在填写偏移量时，也应使用带符号数，而程序中的地址值，约定为不带符号数，因此出现在地址中的数都是不带符号数。

总之，一个二进制数是带符号的二进制数，还是不带符号的二进制数，数的本身是无法区别的，只能根据它出现的场合，以及该场合约定使用什么数才能区分它们。

二、带符号数的表示方法

上面讲过，一个带符号数，它的最高位是符号位，其余表示数值。这种表示方式称为原码，实际上，带符号的二进制数，除了原码表示法之外，还可以用反码与补码表示，下面分别加以介绍。

(一) 原码(True form)

用原码表示一个带符号二进制数，其最高位为符号位，其余表示数值，例如：

$$x = +1010101B \quad (x)_{t.f} = 01010101B$$

$$x = -1010101B \quad (x)_{t.f} = 11010101B$$

式中，x 为真值；$(x)_{t.f}$ 表示真值 x 的原码，对于数 0

$$(+0)_{t.f} = 00000000B$$

$$(-0)_{t.f} = 10000000B$$

(二) 反码(One's complement)

反码也是带符号数的一种表示法，它同样规定最高位为符号位，其余则要看是正数还是负数。对于正数，其余各位表示数值，也就是正数的反码与原码相同。对于负数，其余各位将真值取反，即将 1 换成 0，0 换成 1，例如：

$$x = +1010101B \quad (x)_{o.c} = 01010101B$$

$$x = -1010101B \quad (x)_{o.c} = 10101010B$$

式中，x 为真值；$(x)_{o.c}$表示真值 x 的反码。对于数 0 的反码，也有两种形式：

$$(+0)_{o.c} = 00000000B$$

$$(-0)_{o.c} = 11111111B$$

（三）补码(Two's complement)

补码仍然把最高位定为符号位，对于正数，其余各位表示数值，可见对一个确定的正数，它的补码、反码与原码完全相同。对于负数，除符号位不变外，其余各位逐位取反后再加 1，简称为取反加 1，例如：

$$x = +1010101B \quad (x)_{t.c} = 01010101B$$

$$x = -1010101B \quad (x)_{t.c} = 10101011B$$

式中，x 为真值；$(x)_{t.c}$表示真值 x 的补码。

补码这个概念与某个具体计数器的最大容量有关，以常用的 8 位二进制数为例，扣除最高位作为符号位外，计数的最大容量为 7 位数。当计数器计至 128 时，最高位产生溢出，又由于计数器只有 7 位，溢出的数就被丢弃。这个被丢弃的值就是最大容量值，又称为模，用符号 Mod 表示。对于模等于 128 的 7 位计数器，0 与 128 的数码相同，或者说 0 与 128 等价。即

$$0 = 0000000B$$

$$128 = (1)0000000B$$

括号中的 1 就是被丢弃的数。可见，若模为 m，则 a 与 $a+m$ 等价，例如模为 128 时，1 与 129 等价，2 与 130 等价。因为不计及溢出数，所以计数器内的示值是相同的，即

$$a = a + m(\text{mod 为 } m)$$

再把这个概念推广到负数领域，例如 $a=(-2)$，代入上式有

$$(-2) = (-2) + 128 = 126 \quad (\text{mod 为 } 128)$$

即模为 128 时，(-2)与 126 等价，或者说这两个数互为补数，同样，可推出(-3)的补码为 125；(-4)的补码为 124。

为了进一步理解这个概念，可以用时钟做为例子，时钟的钟面最大示数为 12。时钟走到 12 点就等于 0 点，数 12 就被自动丢弃。可见时钟的钟面是一个模为 12 的计数器。时钟的时针向前拨 3 个字($a=3$)，跟向前拨 15 个字($a+m=3+12=15$)都停在同一位置上，也就是说 +3 与 +15 等价。

如果将时钟向后拨定义为负数，那么时钟向后拨 3 个字($a=(-3)$)，跟时针向前拨 9 个字($a=a+m=(-3)+12=9$)都停在相同位置上，也就是 -3 与 9 等价。因为对于模为 12 的钟面来讲，-3 可以用其补码 9 来表示。

要求得一个数的补码，可以用公式 $a=a+m$(mod 为 m)，也可以采用正数补码等于原码，负数补码等于取反加 1 的方法求得(注意:取反加 1 不包括符号位)。反过来，要从补码求原码，同样用取反加 1，表 1-1 是 8 位带符号二进制数的原码、反码、补码对照表。注意表中的

$$(+0)_{t.c} = 00000000B$$

$$(-0)_{t.c} = 00000000B$$

而 10000000B 不是(-0)的补码，而是(-128)的补码。

表 1-1 二进制数原码、反码、补码对照表

十进制数	二进制数	原码	反码	补码	十进制数	二进制数	原码	反码	补码
+0	00000000	00000000	00000000	00000000	-1	-0000001	10000001	11111110	11111111
+1	00000001	00000001	00000001	00000001	-2	10000010	10000010	11111101	11111110
+2	00000010	00000010	00000010	00000010	⋮	⋮	⋮	⋮	⋮
⋮	⋮	⋮	⋮	⋮	-126	11111110	11111110	10000001	10000010
+126	01111110	01111110	01111110	01111110	-127	11111111	11111111	10000000	10000001
+127	+1111111	01111111	01111111	01111111	-128	-10000000	无法表示	无法表示	10000000
-0	-0000000	10000000	11111111	00000000					

三、带符号二进制数的运算

二进制数和十进制数的运算规则基本相同，所不同的仅仅前者逢 2 进 1，后者逢 10 进 1，借位时，从高位借 1 到低位，前者当 2，后者当 10。

对于不带符号的二进制数可以直接进行加、减，但应注意当两个不带符号二进制数相减时，不允许用小的数去减大的数，因为数值小的数减去数值大的数，差一定是负数，不带符号数的前提是没有符号，显然也不允许有负数，如果这样做，减的结果也必然是错误的。

对于带符号的二进制数，情况比较复杂，因为带符号二进制数有三种表示方法，其中反码用得较少，下面主要介绍原码与补码运算中应注意的问题。

原码运算时，首先要把符号与数值分开。例如两数相加，先要判断两数的符号，如果同号，可以做加法，如果异号，实际要做减法，减后的差作为两数之和，和数的符号与绝对值较大的数的符号相同；两数相减也是一样，也要先判断符号，然后决定是相加还是相减，还要根据两数的大小与符号决定两数之差的符号。

补码运算不存在符号与数值分开的问题，而且加法运算就一定是相加。减法运算就一定是相减，而不论两个数的正负。

设有 x、y 两个数，用补码表示如下：

$$x = 10011111B \text{（-97 的补码）}$$
$$y = 00001000B \text{（+8 的补码）}$$

若求 x、y 之和，可不用考虑两数的符号，直接相加，得出的和为 $x + y = 10100111B$（-89的补码），可见直接相加时，不论同号还是异号，都是直接相加，其结果必定是正确的。

若求 $x - y$，也可以直接相减，即

$$\begin{array}{rl} x = 10011111B & \text{（-97 的补码）} \\ -\ y = 00001000B & \text{（+8 的补码）} \\ \hline x - y = 10010111B & \text{（-105 的补码）} \end{array}$$

若求 $y - x$，同样可以直接相减，即

$$\begin{array}{rl} y = 00001000B & \text{（+8 的补码）} \\ -\ x = 10011111B & \text{（-97 的补码）} \\ \hline y - x = 01101001B & \text{（+105 的补码）} \end{array}$$

也就是说做减法时，不问两数符号如何，都是直接相减，其相减结果不论数值还是符号都将是正确的。

在上述 $y-x$ 算式中，最高位发生进位，在字长为 8 位的计算机中，若运算结果没有超出补码的记数容量（-128～+127），只是因为符号位引起的进位，这时的进位被视为自然丢弃，在计算机运算中，这种自然丢弃是允许的，因为它不影响结果的正确。自然丢弃的特征是第 7 位和第 8 位同时产生进位，即所谓双进位。

但要注意，如果得数超过 8 位补码所允许表示范围（即超出 127～-128），则其进位称之为溢出。溢出的特征是第 7 位和第 8 位只有一个位产生进位。溢出与自然丢弃显然不同。判别属于哪一种，则要看是双进位还是单进位，双进位属于自然丢弃，单进位则属于溢出，自然丢弃是允许的。溢出则不允许，因为产生溢出表示其数值超出计算机字长所能允许的范围，运算结果必然错误。

例 1-3　求下列两组数之和，其中一组为 +1100100B、+1000011B，另一组为 -1111000、-0011000。

解：

$x=+1100100\text{B}\quad y=+1000011\text{B}$

$$\begin{array}{rr} (x)_{\text{t.c}}=01100100\text{B} & (+100)_{\text{t.c}} \\ +(y)_{\text{t.c}}=01000011\text{B} & +(+67)_{\text{t.c}} \\ \hline (x+y)_{\text{t.c}}=10100111\text{B} & (-89)_{\text{t.c}} \end{array}$$

$x=-1111000\text{B}\quad y=-0011000\text{B}$

$$\begin{array}{rr} (x)_{\text{t.c}}=10001000\text{B} & (-120)_{\text{t.c}} \\ +(x)_{\text{t.c}}=11101000\text{B} & +(-24)_{\text{t.c}} \\ \hline (x+y)_{\text{t.c}}=101110000\text{B} & (+112)_{\text{t.c}} \end{array}$$

例中第一组，只有第 7 位产生进位，第 8 位没有进位。在第二组中只有第 8 位产生进位，第 7 位没有进位。两者都是单进位，都属于溢出，表示它们的和超过 7 位补码所能表示的范围，不能用 7 位补码表示。运算答案 -89 和 +112 显然都是错误的。

“溢出”是带符号二进制数进行加减运算时因数值进位影响到符号位而产生的一种结果。对于不带符号数的第 8 位不是符号，所以不使用溢出这个概念。

综上所述，在原码运算中，如果将减法运算化为加法运算，例如将 $x-y$ 化为 $x+(-y)$，但因为原码运算要考虑两个数的符号，正数与负数相加实际还要做减法，所以这种转换没有什么实际意义。但如果这两个数是用补码表示，即 $(x)_{\text{t.c}}-(y)_{\text{t.c}}=(x)_{\text{t.c}}+(-y)_{\text{t.c}}$。由于补码运算时无须考虑两个数的符号，加法运算就是相加，真正把减法运算转化为加法运算，这就是为什么计算机转移指令中的偏移量计算采用补码的原因。

例 1-4　求 2070H 与 12H 的差。

解：一般运算时，两个数的位数最好要相同，因此运算前先将 12H 写成 16 位，也就是求 2070H 与 0012H 的差，写成算式为

$$\begin{array}{r} 2070\text{H} \\ -\ \ 0012\text{H} \\ \hline 205\text{EH} \end{array}$$

也可以转换为补码运算，转换为补码后可将减法运算转换为加法运算

$$(2070H)_{t.c}-(0012H)_{t.c}=(2070H)_{t.c}+(-0012H)_{t.c}$$

2070H 为正数，它的补码等于 2070H，0012 为负数，它的补码可将 10000000 00010010 取反加 1 等于 11111111 11101110(FFEEH)写成算式为

$$\begin{array}{r} 2070H \\ +\quad FFEEH \\ \hline 205EH \end{array}$$

即把减法运算转化为加法运算后结果相同。

第三节 BCD 码及文字符号代码

一个二进制数，可以表示一个不带符号数，也可以表示一个带符号数，而且可以按照事先约定代表一个文字、一个符号，或者代表某个约定的内容。当用它代表文字或符号时称它为代码，例如 00100100B，如作为数，它是代表不带符号数 24H，或者是带符号数 +24H。如果事先约定，又可以表示符号$。所谓约定，可以按某个标准规定约定，也可以自行约定。下面介绍两种按标准约定的常用文字符号代码。

一、BCD 码(Binary-coded decimal)

BCD 码是一种约定以二进制形式表示十进制数的编码，又称二-十进制码，它貌似二进制，实际是十进制数。

BCD 码以 4 位为一组，选用 0000B ~ 1001B 的 10 种状态代表 0 ~ 9 共 10 个数，舍弃其余的 6 种状态。当 BCD 码与十进制数进行互换时，可以按 4 位为一组，逐组进行互换。

例 1-5 将十进制数 84.7 转换为 BCD 码。

解： 8 4. 7 0

1000 0100. 0111 0000

例 1-6 将 BCD 码 10010100.01110010 转换为十进制数。

解： 1001 0100. 0111 0010

9 4. 7 2

要将一个二进制数转换为 BCD 码，通常先将它转换为十进制数，然后再转换为 BCD 码。同样将 BCD 转换为二进制数，也是先转换成十进制数，再转换为二进制数。

例 1-7 将二进制数 11110011B 转换为 BCD 码。

解：

$11110011B=1\times2^7+1\times2^6+1\times2^5+1\times2^4+0\times2^3+0\times2^2+1\times2^1+1\times2^0=243$

十进制数为 2 4 3

BCD 码为 0010 0100 0011

或按习惯写成两个字节即二进制数 11110011B 的 BCD 码等于$(0000001001000011)_{BCD}$

例 1-8 将 BCD 码$(10001001)_{BCD}$转换为二进制数。

1000 1001

十进制数为 8 9

二进制数 01011001B

BCD 码的低 4 位向高 4 位进位要遵循逢 10 进 1 的原则，这与二进制显然不同，二进制的低 4 位要向高 4 位进位，必须遵循逢 16 进 1。因此两个 BCD 码相加。先按二进制数的相加方法，但要以 4 位为一组，逐组相加，凡相加后的和大于 9 者，还应进行加 6 修正。

例 1-9　将 BCD 码$(01011000)_{BCD}$与$(01101001)_{BCD}$相加

解：

```
      0101  1000
   +  0110  1001
   ─────────────
      1100  0001
      进位↵
```

由于低 4 位和为 17，大于 9，除进位 1 外，余数还应加 6 修正。高 4 位和为 12，也大于 9，也应加 6 修正，即上式的和应予以修正如下：

```
       1100   0001   原得数                     检验    58
   +   0110   0110   高4位和低4位各加6修正             +69
   ─────────────                                    ────
  0001 0010   0111   正确值                            127
```

两个 BCD 码相减，凡低 4 位有向高 4 位借位者，都要进行减 6 修正，无借位的当然无需修正。

例 1-10　将 BCD 码$(10000101)_{BCD}$与$(00101000)_{BCD}$相减。

解：

```
      1000  0101
   -  0010  1000
   ─────────────
      0101  1101
            借位→

      0101  1101   原得数            检验    85
   -        0110   低4位应减6修正            -28
   ─────────────                            ────
      0101  0111   正确值                     57
```

二、ASCII 码

ASCII 码是美国信息交换标准代码的简称，由 American Standard Code for Information Interchang的第一个字母组成。

计算机只能辨认或存储 0 和 1 两个数码，也就是计算机内部只能使用二进制数，但在编制计算机程序或信息时，还会碰到许多文字符号，这就需要把文字符号改成一串二进制代码，即把文字符号数码化，现在国际通用的文字符号代码是 ASCII。

ASCII 码共 128 个，用 00000000～01111111 代表，其中英文大小写字母共 52 个，0～9 数字 10 个，常用书写符号(!% 等等)和常用运算符号(如 +、-、<、> 等)32 个，另外有控制符号 34 个，共计 128 个。例如英文大写字母 A 的编码为 01000001，或写成十六进制 41H。数码 5 的编码为 00110101，或写成十六进制的 35H。这里 35H 代表一个 ASCII 码，可见 35H 可以根据约定赋予不同的物理意义。ASCII 码表见书后附录。

ASCII 码实际只占用一个字节的 7 位，余下的一个最高位可作为奇偶校验位。

例 1-11　数 00110011B 的含义。

解：作为不带符号数时表示51，作为带符号数时表示+51，作为ASCII码则表示数码3。

第四节　单片机系统的组成

电子计算机由中央处理单元(简称CPU)、存储器、输入输出接口及外围设备所组成。如果把中央处理单元集成在一小块芯片上，这种芯片就称为微处理器(Microprocesser)，由微处理器和相应存储器、输入输出接口所组成的计算机则称为微型计算机。如果再进一步把微处理器、存储器及某些输入输出接口也一起集成在一个芯片上，这种芯片则称之为单片机。可见微型计算机和单片机其组成都是一样的，只是结构不同而已。

单片机也有的称之为单片微型计算机(Single Chip Microcomputer)、微控制器(Micro Controller Unit,简称MCU)。但“单片机”这种名称已经为国内大部分人所接受，所以本书统一称为“单片机”。

计算机除硬件外，还必须配上相应软件，加上软件后的计算机称为计算机系统。单片机也一样，单片机芯片虽然已经包含了微处理器、存储器及某些输入输出接口等硬件，但要运行也还需要软件，有时还需配置系统所需要而片内没有的外围设备。可见一个完整的单片机系统也是由硬件和软件所组成。

一、单片机系统的硬件

硬件是构成单片机系统的所有电子、机械和磁性的部件和设备，包括单片机本身以及在外围扩充的存储器、输入输出接口以及相关的外围设备。图1-1是单片机系统的硬件组成，其中点画线框内表示集成在单片机片内的部件。

图中CPU即中央处理单元的简称，它由运算器、控制器和片内时钟振荡器等单元电路组成。运算器用于完成算术运算、逻辑运算及移位操作等。控制器负责从程序中逐条取出指令，经对指令进行译码分析，然后发出执行命令。执行相应的操作并做好取出下一条指令的准备。

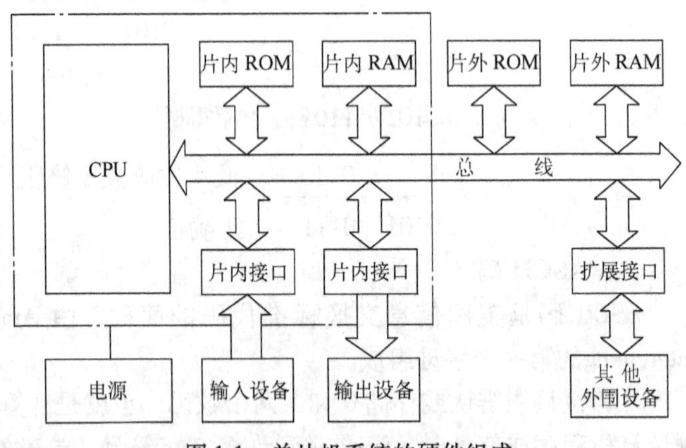

图1-1　单片机系统的硬件组成

存储器是计算机的重要组成部分，它用来存储程序和数据。存储程序要用只读存储器ROM(Read Only Memory,简称ROM)，存储数据的要用随机存取存储器(Random Access Memory，简称RAM)，如果片内存储器不够使用，还可以在片外扩展。

图中总线是作为系统各部件间的公共连接通道，所有部件都通过总线与CPU或其他部件相连接。单片机系统的总线包括数据总线(DB)、地址总线(AB)和控制总线(CB)，或称三总线，数据总线中数据流向由地址总线和控制总线的信号进行控制。为满足系统的需求，单片机要在外部扩展存储器和外设接口时，所需的三总线由单片机的引脚提供。

单片机系统的外围设备简称外设，常用的外设包括输入设备即用于人机联系的设备，例如输入数据用的键盘、开关及各种传感器。也包括输出设备即显示运算结果用的数码管、显示器、微型打印机以及用于控制的设备，例如步进电动机、继电接触器、触点开关等等。

输入输出设备与主机的连接电路称为接口，或称 I/O 接口。接口是主机与外设之间的连接部件，设置它的目的一是为了实现外设与总线的隔离。因为众多的存储器和外围设备都接在总线上，某一时刻 CPU 又只能与一个存储单元或一个外围设备间传送信息，因此外设与总线就不能直接相通，而要通过一个 I/O 接口，这样，CPU 就可以在某一时刻通过地址总线选通一个接口，把该接口的外设与总线相连，其余外设接口处于阻断状态，以达到与总线隔离的目的，避免工作时的相互干扰。

隔离一般用三态门组成，三态门是一种可控的门电路，只有控制端使能时，输出端才受输入端控制。图 1-2a 是高电平控制的三态门，只有控制端为高电平时输出端才受输入端控制。与图 1-2a 相反，图 1-2b在控制端为低电平时输出端才受输入端控制，当输出端不受输入端控制时，其输出端呈高阻状态，相当于三态门将总线与外设隔离。由低电平控制的三态门真值表如表 1-2 所示。图 1-3 是由三态门构成的 I/O 接口。

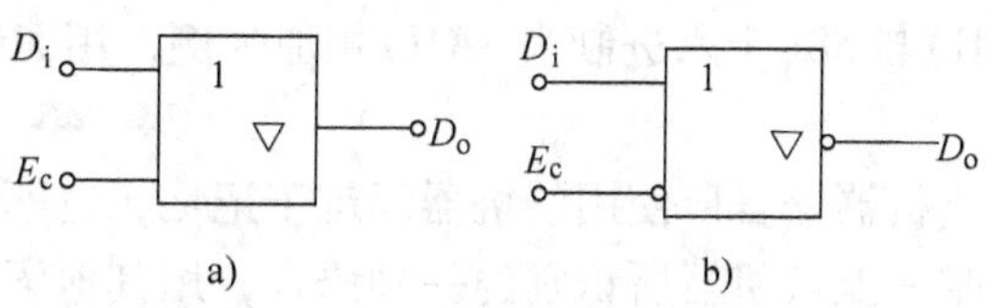

图 1-2　由三态门构成的 I/O 接口
a）高电平控制的三态门　b）低电平控制的三态门

表 1-2　由低电平控制的三态门真值表

输入端电平	控制端电平	输出端电平	输入端电平	控制端电平	输出端电平
0	1	高阻态	0	0	0
1	1	高阻态	1	0	1

接口除了隔离功能外，还有锁存或变换功能。锁存可以采用 D 触发器，因为 D 触发器一经触发，它的状态可以保持不变直到下一次触发为止。图 1-4 是用 D 触发器作为 I/O 接口的连接图。和三态门一样，它也是通过地址总线选通，被选通的锁存器，可以把 CPU 送来的数据暂时放在接口中，等待需要时再从接口送给外设。

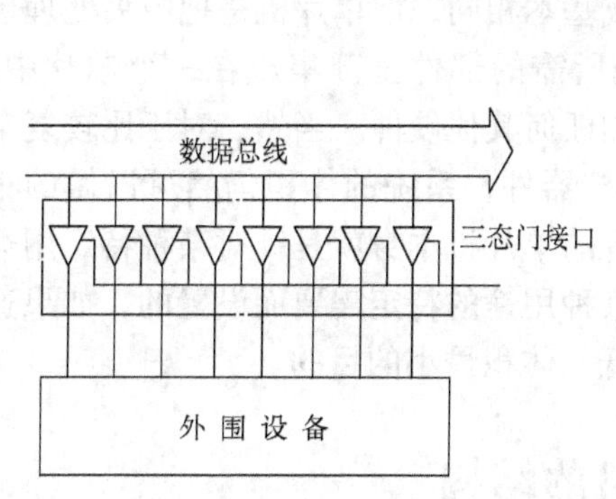

图 1-3　由三态门构成的 I/O 接口

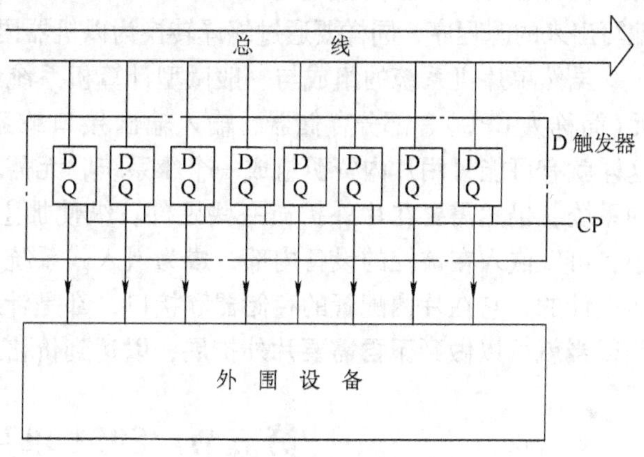

图 1-4　用 D 触发器作为 I/O 接口

二、单片机系统的软件

软件则是各种程序及数据的总称，它以数字形式存储在硬件之中，要单片机完成某项任务，首先要把操作步骤按照单片机所能理解的语言编成程序，并通过编程器把程序连同原始数据存入(或称写入)单片机的ROM，然后在程序控制下，自动进行各种操作和运算，软件可以用不同的语言编写，即机器语言、汇编语言和高级语言。

机器语言是指用机器码编写程序的一种语言。由于每种单片机都有一套自己的指令系统，指令系统中的每一条指令都有一组相应的二进制数代码，这种代码就称为机器码。不同单片机所用的机器码都不相同，所以用一种机器码编制的程序，只能在该种单片机上运行，在另一种单片机上就无法工作，因此说机器语言是面向机器的语言。以67(十六进制为43H)与58(十六进制为3AH)相加为例，用MCS-51指令系统编写的机器语言程序为

74 43 24 3A

机器语言所使用的机器码难于记忆，也不便于阅读与检查。但是又不能不用它，因为它是唯一能被机器所识别的一种语言，用其他语言编写的程序最终也要转换成机器码才能送入单片机运行，所以它又是一种必不可少的语言。

汇编语言是指程序中以助记符代替机器码的一种语言，每一条助记符都对应一条机器码，例如上面讲的将67和58相加的例子，用汇编语言写成的程序为

汇编语言	对应机器码
MOV A，#43H	74 43
ADD A，#3AH	24 3A

MOV A，#43H是表示将数43H这个数传送到累加器A的指令，ADD A，#3AH表示将A的内容与数3AH相加，并将结果存于A。可见用汇编语言编写的程序比机器码更容易阅读和记忆。但用汇编语言写成的程序，只能称为源程序，不能直接使用，编好后还要转换为以机器语言表示的目标程序才能输入单片机。由于助记符是与机器码相对应的，所以不同的单片机所使用的助记符也不一样，也是面向机器的。

高级语言是一种面向过程的语言，所谓面向过程，就是说这种语言只考虑解题的过程，只有在细节的地方才考虑使用的是什么机器，所使用的词和语句都尽量采用常用的单词、数学符号和表达式，用起来比较方便。现在开发单片机系统常用的高级语言是C语言。用高级语言编写出来的源程序，同样要通过编译转换为以机器语言表示的目标程序，才能装入单片机。

虽然单片机系统的组成与一般微型计算机系统组成基本相同，但单片机是把中央处理单元(简称为CPU)、部分存储器、输入输出接口或系统所需的部件全部集成在一个芯片中，这样就有可能只用片内资源组成一个小系统，无需增加任何其他硬件。当然，对于比较复杂的系统，仍然需要在片外扩充一些硬件。纵使加上外扩器件，系统的体积仍然可以做的很小，可以嵌入在被控的设备内部，成为嵌入式系统。有的单片机本身就是针对某种特定用途而设计的，它在片内配置的存储器和接口，都是针对某种用途的特定需要而设置的，如果选用得当就可以做到不再需要片外扩展，以达到价格最低、体积最小的目的。

第五节 8051单片机的结构

单片机的型号品种繁多。按应用范围可分成通用型和专用型。专用型是针对某种特定产

品而设计的，例如用于血压计的单片机、用于洗衣机的单片机等等。通用型的单片机有总线型和非总线型或8位和16位之分，总线型设有并行地址总线、数据总线和控制总线的引脚，便于扩展外围器件。非总线型没有总线引脚，芯片体积小，要扩展可通过I/O口，因此非总线型更适合于中小系统。

现在流行的单片机有Intel、Atmel、Winbond、SST、Microchip、Philips、NEC、东芝等公司的产品。在众多产品中，在国内以51为内核所衍生出来的所谓8051系列，例如Atmel公司的89系列，SST公司的SST89系列，Winbond公司的W78、77系列，Philips公司的80C51系列等等使用的最多。其他一些公司的产品，例如Microchip公司的PIC系列，使用RISC精简指令，芯片体积小，价格低廉，并有一次性编程的OTP型，在小型家电中，也应用的十分普遍。但因采用非总线型结构，相比之下8051系列在教学上更具有代表性，所以本书选用8051系列作为介绍对象。

早期Intel公司生产的8051系列，主要有8031、8051、8751三个品种，其中8031无程序存储器，8051具有ROM型的程序存储器，8751具有EPROM型的程序存储器。以后，又引入了CHMOS工艺，生产出80C31、80C51、87C51，随后Intel公司将80C51的内核使用权转让，现在有许多公司都生产8051系列的产品，这些产品虽然型号不一，但其引脚、指令却能与MCS-51系列全部兼容，由于MCS是Intel公司的注册商标，所以其他公司生产的8051系列产品，不称为MCS-51系列，而统称之为8051系列，或称为51系列。现在各公司的51系列有众多的派生型号，各种型号的内部结构如程序存储器容量、并行口、定时器和中断源的数目虽略有不同，但都是采用MCS-51系列中的8051内核，所以下面以Intel公司生产的8051单片机为典型，介绍它的结构原理，虽然所介绍的8051单片机，仅仅是MCS-51系列中的一个型号，但它的适用于所有的51系列其他所有型号。

一、8051单片机的内部结构

8051单片机的结构框图如图1-5所示。它由以下几部分组成：

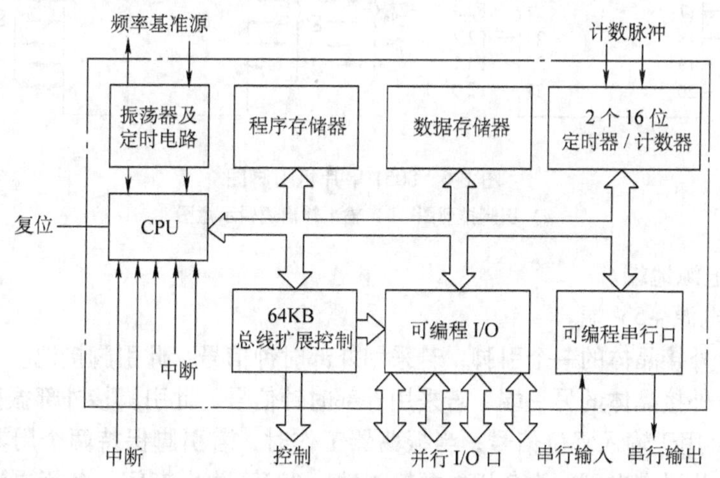

图1-5 8051单片机的结构框图

1）时钟振荡器。

2）8位的CPU。

3）128B的RAM数据存储器。

4）4KB 的 ROM 程序存储器。

5）4×8 位的并行 I/O 端口。

6）一个全双工异步串行通信口(UART)。

7）两个 16 位的定时/计数器。

8）5 个中断源，两个优先级的中断结构。

由于内部包含数以百万计的 MOS 晶体管电路，因此不可能也不必要去了解它的电路细节和它的逻辑关系。需要了解的仅仅是面向用户的部分，包括引脚以及与操作指令直接有关的功能模块。

二、外部引脚

8051 单片机的内部结构十分复杂，但封装之后，只有引脚是面向用户的，所以使用者需要熟悉各引脚的用途，以便正确接线。常用的 8051 芯片是用双列直插 40 脚封装，图 1-6a 是引脚排列图，图 1-6b 是输入输出逻辑示意图，各引脚功能为

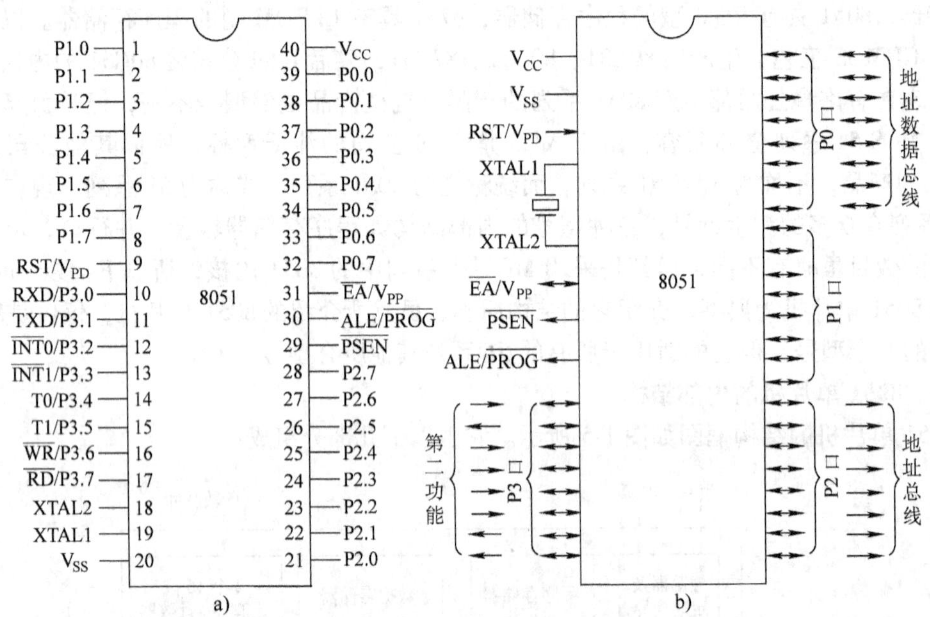

图 1-6 8051 单片机引脚图

a）引脚排列图 b）输入输出逻辑示意图

V_{SS}(20)接电源地端。

V_{CC}(40)接电源 +5V 端。

XTAL1(19)外接晶体的一个引脚，若采用外部时钟信号，此引脚接地。

XTAL2(18)外接晶体的另一端，若采用外部时钟信号，此引脚接外部振荡器。

RST/V_{PD}(9)用于输入复位信号，当振荡器工作时，若引脚保持两个周期高电平，就能使单片机复位。此引脚也可作为备用电源输入端，当 V_{CC}失电期间，备用电源通过此脚向片内的 RAM 提供电源，以保护其中内容。

$\overline{PSEN}$(29)用于输出外部程序存储器选通信号；在对外部程序存储器取指操作时，$\overline{PSEN}$置有效(低电平)。在执行片内程序存储器取指时，$\overline{PSEN}$为无效(高电平)。对外部取指时

$\overline{PSEN}$每个机器周期有效两次。

ALE/$\overline{PROG}$(30)用于输出允许地址锁存信号，8051 单片机可寻址 64KB，应有 16 条地址线，其中低 8 位的地址线与数据线共用 P0 口，在发出低 8 位的地址信号时，ALE 有效，用它控制外部锁存器锁存地址低 8 位，然后 ALE 无效，这时 P0 输出的是数据。正常操作时又因能按主振频率的 1/6 从 ALE 端发出正脉冲信号，所以有时可以加以利用，但应注意，每次访问外部数据存储器时，会少输出一个 ALE 脉冲，这个引脚另一功能是在片内 EPROM 编程时，作为脉冲输入端。

$\overline{EA}$/V_{PP}(31)用于输入是从外部程序存储器取指还是从内部程序存储器取指的选择信号。当$\overline{EA}$接高电平时，先从片内程序存储器读取指令，读完 4KB 后，自动改为片外取指。若$\overline{EA}$接低电平，则所有指令均从片外程序存储器读取。编程期间由此脚引入编程用的电源 V_{PP}。

P0 口(32～39)双向输入/输出口，如果系统接有外部存储器，则 P0 口作为数据总线和低 8 位的地址总线共用口，通过分时操作达到复用的目的。当 CPU 对外部存储器操作时，总是先作地址总线，在 ALE 信号的下降沿，将地址锁存后，再转为做数据总线。

P1 口(1～8)准双向输入/输出口，准双向是指该口内部有上拉电阻，能驱动 4 个 LS/TTL 负载。

P2 口(21～28)准双向输入/输出口，能驱动 4 个 LS/TTL 负载。如果系统接有外部存储器，则 CPU 访问外部存储器时该口成为高 8 位地址输出口。

P3 口(10～17)准双向输入/输出口，能驱动 4 个 LS/TTL 负载，P3 口每一引脚都有两种功能，其第二功能分别是：P3.0、P3.1 作为串行口发送与接收，P3.2、P3.3 作为外部中断请求输入，P3.4、P3.5 作为定时/计数器外部计数信号输入端，P3.6 作为片外数据存储器的写选通信号$\overline{WR}$。P3.7 作为片外数据存储器读选通信号$\overline{RD}$。

三、时钟振荡器

时钟振荡器是单片机工作节奏的原始动力，单片机的所有工作时序都是靠时钟振荡器的振荡信号来控制的，没有时钟振荡，单片机就无法工作。8051 的内部时钟电路，实际上仅仅是一个可以构成振荡器的电路，如图 1-7 所示，使用时还要外接元件才能变成振荡器。

如果利用内部电路组成振荡器，要在 XTAL1 和 XTAL2 两引脚上连接一组晶振和电容，也可以外接陶瓷振子，陶瓷振子价格比较便宜，但稳定性较差。连接方法如图 1-8 所示，晶体所用的电容 C_1、C_2 的推荐值为(30 ± 10)pF，陶瓷振子所用的电容 C_1、C_2 的推荐值为(40 ± 10)pF，不过 C_1、C_2 的大小对频率的影响是很小的，仅对稳定性和启动时间有些影响。

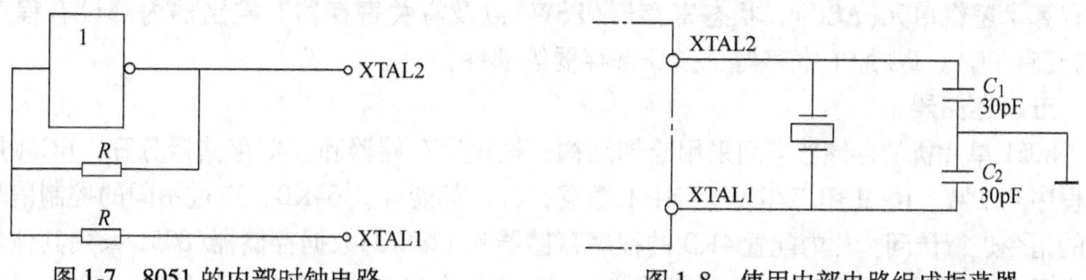

图 1-7　8051 的内部时钟电路　　图 1-8　使用内部电路组成振荡器

单片机也可以用片外振荡器，如图 1-9 所示，这时将引脚 XTAL1 接地，外部时钟脉冲从 XTAL2 引脚输入。

振荡器的频率是单片机的一个重要性能指标，频率越高单片机工作速度就越快，但每一种单片机的频率受内部电路性能的限制，不是可以随便提高的。常用的单片机主振频率大约在4～40MHz之间。具体要选用4～40MHz中的哪一档频率，还要根据外围器件的频率响应来确定，因为频率太高有些器件可能来不及响应。

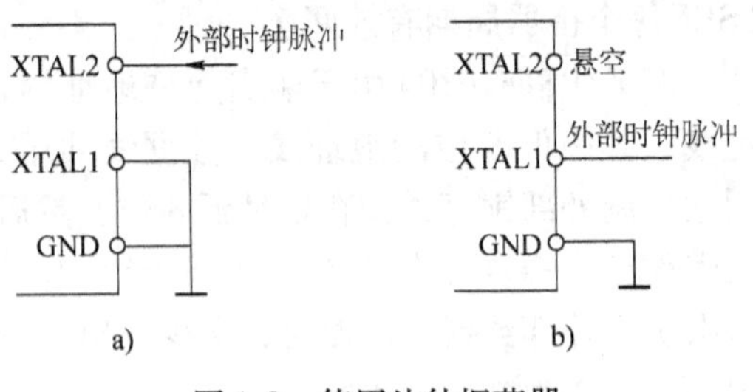

图1-9 使用片外振荡器
a) HMOS(8031等) b) CMOS(80C51等)

晶体振荡器产生的定时脉冲又称时钟脉冲，并组成以下几种工作周期：

振荡周期：由晶体振荡器产生的时钟脉冲的周期，如果外接晶振频率为6MHz，则振荡周期为1/6μs。

状态周期：由两个振荡周期组成，即一个状态周期中有两个时钟脉冲，分别称为p1、p2。

机器周期：一个机器周期由12个振荡周期组成，在一个机器周期内，单片机可以完成一项基本操作，例如：取指令，读存储器，写存储器等等。若振荡周期为1/6μs，则机器周期为2μs。

指令周期：CPU执行不同的指令，所需要的时间也不一样，短的为一个机器周期，长的为4个机器周期。若振荡周期为1/6μs，机器周期为2μs，指令周期为2～8μs。

各种周期之间的关系如图1-10所示。

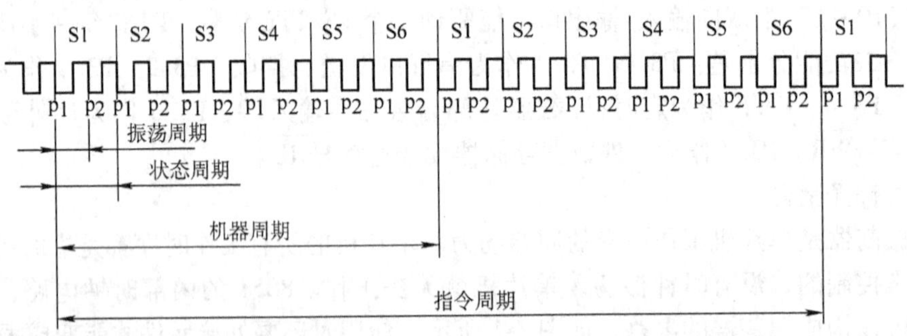

图1-10 振荡周期、状态周期、机器周期和指令周期

四、8位的CPU

CPU由运算器、控制器等组成，运算器是CPU进行运算的部件，运算内容包括算术运算、逻辑运算及移位运算。控制器是计算机的指挥中心，它控制程序的运行。在运算器内部设有算术逻辑单元(ALU)、状态寄存器(PSW)以及有关寄存器。控制器内部设有程序计数器(简称PC)、PC加1寄存器、指令寄存器等部件。

五、存储器

8051单片机的存储器空间采用哈佛结构，把程序存储器和数据存储器分开，ROM用于存放程序和常数。RAM用于存放运行中的数据，各自都能寻址64KB，通过不同的控制信号和不同的指令进行访问。片内配置4KB的程序存储器和128B的数据存储器(8051系列其他单片机的容量略有不同)，组成一个单片机系统时，如果片内存储器的容量不够使用，可在片外扩充。

为什么不同指令会指向不同的存储器呢？这是由CPU内部硬件决定的，用户要把一片存储器定义为程序存储器，应把单片机的$\overline{PSEN}$引脚，与存储器的读控制引脚连接，这样需要向程序存储器存取数据时，可以由$\overline{PSEN}$引脚选通。如果把它定义为数据存储器，则存储器的读写控制引脚，应分别与单片机的$\overline{\text{RD}}$、$\overline{\text{WR}}$连接。如果单片机的$\overline{\text{PSEN}}$端和$\overline{\text{RD}}$端经与门接到存储器的读控制端，那么这个存储器就成了程序、数据两用的存储器，既可用来存放程序，又可用于存放数据。当然，这样接的时候只能寻址一个 64KB，而不再寻址两个 64KB。关于存储器的具体连接在第四章中还要详细说明。

（一）程序存储器

8051 单片机片内有程序存储器 4KB，其地址为 0000H～0FFFH，若不够用，可以在片外扩充，扩充的地址可以从 0000H～0FFFFH，这样在片内和片外程序存储器中，都有地址为 0000H～0FFFH 的部分。如果从 0000H 开始执行程序，到底是执行片内的指令，还是执行片外的指令，这要看 CPU 的$\overline{\text{EA}}$引脚的电平高低来决定。若$\overline{\text{EA}}$为高电平，则执行片内 ROM 程序，从 0000H 单元开始，一直执行到 0FFFH 为止，然后自动转到片外；继续执行片外程序存储器从 1000H 单元以后的指令，如图 1-11 所示。

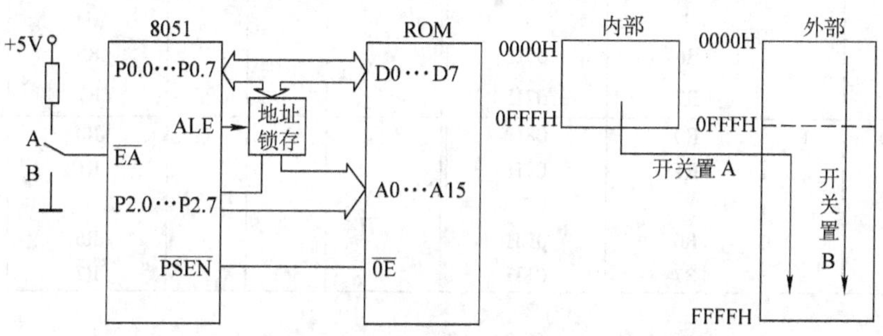

图 1-11　8051 单片机程序存储器执行程序走向图

若$\overline{\text{EA}}$为低电平，则不管片内的 ROM，一开始就从片外 ROM 的 0000H 地址开始，执行片外 ROM 的程序。

$\overline{\text{EA}}$到底是接高电平还是低电平，则是由用户自己根据需要连接，如果程序装在片内 ROM 中，这时应该将$\overline{\text{EA}}$接 +5V。反之。如果程序装在片外 ROM，用户就要把$\overline{\text{EA}}$引脚接地。也可以用一个开关进行切换。另外，在 8051 系列中，有的单片机如 8031，片内不具备 ROM，程序只能装在片外扩充的 ROM 中，用户必须把$\overline{\text{EA}}$引脚接地。

（二）数据存储器

8051 单片机片内 RAM 有 128 单元，其地址为 00H～7FH，同时把内部的特殊功能寄存器与数据存储器统一编址，其地址定在 80H～FFH（但不是连续的）。如果片内数据存储器不够使用，还需要在片外扩充，扩充后的地址可以定在 0000H～0FFFFH 这个范围，其配置情况如图 1-12 所示。

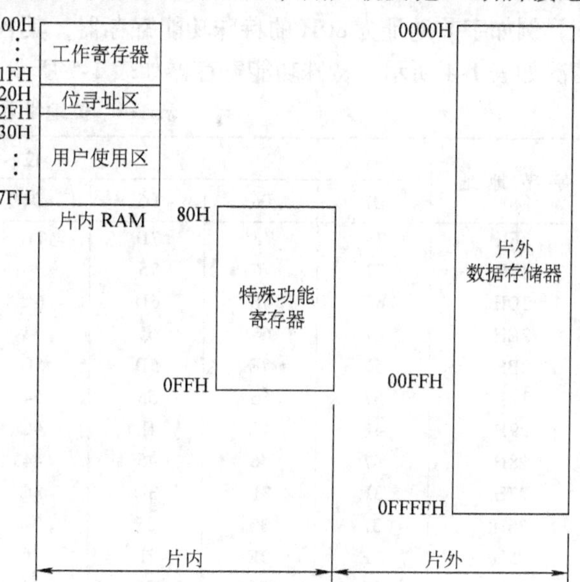

图 1-12　8051 单片机数据存储器的配置

1. 片内 RAM

8051 的片内 RAM 共 128B，规定地

址为8位，即字节地址为00H~7FH。并分成三个区即工作寄存器区、位寻址区和用户使用区。

工作寄存器区即地址从00H~1FH的片内RAM。这个区又分成4个小区，每区有8B，分别对应于寄存器R0~R7。当前程序到底使用哪一个小区，则由程序状态字，即字节地址为0D0H的PSW寄存器中的RS0和RS1两个位来决定，PSW有8位，其中的D3和D4分别为RS0和RS1，可以通过指令修改它的状态，以选择R0~R7使用其中的一个区。选用一个区后，其余小区可以作为一般存储器使用，其分布情况如表1-3所示。

表1-3 工作寄存器地址分区表

区 别	RS1	RS0	工作寄存器	对应的地址	区 别	RS1	RS0	工作寄存器	对应的地址
0区	0	0	R0	00H	2区	1	0	R0	10H
			R1	01H				R1	11H
			⋮	⋮				⋮	⋮
			R6	06H				R6	16H
			R7	07H				R7	17H
1区	0	1	R0	08H	3区	1	1	R0	18H
			R1	09H				R1	19H
			⋮	⋮				⋮	⋮
			R6	0EH				R6	1EH
			R7	0FH				R7	1FH

位寻址区指字节地址为20H~2FH的片内数据存储区，共16B计128位，并称它为位寻址区，该区既可按字节存取，又能按位存取，每一位都拥有一个位地址，128位的位地址分别为00H~7FH。另外，在下面讲的特殊寄存器区中，对于字节地址能被8整除的单元，例如80H,88H,…，等等，也有16个单元128位，将这128位也列入可位寻址的范围，其位地址分布在80H~0FFH。这部分位地址的编排方法是把字节地址值作为该寄存器D0位的位地址，例如字节地址为80H的特殊功能寄存器，其各位的位地址为80H~87H。位地址的分布情况如表1-4所示，特殊功能寄存器如表1-5所示。

表1-4 位地址寻址空间

字节地址	位地址							
	D7	D6	D5	D4	D3	D2	D1	D0
2FH	7F	7E	7D	7C	7B	7A	79	78
2EH	77	76	75	74	73	72	71	70
2DH	6F	6E	6D	6C	6B	6A	69	68
2CH	67	66	65	64	63	62	61	60
2BH	5F	5E	5D	5C	5B	5A	59	58
2AH	57	56	55	54	53	52	51	50
29H	4F	4E	4D	4C	4B	4A	49	48
28H	47	46	45	44	43	42	41	40
27H	3F	3E	3D	3C	3B	3A	39	38
26H	37	36	35	34	33	32	31	30
25H	2F	2E	2D	2C	2B	2A	29	28
24H	27	26	25	24	23	22	21	20
23H	1F	1E	1D	1C	1B	1A	19	18

（续）

字节地址	位地址							
	D7	D6	D5	D4	D3	D2	D1	D0
22H	17	16	15	14	13	12	11	10
21H	0F	0E	0D	0C	0B	0A	09	08
20H	07	06	05	04	03	02	01	00

表 1-5　特殊功能寄存器

D7	位地址						D0	字节地址	SFR
P0.7	P0.6	P0.5	P0.4	P0.3	P0.2	P0.1	P0.0	80	P0
87	86	85	84	83	82	81	80		
								81	SP
								82	DPL
								83	DPH
								87	PCON
TF1	TR1	TF0	TR0	IE1	IT1	IE0	IT0	88	TCON
8F	8E	8D	8C	8B	8A	89	88		
								89	TMOD
								8A	TL0
								8B	TL1
								8C	TH0
								8D	TH1
P1.7	P1.6	P1.5	P1.4	P1.3	P1.2	P1.1	P1.0	90	P1
97	96	95	94	93	92	92	90		
SM0	SM1	SM2	REN	TB8	RB8	T1	R1	98	SCON
9F	9E	9D	9C	9B	9A	99	98		
								99	SBUF
P2.7	P2.6	P2.5	P2.4	P2.3	P2.2	P2.1	P2.0	A0	P2
A7	A6	A5	A4	A3	A2	A1	A0		
EA			ES	ET1	EX1	ET0	EX0	A8	IE
AF	—	—	AC	AB	AA	A9	A8		
P3.7	P3.6	P3.5	P3.4	P3.3	P3.2	P3.1	P3.0	B0	P3
B7	B6	B5	B4	B3	B2	B1	B0		
			PS	PT1	PX1	PT0	PX0	B8	IP
—	—	—	BC	BB	BA	B9	B8		
CY	AC	F0	RS1	RS0	0V		P	D0	PSW
D7	D6	D5	D4	D3	D2	D1	D0		
								E0	A
E7	E6	E5	E4	E3	E2	E1	E0		
								F0	B
F7	F6	F5	F4	F3	F2	F1	F0		

2. 片外 RAM

对于某些数据采集系统，需要比较大的 RAM 空间，片内 128 个单元明显不够用，这时可以在片外扩充，扩充的地址可以从 0000H～0FFFFH。

片内 RAM 跟片外 RAM 最大区别是：访问片内 RAM 使用地址是 8 位，而访问片外 RAM 的地址必须是 16 位，访问片内 RAM 使用 MOV 类的指令，访问片外 RAM 则必须用 MOVX 类的指令。

（三）特殊功能寄存器

特殊功能寄存器区实际上是单片机内部寄存器或 I/O 口，只是按统一编址的原则，把它们的地址划定在片内存储区的 80～0FFH 单元，所以 80H～0FFH 这一区域被定为特殊功能寄存器区，它不是用于存储一般的数据，而是用于实现对片内 I/O 接口、定时器接口、串行口缓冲区等接口的输入和输出操作，而且在表 1-5 中可看到，寄存器地址并不连续，一部分尚未作具体的定义，没有定义的实际上也不存在。有一部分(指字节地址能被 8 整除的部分)可进行位寻址。可位寻址的部分同时属于位寻址区。

各特殊功能寄存器的符号、字节地址和位地址如表 1-5 所示，在操作指令中，使用字节或位的名称与使用字节或位的地址同样有效，但应尽量采用名称。

（四）程序状态字寄存器

在特殊功能寄存器中，有一个程序状态字寄存器 PSW，它的字节地址为 0D0H，用来提供运算结果的特征标志，PSW 寄存器共 8 位，其中除 PSW. 1 没有定义外，其他各位的作用如表 1-6 所示。

表 1-6 PSW 各位定义

D7	D6	D5	D4	D3	D2	D1	D0
CY	AC	F0	RS1	RS0	OV	/	P

CY 位(PSW. 7)，累加器 A 的进位标志，如果运算结果在最高位有进位或借位则 CY 置 1，否则置 0。

AC 位(PSW. 6)，半进位标志，运算时当低半字节产生进位时置 1，否则置 0。

F0 位(PSW. 5)，可以由用户使用的备用标志位，用户可以在程序中，用它作为某种状态的标志。

RS1，RS0 位(PSW. 4 和 PSW. 3)，工作寄存器区选择控制位，当它置不同值时，对应的工作寄存器当前所在区见表 1-3。

OV 位(PSW. 2)，溢出标志位，用于判别有符号数(补码)的算术运算是否溢出，前面讲过，凡最高位与次高位出现单进位的情况；都是溢出。有溢出时置 1，否则置 0。

P 位(PSW. 0)，奇偶标志位，每个指令周期由硬件置位或清零，以反映累加器中 1 的个数，若“1”的个数为奇数 PSW. 0 将置“1”，若“1”的个数为偶数则置 0。

（五）堆栈

8051 单片机没有专用的堆栈，而是从片内 RAM 中，由用户自己通过软件指定一个区域作为堆栈区。所谓堆栈，就是指用来临时存储某些数据信息的存储器专用区，把数据存入堆栈叫压入，从堆栈取出数据叫弹出，用特殊功能寄存器中的 SP，作为堆栈指针。每压入一个数，堆栈指针 SP 自动加 1，其数值指向新的栈顶单元，如图 1-13 所示。从堆栈取出数据，遵循先进后出的原则，也就是从栈顶开始取数，每弹出一个数，堆栈指针 SP 自动减 1。要注意 SP 所指的栈顶总是有内容的，每次新存进去的数总是放在栈顶之上，即 SP + 1 的地方，而不是在栈顶单元。

复位时堆栈指针 SP = 07H，如果需要改变，用户可以通过指令在 00H ~ 7FH 中任意选择，例如图 1-13 所示，选择在 69H。

对堆栈操作有两种情况：一种是用指令把数据推入堆栈或从堆栈弹出，将堆栈作为临时储存数据的地方；另一种是由 CPU 自动把有关数据推入或弹出，如执行子程序或中断时，把下一条指令的地址值推入堆栈，以便执行完子程序或中断程序后能返回到程序原处。

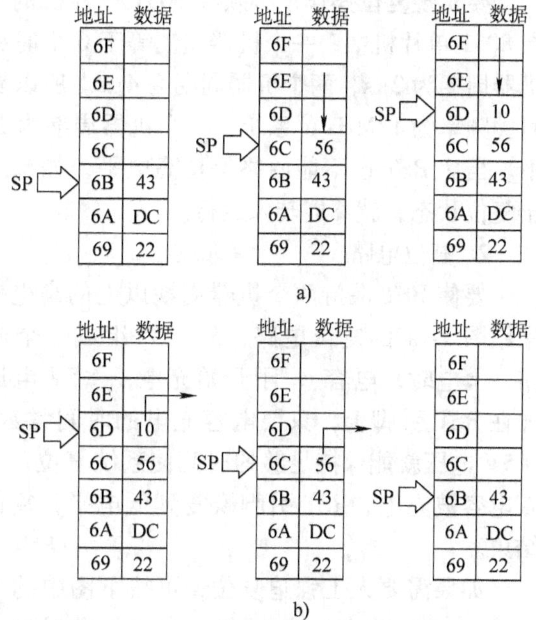

图 1-13　堆栈示意图

以上简略地介绍了 8051 单片机的部分结构，除此以外还有并口、异步串行通信口(UART)、定时/计数器等部件，将在以后各章中介绍。由于单片机技术的发展，现在的单片机的片内资源比 8051 单片机更加丰富多样，片内的程序存储器和数据存储器的容量也比 8051 单片机大，但所有 8051 系列的内核的基本结构还是相同的。

第六节　8051 单片机的复位和低功耗工作方式

一、复位方式

复位目的是对单片机的片内电路重新进行初始化，使有关部件都恢复到原先规定的初始工作状态。并使 PC = 0000H，不论原来程序运行到什么地方，都将从 0000H 重新开始。所以通俗地讲复位有“从头再来”之意。

单片机什么时候会产生复位操作呢？一是上电时复位，单片机上电时内部电路及有关寄存器会通过复位进行一次内部初始化，并使 PC = 0000H，程序会执行一次放在开头的外部初始化指令，使所有寄存器和接口都进入规定的初始状态；二是断电复位，断电时工作中断，有关寄存器的状态会因掉电发生变化，尽管有时断电时间很短，但也不允许在恢复供电时从原来断点继续工作，而是像重新上电一样要从复位开始；三是强迫复位，如果发生故障或在调试中发现运行不正常，可以通过人工使单片机强迫复位，使之从运行状态回到初始状态，重新运行；四是看门狗复位，看门狗复位实际上也是一种强迫复位，只是这种强迫非人工操纵，而由看门狗电路完成。当系统运行错误，例如发生程序跑飞(指因某种原因,程序不按规定顺序运行,而无故地跳转到错误位置)，人工或者觉察不到或者觉察到来不及操作，必须通过看门狗电路，自动而尽快地检测到，并使之回到初始状态，以免系统因程序跑飞产生运行紊乱或其他险情。

1. 8051 单片机的复位条件

要实现复位操作，必须在 8051 单片机的 RST 引脚，保持两个机器周期以上的高电平，在 8051 单片机中，一个机器周期等于 6 个时钟振荡周期，时钟频率为 6MHz 的系统，一个机器周期为 2μs，两个机器周期为 4μs。所以复位就要保持 RST 有 4μs 以上的高电平。对于时钟频率为 12MHz 的系统，一个机器周期为 1μs，复位时需要保持 RST 有 2μs 以上的高电平。当然 RST 也不能始终保持高电平，如果一直处于复位状态，就不能转入运行。

2. 复位电路

要使 RST 保持两个机器周期以上的高电平，可采用图 1-14 的复位电路，R_1、C_1 组成一个微分电路，上电时，电容 C_1 刚开始充电，+5V 电压直接加在 RST 引脚上，只要电容充电的时间常数足够，+5V 电压就能保持足够的时间使系统复位，以后随着电容被充电，RST 引脚恢复到低电平，复位操作结束。

如果需要人工强迫复位，可按下图中的 RESET 按键，+5V 将通过电容 C_2，产生微分脉冲，加到 RST 引脚上，使系统复位，同样随着电容被充电，引脚恢复到低电平，复位操作结束。

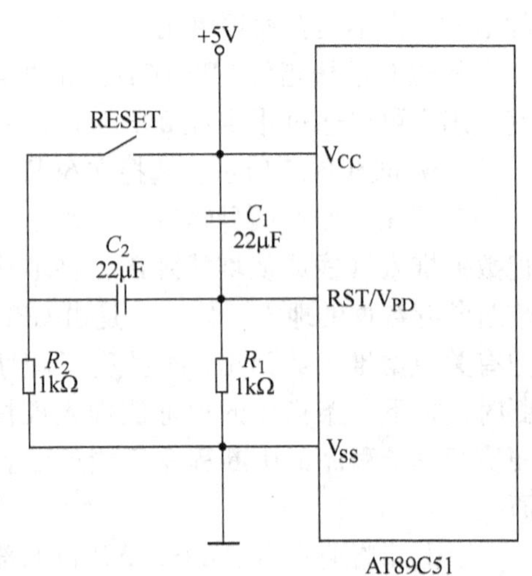

图 1-14 8051 单片机的复位电路

3. 复位后的状态

单片机复位后某些特殊功能寄存器的状态如表 1-7 所示。

表 1-7 复位后某些特殊功能寄存器的状态

寄 存 器	内 容	寄 存 器	内 容	寄 存 器	内 容
PC	0000H	P0-P3	0FFH	TH0	00H
ACC	00H	IP	* * *00000H	TL0	00H
B	00H	IE	0 * *00000H	TH1	00H
PSW	00H	TMOD	00H	TL1	00H
SP	07H	TCON	00H	SCON	00H
DPTR	0000H	PCON	00H	SUBF	不定

1）复位期间不产生 ALE 和 PSEN 信号，这表明复位期间不会有取指操作。

2）复位后 PC = 0000H，可见复位后程序将从 0000H 开始运行，而在编制程序的时候，总是会在程序的前面，放上对各寄存器状态进行初始化的操作指令，复位正可以完成这些操作，使系统全面恢复到初始状态。

3）如果系统要求某些特殊功能寄存器的初始状态与表 1-7 不符，则编程时要在程序前面的初始化部分，放上相应的指令，以便进行调整。例如复位后 SP = 07H，堆栈将占用从 08H 单元开始的工作寄存器区。而这个区间和 20H ~ 2FH 的位寻址区间通常是不希望堆栈占用的，因此要在程序的初始化部分对 SP 重新赋值，改变 SP 的位置。

二、低功耗工作方式

对于采用 CHMOS 工艺的 8051 系列单片机，正常运行时的功耗大约在 16 ~ 20mA 左右，如果需要设计一个具有小功耗的应用系统，可以通过软件使单片机仅仅在需要的时候进入正常运行，其余时间处于待机(休闲)状态或掉电保护状态，以降低系统的耗电量。

1. 待机(休闲)状态

单片机如处在待机状态，除中断功能外，CPU 停止其他工作，但片内 RAM 及特殊功能寄存器都保持不变，I/O 引脚保持原逻辑值，ALE、$\overline{PSEN}$保持逻辑高电平，停止取指。在这种状态下，单片机的工作电流可以从正常的 20mA 降到 5mA，使系统能在低功耗下待命。

要使单片机进入待机(休闲)状态，可以利用片内特殊功能寄存器中的 PCON，该特殊功能寄存器 PCON 的各位定义如表 1-8 所示。

表 1-8　PCON 各位定义

D7	D6	D5	D4	D3	D2	D1	D0
SMOD	—	—	—	GF1	GF0	PD	IDL

SMOD　波特率加倍位

GF1、GF0　通用标志位，用户在程序中可作为标志使用

PD　掉电方式控制位，PD = 1 进入掉电工作方式

IDL　待机方式控制位，IDL = 1 进入待机工作方式

要进入待机(休闲)状态，可将 PCON 寄存器中的 D0 位 IDL 置 1，用一条 MOV PCON, #01H的指令，就可以使之进入待机(休闲)状态。

要退出待机(休闲)状态，可以通过复位，也可以通过中断程序，将 PCON 寄存器中的 D0 位 IDL 清 0。不过用复位的方法，程序将从头即从 0000H 开始执行，而用中断方式可以使程序从进入待机(休闲)前的位置继续工作。关于中断概念，将在后面的章节中介绍。

2. 掉电保护状态

降低电源电压 V_{CC}，使单片机进入掉电状态，也是减少功耗的一种方法，例如系统检测到电源故障，投入备用电池，这时希望系统耗电尽量小，以延长电池的使用时间，降低耗电的方法就是让单片机进入掉电保护状态，这时单片机的工作电流将更小，大约只有 75μA。片内振荡器停振，所有功能部件停止工作，ALE、$\overline{PSEN}$为低电平，仅保留片内 RAM 的数据信息。一般允许 V_{CC}降到 +2V，但不能完全掉电，否则 RAM 信息将无法保存。等到电源故障排除后，再退出掉电保护状态进入正常运行。

要进入掉电保护状态，可将 PCON 寄存器中的 D1 位 PD 置 1，要退出掉电保护状态，只能通过复位。

习　题

1. 下表每一行给出一种数制的无符号数，试将它转换为其他两种数制，并填入表内。

二 进 制	十 进 制	十 六 进 制	二 进 制	十 进 制	十 六 进 制
00110011B				128	
11001100B					0AAH
	255				9FH

2. 表每一行给出原码、反码或补码中的一种，试求出其他两个码，并填入表内。

原　码	反　码	补　码	原　码	反　码	补　码
01111111B				01010101B	
10000000B					0FFH
	11110000B				9FH

3. 将下列的带符号二进制数补码转换为十进制数，并注明它的正负。

11111111B

01111111B

10000011B

11111100B

00000011B

01111111B

4. 已知累加器 A 的数可能取以下 4 个值，每次取一个值与数 98H 相加，设相加后会影响程序状态字寄存器的 P、OV、AC、CY 位，试写出相加后各状态位的值。

A = 50H

A = 80H

A = 8AH

A = 0FAH

5. 1B(1 个字节)的十六进制数最大值相当于多大的十进制数？2B 的十六进制数最大值相当于多大的十进制数？

6. 存储器容量如下表所示，若它的首地址为 0000H，写出它的末地址。

存储器容量/KB	首　地　址	末　地　址	存储器容量/KB	首　地　址	末　地　址
1	0000H		16	0000H	
2	0000H		32	0000H	
4	0000H		64	0000H	
8	0000H				

7. 写出片内 RAM 25H 的 D3、D4 位的位地址值。

8. 写出特殊功能寄存器 P0 的 D0、D1、D2、D3 位的位地址值。

9. 写出特殊功能寄存器 P0.3 的位地址值。

10. AT89C51 单片机复位后的 CY 位值等于什么？

11. AT89C51 单片机复位后，为使工作寄存器的 R0 ~ R7 地址位于片内 RAM 的 10H ~ 17H 空间，有什么办法？

12. 已知复位后 SP = 07H，将数 12H、34H 分两次压入堆栈，压入后这两个数将存于哪两个单元？压入后 SP 等于什么？

第二章　MCS-51 指令系统

第一节　概　　述

单片机要执行某种操作或运算，要先编好程序输入到程序存储器，然后才能根据程序进行工作。程序是由一系列以二进制数为代码的操作命令所组成，这种操作命令称为指令。指令是组成程序的基本元素。没有指令 CPU 就不会工作。不同类型的 CPU 都有一套适用于自己的指令集合，这种指令集合称为该种 CPU 的指令系统。同样，51 系列单片机，也有一套自己的指令集合，这套指令集合称为 MCS-51 指令系统。MCS-51 指令系统不但适用于 Intel 公司生产的 MCS-51 系列单片机，而且也适用于其他公司生产的所有 51 系列单片机。

一、MCS-51 指令系统分类

MCS-51 指令系统共拥有各种指令 111 条，这些指令可以按以下两种方式分类：

（一）按指令机器码的长度进行分类

MCS-51 指令系统的每一条指令都对应一组二进制数码，这个数码就称为该指令的机器码，机器码的长度不同，有单字节、两字节、三字节三种类型。

单字节指令的机器码只有一个字节，这个字节就是指令的操作码，例如空操作指令 NOP 的机器码为 00H，累加器加 1 的指令 INC A 的机器码为 04H，将 R0 内容传送给 A 的指令 MOV A，R0 的机器码为 E8H，都属于单字节指令。这些指令操作时或者无需数据，或者所需要的数据取自累加器、工作寄存器，这时单字节指令的操作码既表示操作内容，也隐含了使用哪一个工作寄存器的数据，所以不需要提供操作数，只要用一个字节即可。

两字节和三字节指令的第一字节也是操作码，第二和第三字节则用来表示操作数。操作码用来规定指令所完成的功能，操作数则是执行操作所需要的数据或地址。例如将立即数 11H 传送给 A 的指令 MOV A，#11H 属于两字节指令，其机器码为 74　11，其中 74 是操作码，11H 是操作数。表示送给 A 的数据为 11H。将 2EH 单元内容送给 2FH 单元的指令 MOV　2FH，2EH，属于三字节指令，其机器码为 85 2E 2F。其中 85 是操作码，2E、2F 都是操作数。分别指明源和目标的地址为 2EH 和 2FH。

指令的字节越少，所占用的程序存储器空间也越少，为节省程序所占用的空间，使用时尽可能选用字节少的指令。

（二）按指令功能进行分类

从附录表中可以看到，MCS-51 的指令按其功能可分为 5 类：

（1）数据传送指令　数据传送指令包括片内、片外的存储器传送数据的指令共 28 条。

（2）算术运算指令　算术运算指令包括加、减、乘、除以及加 1、减 1、十进制调整等 24 条指令。

（3）逻辑运算指令　逻辑运算指令包括与、或、异或和移位、交换等指令共 25 条。

（4）位操作指令　在 51 系列单片机的片内 RAM 中有一个位寻址区，在这一区域内的每个存储单元都有一个字节地址，每个字节的每一位又赋予一个位地址，位操作指令就是专门对这些位地址单元进行操作。属于这一部分的指令共12条。

（5）控制转移指令　控制转移指令包括跳转指令、调用子程序指令、子程序返回指令共22条。

虽然指令总数有111条，但常用的并不多，在一个应用程序中不会全部都用到。而且有的指令的操作功能可以相互替代，当然这中间有优化程度的不同，这取决于使用者的技巧，也与使用习惯有关。

二、MCS-51指令的书写格式

MCS-51指令可以使用机器码，也可以使用汇编语言所规定的助记符，两种一一对应，且完全等效。上面已经说过，机器码纯粹是一组数字，既难记又难认，所以在编写程序的时候都不用机器码，而是采用助记符，用助记符写成的程序称为汇编语言程序。但用汇编语言所写的程序，最后还是要转换成机器码，才能写入ROM，转换工作可以通过汇编软件也可以用手工，但在实际工作中都是用汇编软件，没有人去用手工。所以对编程者来讲，主要是熟悉汇编语言程序。至于转换机器码的工作可以交给汇编软件去完成。

助记符最多可分成有4段，第一段为操作符，表示指令所完成的功能，第二段至第四段为操作数，表示该操作所需要的数据或地址。有的指令没有操作数，有的跟一至三个操作数，当然。助记符有几段，并不等于机器码有几个字节，例如传送指令 MOVX　A，@ DPTR，这个助记符有三段。其对应机器码为E0，只有一个字节。操作符和操作数在书写时应遵守以下规则；

1）第一段的操作符和后面的操作数之间，应留一个空格，如果有多个操作数；则操作数之间应该用逗号隔开。操作数可以用二进制数、十进制数或十六进制数表示。但习惯上用十六进制数比较方便。

2）具体指令书写方法可参看附录中的指令表。指令表中所使用的符号，其意义分别说明如下：

#data　　表示一个8位立即数,例如#12H。

#data16　表示一个16位立即数,例如#1234H。

direct　　表示片内RAM的地址或特殊功能寄存器SFR的地址,例如12H(不得加#号)。

Rn　　表示R0~R7中的一个工作寄存器,例如R7。

Ri　　表示R0或R1中的一个工作寄存器,应注意Rn可以用R0~R7,而Ri只能用R0或者R1。

addr16　表示一个16位地址,例如1234H(不得加#号)。

addr11　表示一个11位地址,填写addr11时可以用16位地址,例如1234H(00010010 00110100)但转换成机器码时,只用其中的低11位(*****010 00110100)。

rel　　用补码表示的带符号的8位偏移量,例如05H。

bit　　表示位地址,例如12H。虽然这个地址值用的是一个字节,但它所指的是一个位。

@　　表示间接地址前缀,如@ R0表示以R0内容为地址的存储单元。

但应注意，指令表上用上述符号标明的地方，使用时必须根据符号要求选用具体数值。程序中不得使用 MOV　A，Rn 这种写法，Rn 只是代号，具体使用哪一个 R，必须选定，例如选用 R1 或 R2 写成 MOV　A，R1 或 MOV　A，R2。

3）一个指令必须占用一行。不要在一行中写两条以上指令。

三、MCS-51 指令的寻址方式

寻址方式是指执行指令中获取数据的方法。所以不同的寻址方式就要使用不同的操作数，在 MCS-51 指令系统中寻址方式有以下几种。

（一）立即寻址

立即寻址是指操作符后面跟的操作数是一个具体数字，这个数可以立即取得，所以称为立即数，例如指令

MOV　A,#44H　　　　（对应机器码为 74 44）

MOV　DPTR,#2000H　　（对应机器码为 90 20 00）

前一个指令表示将 44H 这个数送给寄存器 A，后一个指令表示将 2000H 这个数送给寄存器 DPTR，数的前面都加#号，表示它是一个立即数；MOV　A，#44H 指令的传送过程如图 2-1 所示。

（二）直接寻址

若操作数不是一个立即数，而是一个地址，指令所需的数据要从该地址单元中获得，例如指令 MOV　A，44H，表示所需数据可从 44H 地址中获得，由于地址直接注明在指令上，所以使用这种操作数称为直接寻址。地址值和立即数的区别是前面是否加#号，加#号的数据，表示该数据是一个立即数，不加#号的数据，表示该数据是一个地址。例如在地址 44H 的存储单元中存有数 08H，执行指令 MOV　A，44H 时，送给 A 的不是 44H，而是存储单元 44H 中的数据 08H。如图 2-2 所示，在指令 MOV　A，#44H 中，#44H 才是一个立即数。

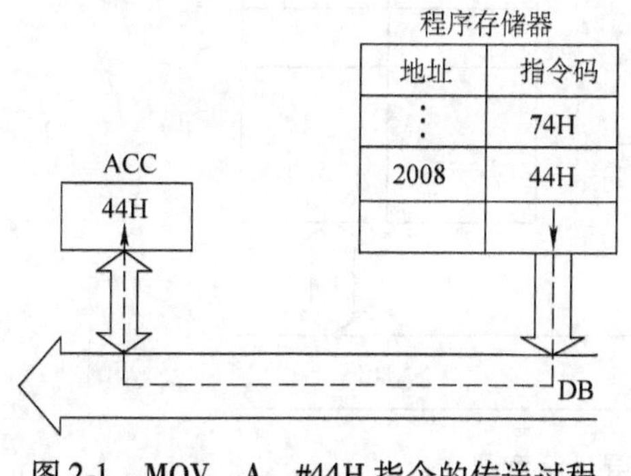

图 2-1　MOV　A，#44H 指令的传送过程

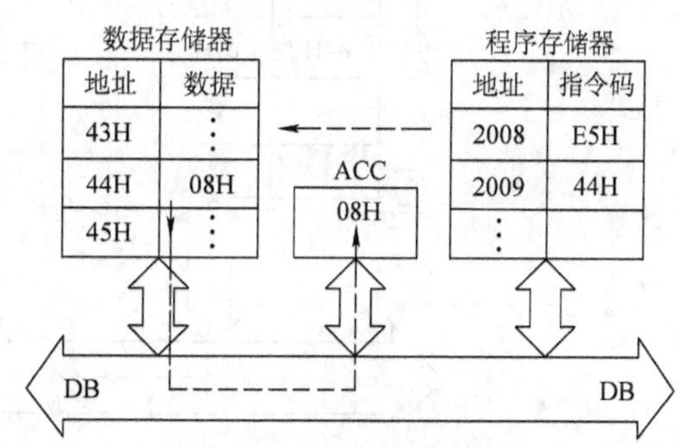

图 2-2　直接寻址示意图

（三）寄存器寻址

操作数不是立即数，也不是地址，而是一个寄存器名称，则称为寄存器寻址，如执行指令 MOV　A，R1 时，所传送的数据来自寄存器 R1，目标为 A，寄存器寻址示意图如图 2-3 所示。

寄存器寻址实质上也是一种直接寻址，因为寄存器名称与其地址一一对应，例如寄存器 R1 在 PSW 中的 RS1、RS0 为 0 时，其地址就是 01H，所以既可写成 MOV　A，R1，也可写成 MOV　A，01H。使用寄存器名称的称为寄存器寻址，使用地址值的称为直接寻址。直接寻址可读性差又是两字节指令。即

MOV　A,R1　　　　（对应机器码为 E9）

MOV　A,01H　　（对应机器码为 E5 01）

所以使用工作寄存器的指令都是用寄存器寻址而不用直接寻址。而且在直接寻址中若所用的寄存器有符号名称的，例如 B、P0 等，最好也都写名称，不要写直接地址。虽然写成 B 或者 P0，仍然是两字节指令，（MOV　A,B 的机器码为 E5 F0 和 MOV　A,P0 的机器码为 E5 80），但写成名称易于阅读。

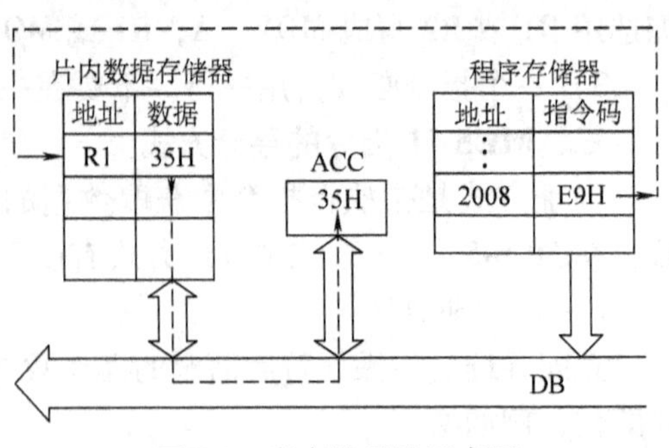

图 2-3　寄存器寻址示意图

（四）寄存器间接寻址

间接寻址是指指令所需的数要从存储单元中索取，但该存储单元的地址不标明在指令上，而要先从指令上所标明的寄存器中获得地址，然后再从所获得的地址单元中取数。如图 2-4 所示，因为地址要间接取得，所以称为间接寻址。

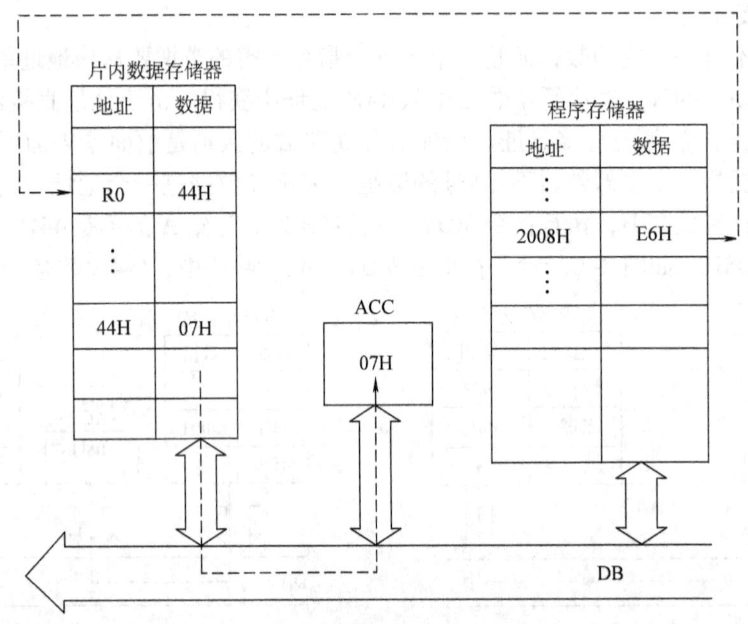

图 2-4　寄存器间接寻址示意图

以 MOV　A，@R0 为例，间接寻址的第一步，先找出 R0 的内容，设 R0 的内容为 44H，表示存放数据的存储单元地址为 44H。第二步从地址为 44H 的存储单元中找出所存的内容，设 44H 单元内的数为 07H，07H 就是所要传送的数。第三步才是把 07H 传送给 A。

（五）变址间接寻址

这种寻址方式是将基址值（包括寄存器 PC 或 DPTR）加上变址值（只能是 A），并以此为地址，从该地址单元中取数，如图 2-5 所示。

下面两条指令都属于变址间接寻址：

MOVC　A,@A+DPTR

MOVC　A,@A+PC

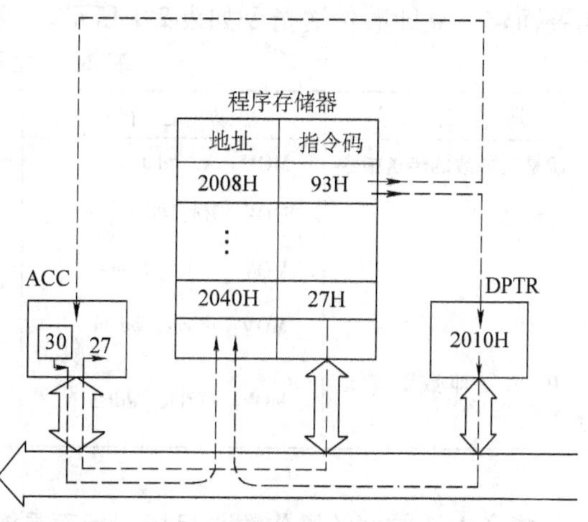

图 2-5　变址间接寻址示意图

这里应注意 DPTR 和 PC 的内容都是要求使用 16 位数，而 A 是 8 位数，因此相加时，要求 A 中必须存上无符号的 8 位数，并以 A 的内容作为低 8 位，高 8 位补零，再与 DPTR 或 PC 相加，这种写法只能在这两条指令中使用，一般情况下，8 位数与 16 位数不能混写，以免混乱。

（六）相对寻址

相对寻址只限于转移类指令使用，它以 PC 当前值为基地址，加上指令中给出的偏移量作为转移地址，由于偏移量可能有正负，所以在相对寻址中的偏移量要使用带符号二进制数的补码。

（七）位寻址

如果要从片内 RAM 可位寻址单元或者是从特殊功能寄存器的可位寻址单元取数称为位寻址，位寻址相当于直接寻址，但需要使用位地址，位地址也是一个 8 位数，而参与操作的数据只有 1 位，而不是 8 位。

另外，通常所讲的指令寻址方式，都是指源操作数的寻址方式，在一条指令中，目标操作数的寻址方式和源操作数的寻址方式可能会有不同。一条指令中就可能有两种的寻址方式。

初学者可能对为什么要用这么多种寻址方式，感到有点抽象。但这无关紧要，开始学编程时可以不予理会。实际上所谓寻址，就是在编程中，如何能从众多的存储单元中，用最适当的方法，获得你所需要的数据，这个概念，会在实践中逐渐体会到。

第二节　数据传送指令

传送指令的功能就是要把源操作数传送到给目标单元，源就是数据来源，目标就是传送的目的地。MCS-51 指令系统中的传送指令使用 MOV、MOVX、MOVC、XCH、XCHD、PUSH、POP 作为助记符亦称操作符，MOV 表示移动即传送，XCH 表示交换，交换是一种能双向同时进行的传送，PUSH 和 POP 则分别表示压入和弹出，压入和弹出也是一种传送，只是传送的一方位于堆栈而已。根据传送源和目标的不同，传送指令可以分为以下几种类型。

一、源是立即数的传送指令

单片机系统运行所需要的数据，可以用立即数的形式写在程序上，也可以在运行时通过开关或键盘输入。如果所需要的数据在编程前能够事先确定，那么通过程序直接用立即数输入最为简便。这种直接传送立即数的指令，属于源是立即数的传送指令，它的源数据可以是 8 位或 16 位，如果是 8 位，目标可以是累加器 A，也可以是某个直接地址 direct 或间接地址 @ Ri。如果是 16 位数，则只能送给 DPTR。当然传到目标之后，还要进行什么操作，则根据需要而定。立即数传送指令如表 2-1 所示。

表 2-1 立即数传送指令

指令名称	助记符	操作	说明
源是立即数的传送指令	MOV A, #data	data→A	
	MOV Rn, #data	data→Rn	
	MOV @Ri, #data	data→(Ri)	
	MOV direct, #data	data→direct	
16 位立即数的传送指令	MOV DPTR, #data16	data16→DPTR	

指令中，前面的操作数是目标，后面是源，箭矢表示传送方向，如 data→A 表示将#data 这个数送给 A。这里要注意：

1）Rn 可以在 R0 和 R7 中任选一个，但 Ri 只能在 R0 和 R1 中选一个，如 MOV @R5, #57H 则是非法指令，因为@Ri 中的 Ri 不能选 R5。

2）MOV @R0, #57H 属于间接寻址，指令中的立即数 57H 不是送给 R0，而是送给 R0 所指明的地址，为此执行这个指令之前要先对 R0 赋值。R0 没有赋值，可能是一个随机数，数据送往何处就无法确定。

例 2-1 如何在程序中将立即数 57H 送给地址为 35H 的片内存储单元。

解：在编程中选择什么指令，通常都不是唯一的，都可以通过比较选优，也可以根据经验任意选用一种方式，如可以用指令

```
MOV 35H, #57H
```

也可以用两条指令来实现，即

```
MOV R0, #35H
MOV @R0, #57H
```

在 MOV @R0, #57H 这条指令中，立即数 57H 并不送给 R0，而是送给以 R0 的内容 35H 作为地址的存储单元。

二、源或目标是片内数据存储器的传送指令

在 51 系列的单片机中，片内 RAM 是指地址为 00H ~ 0FFH 的片内存储单元，也包括工作寄存器 R0 ~ R7。在片内 RAM 之间传送数据，可以用直接寻址，也可以用寄存器寻址或者寄存器间接寻址，这是一组使用最频繁的指令。片内 RAM 传送指令如表2-2 所示。

表 2-2 片内 RAM 传送指令

名称	助记符	操作	说明
片内数据存储器寄存器寻址的传送指令	MOV A, Rn	(Rn)→A	
	MOV Rn, A	(A)→Rn	
	MOV direct, Rn	(Rn)→direct	
	MOV Rn, direct	(direct)→Rn	

（续）

名　称	助 记 符	操　作	说　明
片内数据存储器寄存器间接寻址的传送指令	MOV　A，@ Ri MOV　@ Ri，A NOV　direct，@ Ri MOV　@ Ri，direct	((Ri))→A (A)→(Ri) ((Ri))→direct (direct)→(Ri)	
片内数据存储器寄存器直接寻址的传送指令	MOV　A，direct MOV　direct，A MOV　direct2，direct1	(direct)→A (A)→direct (direct1)→direct2	

1）系统复位时 R0～R7 对应于 00H～07H 存储单元，指令 MOV　R0，#01H 相当于 MOV　01H，#01H，两者等效。但要注意，前者属寄存器寻址，后者属直接寻址，两种写法的机器码不同，前者的机器码为两个字节，后者的机器码为三个字节，前者 R0～R7 所对应的地址会随状态字 PSW 中的 RS0、PS1 值而变化，后者用的是绝对地址，跟状态字 PSW 无关。

例 2-2　将地址为 30H 的存储单元内容传送给 R0 和 13H。

解：上面任务可用以下指令完成

```
MOV   R0，30H
MOV   13H，30H
```

也可以用下面的指令，即

```
MOV   R0,30H          ;由于复位时 PSW＝00H,此时 R0＝00H
MOV   PSW,#10H        ;当 PSW＝10H 时,R3＝13H
MOV   R3,30H
```

2）特殊功能寄存器，可以使用其绝对地址，也可以使用其名称，例如 MOV　P0，A，也可以写成 MOV　80H，A，两种写法等效，而且都属于直接寻址，但使用名称便于阅读，所以一般都是用名称。

三、源或目标是片外存储器的传送指令

片外存储器包括片外数据存储器和片外程序存储器，向片外数据存储器传送数据，必须用助记符为 MOVX 的指令，从程序存储器获得数据，必须用助记符为 MOVC 的指令，所有这些指令，传送的一方都必须是累加器 A。片外 RAM 传送指令如表 2-3 所示。

表 2-3　片外 RAM 传送指令

指令名称	助 记 符	操　作	说　明
外部 RAM 或 ROM 与累加器间的传送指令	MOVX　A，@ DPTR MOVX　@ DPTR，A MOVC　A，@ A＋PC MOVC　A，@ A＋DPTR MOVX　A，@ Ri MOVX　@ Ri，A	(DPTR)→A A→(DPTR) ((A)＋(PC))→A ((A)＋(DPTR))→A ((P2)＋(Ri))→A (A)→(P2)＋(Ri)	

从表中可以看出：

1）因为片内 RAM 的地址都是用一个 8 位数表示(00H～0FFH)，所以前述向片内 RAM 进行数据传送的指令，用的都是 8 位地址。而片外存储器的地址规定为 16 位，因此向片外进行数据传送的指令就必须用 16 位地址，即用 DPTR 和 PC 两个 16 位寄存器作为源或目标。其中在 MOVC 指令中的 PC 一定是程序存储器的 16 位地址，在 MOVX 指令中的 DPTR 一定是指片外数据存储器地址。

2）MOVX　A，@Ri 和 MOVX　@Ri，A 两条指令也是向片外数据存储器传送数据的指令，因为 Ri 是 8 位寄存器，只能存 8 位地址值，而片外存储器用的是 16 位地址，规定 Ri 只存放地址的低 8 位，高 8 位由 P2 的值所决定，为此在使用这两条指令前，必须先对 P2 赋值。还应注意 MOVX 与 MOV 的区别，MOVX　A，@Ri 和 MOVX　@Ri，A 用于片外，MOV　A，@Ri 和 MOV　@Ri，A 用于片内。

例 2-3　将数据 32H 传送给地址为 2300H 的外部数据存储单元。

解：传送程序为

```
MOV,  DPTR,#2300H
MOV   A,#32H
MOVX  @DPTR,A
```

也可以用下面的程序

```
MOV   P2,#23H        送地址高 8 位
MOV   R0,#00H
MOV   A,#32H
MOVX @R0,A
```

3）MOVC 类的指令只有两条读取指令，而没有写入指令，这意味着不能通过指令对程序存储器进行改写。

四、片内 RAM 的交换指令

要把片内两个存储单元中的内容进行交换，传统的办法是设置一个暂存单元；先把其中一个数，例如把甲单元内的数据暂放在暂存单元，待乙单元把它的数传给甲单元后；再把暂存单元的数传送给乙单元，以达到交换的目的，如例 2-4 所示。但这种办法比较麻烦，如果使用交换指令直接进行交换，则简单得多，不过交换指令所指定的交换对象。有一方必须是 A，为此，交换前要先把交换一方传送到 A，然后进行交换。交换指令如表 2-4 所示。

表 2-4　交换指令

指令名称	助记符	操作	说明
数据交换指令	XCH　A，Rn	(A)↔(Rn)	
	XCH　A，direct	(A)↔(dlreet)	
	XCH　A，@Ri	(A)↔((Ri))	
	XCHD　A，@Ri	(A)0—3↔((Ri))0～3	

表中前面三条是字节交换指令，最后一条是半字节交换指令，执行半字节交换指令时交换双方的高 4 位不动，只交换低 4 位部分。

例 2-4　将 30H 和 31H 存储单元的内容进行交换。

解：交换前用一个存储单元作为暂存单元，设选用 40H 存储单元作为暂存单元，即

```
MOV  40H,31H
MOV  31H,30H
MOV  30H,40H
```

也可以直接使用交换指令，但交换指令必须将其中一个数置于 A，如下所示。

```
MOV  A,30H
XCH  A,31H
MOV  30H,A
```

两种方法用的指令条数虽然相同，但第二种方法汇编成机器码时，所用的字节数比第一种方法少。

五、堆栈操作指令

堆栈是在片内 RAM 中划定的一个区，用来暂时保存一些需要重新使用的数据或地址。使用堆栈可以是在执行某些指令时自动完成；例如调用子程序时，把当前 PC 值保存于堆栈。以便返回时使用。这个工作就是由 CPU 自动完成的，但也可以用指令对堆栈进行操作，堆栈操作指令如表 2-5 所示。

表 2-5 堆栈操作指令

指令名称	助记符	操作	说明
压栈指令	PUSH direct	(SP)+1→SP (direct)→(SP)	
弹出指令	POP direct	((SP))→direct (SP)-1→SP	

例 2-5 设数据存储单元(33H)=01H，(34H)=80H，将它们的内容进行交换，即要求交换后(33H)=80H，(34H)=01H。

解：交换存储器内容可以用上面的传送指令、交换指令，也可以用堆栈操作指令，设操作前堆栈指针 SP=07H。

```
PUSH  33H  ；将 33H 的内容 01H 压入堆栈，操作前堆栈指针 SP=07H，操作后
           (SP)=08H，01H 被压入 08H 单元，即(08H)=01H。
PUSH  34H  ；将 34H 的内容 80H 压入堆栈，操作前堆栈指针 SP=08H，操作后
           (SP)=09H，80H 被压入 09H 单元，即(09H)=80H。
POP   33H  ；当前(SP)=09H，执行本条指令将 09H 单元的内容 80H 弹出给 33H 单
           元。并将堆栈指针(SP)-1，执行后(SP)=08H。
POP   34H  ；当前(SP)=08H，执行本条指令将 08H 单元的内容 01H 弹出给 34H 单
           元。并将堆栈指针(SP)-1，执行后(SP)=07H。
```

SP 所指出的地址单元称为栈顶；从上面执行过程可以看出，栈顶不是空单元，栈顶总是有数据，所以在(SP)=07H 时，执行 PUSH 33H 时，CPU 先自动把 SP 加 1，指向空单元，然后再将 33H 内容压入。33H 内容不是压入 07H 而是压入 08H 单元。而在执行 POP 33H 时，则先将栈顶内容弹给 33H，然后 CPU 自动把 SP 内容减 1。将栈顶指向下一个单元。

初学者在学习数据传送指令时，可能会产生困惑，为什么计算机要把数据传来传去，数据已经存在一个存储单元中，为什么还要取出传走呢？这是因为 CPU 在某个时刻，只能进行一种操作，一般不能原地操作原地存放，操作前需要从某个存储单元取出数据放在操作指

令所需要的地方，操作后又要选择一个地方把数据保存起来，或者是因为某种原因，需要改变数据所在的位置。这都是要进行传送的原因。

同时还要注意，数据从原地址传出去之后，不会因传出去而消失，例如(A)=01H，(B)=02H 执行 MOV B，A 之后(B)=01H，但 A 的内容仍然为 01H，并不会因传出而变 0，常把这种性能称之为“取之不尽”。要清除某个地址中的数据，不能靠传送指令把它传走，它是传不走的。要清除必须向它送个 0，即所谓清零，否则它永远保持传送前的数值。只有 XCH 和 XCHD 指令执行之后，交换双方内容才会同时改变。

例 2-6 如果在单片机 AT89C51 的 P1.0 和 P1.1 引脚各接一个发光二极管，发光二极管另一端接高电平，编写一个程序使 P1.0 和 P1.1 为低电平，使发光二极管发亮。

解：使 P1.0 和 P1.1 为低电平的数码为 0FCH，线路连接如图 2-6 所示，只要用一条指令，即 MOV P1，#0FCH，就可以点亮两支发光二极管。

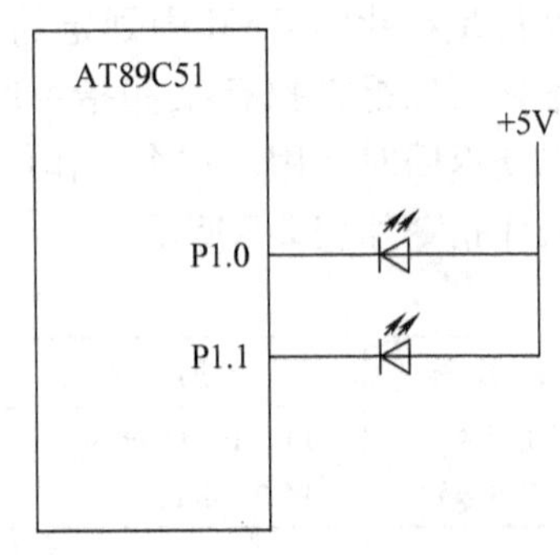

图 2-6 发光二极管与单片机连接图

所有传送指令都列在附录表 B-3 中，表中第一列是该指令的十六进制代码，表中仅列出操作码，指令机器码除了操作码外还应加上相应的操作数。第二列是指令助记符。第三列是该指令的功能，其中前面是源，后面是目标，箭矢表示传送方向。第四列是各条指令执行后对标志的影响，也就是在执行该指令后，状态寄存器 PSW 的各个标志位是否会根据运算结果重新置数，有√号的表示会对 PSW 重新置数，即有影响，没有√号的，表示不会对 PSW 重新置数，即没有影响。这对于在以后要讲到的条件转移指令中，需要这些标志作为条件时是十分重要的。第五列是指令字节数，对于单字节指令，机器码就是指令操作码，对于两字节指令，机器码的第一字节是指令操作码，第二字节是操作数，立即寻址的操作数就是立即数，直接、间接寻址的操作数则是存储器地址。对于三字节指令，指令机器码的第一字节仍然是指令操作码，第二、三字节是操作数。第六列是该指令的执行时间，表中周期数是指机器周期。对于 12MHz 的时钟频率，一个机器周期等于 1μs。

例 2-7 将传送指令 MOV 12H，34H、MOV 12H，#34H 和 MOV DPTR，#2300 转换为机器码。

解：从附录表 B-3 中可查出 MOVdirect1、direct2 指令和 MOV direct，#data 指令都是三字节指令，指令的第一字节为操作码，可从附录表的第一列中查得，第二字节是源地址，第三字节是目标地址，可得

MOV 12H，34H 的机器码为　85 34 12(只有这一条指令源在前目标在后)

MOV 12H，#34H 的机器码为　75 12 34

MOV DPTR，#2300H 的机器码为　90 23 00

第三节 算术与逻辑运算及移位操作指令

在程序中进行算术运算或逻辑运算，既可能是纯粹执行某种数学计算。也可能是为了满足控制需要进行的数据转换。因为单片机的数据出现在接口上的时候，会根据连接在接口上

的设备类型及其连接方法，可能产生不同的物理效果，譬如数码 1 可能使某个继电器触点闭合，接通某个设备，发出声、光报警信号。也可能是断开继电器，使设备停止工作。所以要用系统的原始数据进行某种控制时，如果该数据不能满足控制的需要，就要通过某种算术运算或逻辑运算，把原始数据转换成控制所需要的数据。

一、算术运算指令

算术运算就是通常所说的加减乘除，其指令共 24 条，其算术运算指令如表 2-6 所示。

表 2-6 算术运算指令

指令名称	助记符	操作	说明
加法指令	ADD A，Rn	(A)+(Rn)→A	
	ADD A，direct	(A)+(direct)→A	
	ADD A，@Ri	(A)+((Ri))→A	
	ADD A，#data	(A)+data→A	
	ADDC A，Rn	(A)+(Rn)+CY→A	
	ADDC A，direct	(A)+(direct)+CY→A	
	ADDC A，@Ri	(A)+((Ri))+CY→A	
	ADDC A，#data	(A)+data+CY→A	
减法指令	SUBB A，Rn	(A)-(Rn)-CY→A	
	SUBB A，direct	(A)-(direct)-CY→A	
	SUBB A，@Ri	(A)-((Ri))-CY→A	
	SUBB A，#data	(A)-data-CY→A	
加 1 指令	INC A	(A)+1→A	
	INC Rn	(Rn)+1→Rn	
	INC direct	(direct)+1→direct	
	INC @Ri	((Ri))+1→(Ri)	
	INC DPTR	(DPTR)+1+DPTR	
减 1 指令	DEC A	(A)-1→A	
	DEC Rn	(Rn)-1→Rn	
	DEC direct	(direct)-1→direct	
	DEC @Ri	((Ri))-1→(Ri)	
乘法指令	MUL AB	(A)*(B)→A(低 8 位)，B(高 8 位)	
除法指令	DIV AB	(A)/(B)→A 余→B	
十进制调整指令	DA A	对(A)进行十进制调整	

(一) 加法运算指令

加法运算指令是最基本的算术运算指令，所有加法指令都是把累加器 A 的内容与另一个 RAM 单元的数值或者是立即数进行相加。因此相加之前必须将被加数送到 A，相加后它们的和也是存在累加器 A 中。如果有进位，会将进位位 CY 置 1，否则 CY 为零。

在加法运算指令中，助记符为 ADD 的指令，属于不带进位位的加法指令；助记符为 ADDC 的指令，属于带进位位的加法指令，所谓带进位位是指两数相加时，还要再加上进位位 CY，当然，这个进位位是前一次运算留下来的值，而不是本次加法所得的进位值。使用 ADDC 指令一定不能忘记进位值会被加到“和”里面，如果不要求把前一次的进位加到本次的和中间，要事先对进位位清零，否则由此引起的错误很难觉察。

例 2-8 将片内 RAM 中的地址为 31H、32H、33H 的三个单元内容相加，并将它们的和存于 42H 单元。如果它们的和超过 8 位，产生进位，则进位值存于 41H 单元。

解：运用算术运算指令，一定要注意加减后是否会发生进位或借位，CPU 本身不会自动处理这些进位，需要编程者自己在程序中处理。

```
MOV   R3,#00H
MOV   A,31H
ADD   A,32H
MOV   R2,A           ;两数和暂存 R2
MOV   A,#00H         ;本条指令对 A 清零,但保持前次相加的进位值不变
ADDC  A,R3           ;R3 为 0,A 亦为 0,本条指令实际是将进位位存 A
MOV   R3,A           ;第一次进位位存 R3
MOV   A,R2
ADD   A,33H
MOV   42H,A          ;和的低 8 位存 42H
MOV   A,R3           ;取出第一次进位位
ADDC  A,#00H         ;加上第二次进位位
MOV   41H,A          ;存两次进位位值
```

加 1 指令可以使指定单元内容加 1，在某些场合例如对事件计数时可以使用这个指令，而不必用 ADD 指令，以节省占用字节数，但和指令 ADD A，#01 相比较，ADD 指令可以影响标志，而 INC 指令执行结果不影响标志，如附录指令表所示。因此要根据加 1 后是否需要影响标志，选择使用哪一种。

（二）减法运算指令

和加法运算指令类似，减法运算指令也要求被减数必须放在累加器 A 中，并且减法指令都是带进位位的，在减法运算中的所谓进位就是借位，也就是两数相减后还要再减去前一次运算留下的进位位 CY。这在多字节减法中是比较方便的，但如果要求相减时不要牵涉到上一次留下的借位，或者是第一次使用减法指令，应注意在减法之前将 CY 清零，否则会把最近一次运算所得的 CY 计算在内而出错。

减 1 运算指令可以使指定单元内容减 1，和加法指令同样，指令 DEC A 比指令 SUBC A，#01H 占用字节少；但前者不会影响标志。

例 2-9 将片内 RAM 中的地址为 31H 的内容做为被减数，将 32H 单元内容做为减数，相减后的差存于 42H 单元。如发生借位将 CY 存于 43H。

解：两数相减，如果被减数小于减数，相减后将发生借位，从第一章介绍程序状态字 PSW 中可知，如果发生借位，PSW 中的 CY 将为 1，要读取 CY 值，可以利用下面将要介绍的位操作指令，除使用位操作指令外，也可以通过带进位位的加法指令，进行 0 + 0 运算，由于加数与被加数都是 0，相加结果的和将等于 CY。

```
MOV   A,31H
ADD   A,#00H          ;清 CY 也可以用本章第五节 CLR   C 指令清 CY
SUBB  A,32H
MOV   42H,A           ;相减的差存于 42H
```

```
MOV   A,#00H
ADDC  A,#00          ;0与0再加上进位位,A将等于CY
MOV   43H,A
```

（三）乘除运算指令

MCS-51 指令系统设有两条乘除指令，使得在需要进行乘除运算时，只要用一条指令就可以完成。这是 MCS-51 指令系统的特色之一。程序使用乘法运算指令的时候，要把被乘数放在累加器 A，乘数放在寄存器 B。两个 8 位无符号数相乘，可能得到 16 位数，因此规定积的低 8 位送到 A，积的高 8 位放在寄存器 B。

使用除法运算指令时要求被除数放在累加器 A，除数放在寄存器 B，相除结果的商数回送到 A，余数回送到 B，同时要注意，乘除运算指令要求两个相乘或相除的数必须是无符号的 8 位数。

例 2-10　将某一两字节数存于片内 RAM 中的 31H、32H 单元，其中 31H 存高 8 位，32H 存低 8 位，并将它作为被乘数，33H 单元内所存的单字节数作为乘数，求其积。

解：乘法运算指令只允许用于两个单字节数相乘，因为单字节数相乘，其乘积不会超过两字节，乘积低位字节送 A，高位字节送 B。而一个两字节数与一字节数相乘，其乘积可能为三字节数，因此不能直接运用乘法运算指令。应先把两字节数被乘数分开，取被乘数低 8 位与乘数相乘，A 为积的最低位，可直接存 43H，B 为次低位的部分积。可暂存于 R1，再取被乘数高 8 位与乘数相乘，B 为积的最高位，可直接存 41H，A 为次低位的另一部分积。把前后两次次低位部分积相加，即可求得积的次低位并存 42H。程序如下：

```
MOV   A,32H
MOV   B,33H
MUL   AB
MOV   43H,A          ;存最低位
MOV   R1,B
MOV   A,31H
MOV   B,33H
MUL   AB
ADDC  A,R1
MOV   42H,A          ;存次低位
MOV   A,#00H
ADDC  A,B            ;前后两次的次低位相加后有可能产生进位,应加到高位中
MOV   41H,A          ;存最高位
```

（四）十进制调整指令

当执行加法运算指令时，被运算的数属于什么类型，CPU 并不了解，运算时一律视之为二进制数。如果所运算的数不是二进制数而是 BCD 码，结果必然不正确。为此，用二进制加法指令编制 BCD 码的加法程序，要在加法指令之后加一个 DAA 指令，进行十进制调整。但应注意十进制调整指令只能用于 BCD 码加法运算，不能用于 BCD 码减法。

例 2-11　在片内 RAM 地址为 31H 和 32H 的两个存储单元中，存有两个数，它们分别是

56H 和 67H。设这两个数都是二进制数，试将其求和，并把和存 41H 单元。另外在地址为 33H 和 34H 的存储单元中，也同样存有$(56)_{BCD}$和$(67)_{BCD}$两个数，但它们都是 BCD 码，也将之求和，并把和存于 42H、43H 单元。

解：先求 31H 与 32H 两个存储单元内容的和。

```
MOV   A,31H
ADD   A,32H
MOV   41H,A
```

执行结果 41H 单元存的数是 0BDH。

33H 与 34H 两个存储单元内容为 BCD 码，若用 ADD 指令应加十进制调整。

```
MOV   A, 33H
ADD   A, 34H
DA   A
MOV   42H, A
MOV   A, #00H
ADDC   A, #00          ; 0 与 0 再加上进位位，A 将等于 CY
MOV   43H, A
```

执行结果 43H 存的数是 01H，42H 存的数是 23H

如果是两个 BCD 码相减，例如$(53H)_{BCD}$减$(18H)_{BCD}$。不能用 SUBB 加 DA A 指令的办法，要通过程序进行特殊处理。由于两位十进制数的模为 100，减十进制数 18 可以用加十进制数 100 - 18 = 82 代替，程序如下：

```
MOV   A,#53H
ADD   A,#82H
DA    A
MOV   43H,A
```

执行 ADD 指令后，A 为 D5H，若使用 AD　A 指令，做加 6 调整，A 为 135，丢弃进位位，A 为 35 与正确答案相符。

二、逻辑运算指令

逻辑运算指令共 20 条，如表 2-7 所示。

表 2-7　逻辑运算指令

指令名称	助记符	操　作	说　明
逻辑与指令	ANL　A，Rn	(A) ∧ (Rn)→A	
	ANL　A，direct	(A) ∧ (direct)→A	
	ANL　A，@ Ri	(A) ∧ ((Ri))→A	
	ANL　A，#data	(A) ∧ data→A	
	ANL　direct，A，	(direct) ∧ (A)→direct	
	ANL　direct，#data	(direct) ∧ data→direct	
逻辑或指令	ORL　A，Rn	(A) ∨ (Rn)→A	
	ORL　A，direct	(A) ∨ (direct)→A	
	ORL　A，@ Ri	(A) ∨ ((Ri))→A	

（续）

指令名称	助记符	操作	说明
逻辑或指令	ORL　A，#data	(A)∨data→A	
	ORL　direct，A	(direct)∨(A)→direct	
	ORL　direct，#data	(direct)∨data→direct	
逻辑异或指令	XRL　A，Rn	(A)⊕(Rn)→A	
	XRL　A，direct	(A)⊕(direct)→A	
	XRL　A，@Ri	(A)⊕((Ri))→A	
	XRL　A，#data	(A)⊕data→A	
	XRL　direct，A，	(direct)⊕(A)→direct	
	XRL　direct，#data	(direct)⊕data→direct	
累加器清零	CLR　A	0→A	
累加器取反	CPL　A	$(\overline{A})$→A	

逻辑运算指令包括对两个数的“与”运算、“或”运算和“异或”运算、以及对一个数的“求反”运算。逻辑运算指令执行后，对标志寄存器的标志位基本不产生影响；具体可参看附录的指令表的标志栏。

“与”运算是对两个操作数中的各个位，按位进行“与”运算，“与”运算的符号一般用“∧”或“&”，例如对 A = 10101010B 与 R1 = 10001000B 两个数进行与运算。可按 1∧1 = 1、1∧0 = 0、0∧1 = 0、0∧0 = 0 原则逐位相“与”，执行指令 ANL　A，R1 之后，可得 A = 10001000。

“或”运算是对两个操作数中的各个位，按位进行“或”运算，“或”运算的符号一般用“∨”或“|”，例如对 A = 11110000B 与 R1 = 10001000B 两个数进行“或”运算。可按 1∨1 = 1、1∨0 = 1、0∨1 = 1、0∨0 = 0 原则逐位相“或”，执行指令 ORL　A，R1 之后 A = 11111000。

“异或”运算是对两个操作数中的各个位，按位进行“异或”运算，“异或”运算的符号一般用“⊕”，例如求 A = 11110000B，R1 = 10101010B 两数的异或值，可按 1⊕1 = 0、1⊕0 = 1、0⊕1 = 1、0⊕0 = 0 原则逐位相“异或”，执行指令 XRL　A，R1 之后 A = 01011010B。

在使用中，除了可以对两个数进行逻辑运算外，往往根据逻辑运算的特点，利用它完成一些特殊的操作，例如：

（1）清零操作　要将某存储单元清零，除了可以直接用零对它赋值；例如要将 30H 单元清零，可使用指令 MOV　30H，#00H 外，还可以使用数据本身进行异或运算，用以下两条指令达到清零的目的，即

```
MOV   A,30H
XRL   30H,A
```

也可以用该数据对零进行“与”运算达到清零目的

```
ANL   30H,#00H
```

（2）屏蔽操作　将某一存储单元若干位清零，其他位保持不变，相当于将被清位的数据 1 过滤不使其通过，所以这种操作称为屏蔽，被屏蔽的位将全部被零所代替。屏蔽时可以

选用一个被屏蔽的位等于0的数与某个数进行“与”运算以达到屏蔽的目的。

例2-12　将P1口低4位的值存31H单元。屏蔽高4位。

解：

```
MOV  A,P1
ANL  A,#0FH
MOV  31H,A
```

（3）求反操作　任何数对1进行异或运算，其结果1将变为0，而将0变为1，利用这个特性可以对某一存储单元的内容求反。

例2-13　将P1口的高4位求反，同时保持低4位不变。并将结果存31H单元。

解：

```
MOV  A,P1
XRL  A,#0F0H        ;高4位通过与1异或求反
MOV  31H,A
```

（4）MCS-51还专门提供了清零指令CLR　A和求反指令CPL　A，但这两条指令只对累加器A进行操作，要求被清零或求反的数据必须放在累加器A中，才能用CLR　A或CPL　A指令。达到清零或求反的目的。

三、移位操作指令

移位操作指令共5条，其移位操作指令如表2-8所示。

表2-8　移位操作指令

指令名称	助记符	操作	说明
循环左移指令	RL　A	A循环左移一位	见图2-6
带进位循环左移指令	RLC　A	A带进位循环左移一位	
循环右移指令	RR　A	A循环右移一位	
带进位循环右移指令	RRC　A	A带进位循环右移一位	
A半字节交换指令	SWAP　A	A半字节交换	

MCS-51指令系统的移位指令有5条，其中还包括一条将A的上下两个半字节进行交换的指令。在使用移位指令时，要求被移位的数据必须放在累加器A中。移位过程可参看图2-7。移位指令也可以用来于实现乘2和除2运算，左移1位，相当于乘2，右移1位，相当于除2。但由于MCS-51指令系统有乘法和除法指令，因此不一定要用移位这种方法。

例2-14　31H单元存有2位BCD码，试将它们分开，并将低4位和高4位分别存于

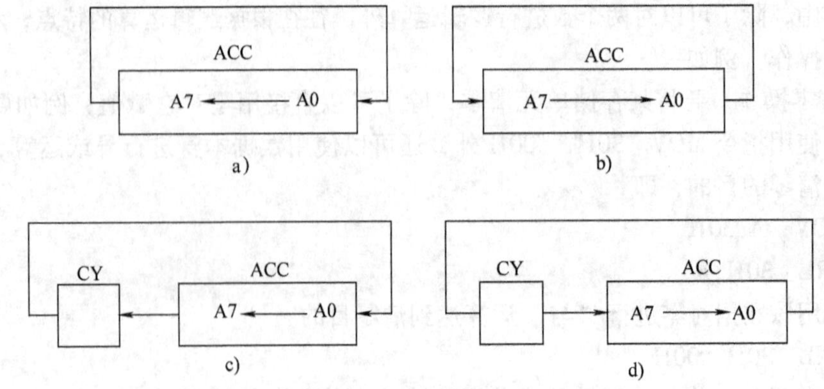

图2-7　移位操作示意图

a）RLA　b）RRA　c）RLCA　d）RRCA

41H、42H 单元。

解：可用下列程序，完成 BCD 码的拆分功能。

```
MOV  A,31H
ANL  A,#0FH
MOV  41H,A
MOV  A,31H
ANL  A,#0F0H
SWAP A
MOV  42H,A
```

要把算术与逻辑运算或移位操作指令转换为机器码，跟数据传送指令一样，可以从附录表 A-3 中查出操作码，如系两字节或三字节指令，其第二或第二、第三字节为操作数。如 ORL　21H，#22H 的机器码为 43　21　22。

第四节　控制转移指令

程序通常是按顺序执行的。CPU 根据 PC 的所指的地址，从程序存储器中读取指令，每读取一个字节，程序计数器 PC 便自动加 1，然后自动判别所取的指令是否多字节的指令，若是多字节指令则继续读取下一个字节，直至取出一条完整指令为止。每次取出一条完整指令并执行完毕，PC 又会自动加 1 按顺序读取和执行下一条指令，它总是不断加 1，顺序取指。如果遇到转移指令，情况就不同了；转移指令将改变 PC 值，使之直接跳转到指令所标明的转移地址中去取指，然后执行该地址的指令，而不是按序执行。正因为这样，使得计算机的程序可以根据需要转移到不同的程序段，去执行不同的操作，好像计算机具有智能一样。这也是转移指令在程序中所以重要的原因。MCS-51 的转移指令分为如下三大类。

一、无条件转移指令

无条件转移指令共 4 条，分为 4 种类型，如表 2-9 所示。

表 2-9　无条件转移指令

指令名称	助记符	操作	说明
长跳转指令	LJMP　addr16	addr16→PC	
短跳转指令	AJMP　addr11	addr11→$PC_{10\sim0}$ $PC_{15\sim11}$不变	
相对跳转指令	SJMP　rel	As + 2 + rel→PC	,
散转指令	JMP　@A + DPTR	(A) + (DPTR)→PC	

（一）长跳转指令

长跳转指令称之为“长”是因为转移的范围比较大。可以在 64KB 范围内任意跳转，指令的格式是先写操作符 LJMP，后面跟的是 16 位目标地址，由于目标地址直接标在助记符上，所以一目了然，比较直观，便于阅读和书写，例如 LIMP 2500H 就表示程序直接转移到 2500H，去执行 2500H 单元的指令。它的不足之处是，指令机器码需占用 3B，而且在修改程序时，例如要插上或删除一条指令，都会造成插、删位置后面的指令地址向前或向后挪动，使得所有长跳转指令的目标地址也要跟着做相应的修改。为避免这种修改的繁琐，在书写程序时，可以不用具体地址，而采用符号地址，例如用 LIMP　NEXT，这样尽管 NEXT 所代表的地址数值改变了，但只要符号本身不改变也就不需修改。当然，如果手工转换为机器码，还是要先查出转移的具体数值，然后才能转换。例如要把 LIMP　NEXT 转换为机器码，必须先查出 NEXT 所代表的地址值。设 NEXT = 2500H，可求得 LIMP　NEXT 的机器码如下：

指令助记符　　　LIMP　NEXT

对应机器码　　　12　25　00

（二）短跳转指令

短跳转指令所以称之为短，是因为跳转的范围比较小，不超过 2KB，远不及长跳转指令的 64KB。但它的指令机器码只有 2B，占用的程序空间少。书写短跳转指令的助记符时，也可以直接标以目标地址，例如可写成 AJMP　LOOP，如果 LOOP 等于 2300H，也可写成 AJMP 2300H。

使用短跳转指令，要求目标地址的高 5 位与指令本身当前所在地址的高 5 位相同。转移时目标地址的高 5 位，直接取自指令本身所在地址的高 5 位，只有其余的低 11 位要从指令码中求取。所以要把短跳转指令汇编成机器码，只要使用目标地址中的低 11 位即可。如果拟跳转的目标地址高 5 位与当前指令地址高 5 位不同。就不能使用短跳转指令。

短跳转指令的机器码共有 2B，它的操作码为 00001，放在高字节的低 5 位，其余 11 位为目标地址的低 11 位。若目标地址的每个位用符号 a0 ~ a15 表示，其中的低 11 位，即 a0 ~ a10，分别填写在低字节，和高字节的高 3 位。即

a10　a9　a8　　0　0　0　0　1　　a7　a6　a5　a4　s3　s2　a1　a0

操作码

其中 0　0　0　0　1 就是操作码

例 2-15　用一条短跳转指令，使程序能从地址 2780H 跳转到 2300H，写出这条指令的助记符与机器码。设 2300H 的符号地址为 ADR。

解： 由于 2780H = 00100111　10000000，2300H = 00100011　00000000 它们的高 5 位都是 00100，因此可以使用短跳转指令，即

指令助记符　　　AJMP　　ADR

指令机器码　　　01100001 00000000 （写成 61 00）

上述机器码从高位开始的 011 分别是目标地址的 a10、a9、a8，之后的 00001 是短跳转指令的操作码，后 8 位 00000000 为目标地址的 a7　a6　a5　a4　s3　s2　a1　a0。可见短跳转指令的机器码中，只体现目标地址的低 11 位，跳转范围只能为 2KB。

（三）相对跳转指令

相对跳转指令也是机器码为两字节的指令，与长跳转指令相比，因为机器码短，所以占用程序空间少，而且它的目标地址是以相对偏移量表示，遇到修改程序时，只要目标地址与当前地址的相对位置不变，偏移量也不用改变，但相对跳转指令的转移范围比短跳转指令还小，不能超过一个字节带符号补码所表示的范围，即从 +127 ~ −128，如果目标地址离当前地址的范围超过这个值，显然就不能使用。例如要转移的目标地址为 2300H，当前地址为 2400H，目标与当前的距离超过规定范围，不能使用相对跳转指令 SIMP 2300H，而应该改用长跳转指令 LIMP 2300H，或短跳转指令 AJMP 2300H。

相对跳转指令要写成机器码，则第一字节固定为操作码即 80H，第二字节为操作数 rel，

rel 称为偏移量，由于执行本条指令时，程序计数器值已指向下一条指令的地址，所以偏移量补码的计算公式为

$$rel = (\text{目标地址})_{\text{低8位}} - (\text{下一条指令地址})_{\text{低8位}} \tag{2-1}$$

或者写成

$$(\text{目标地址})_{\text{低8位}} = (\text{下一条指令地址})_{\text{低8位}} + rel \tag{2-2}$$

如果程序从当前地址往后跳，即目标地址大于当前地址，则 rel 为正，相反，若程序从当前地址往前跳，即目标地址小于当前地址，则 rel 为负，rel 要用补码形式表示。由于往前跳转还是往后跳转已体现在 rel 的正、负的符号中，这样 CPU 求目标地址的时候，一律采用加法运算，即目标地址等于下一条指令地址加偏移量 rel。

例 2-16 设相对跳转指令的下一条指令地址为 2352H，欲转移的目标符号地址为 NEXT，如果 NEXT 等于 2370H，试求出相对跳转指令的偏移量 rel 和指令的机器码。

解：从 2352H 转移到 2370H，其偏移量没有超过 +127，可以使用相对跳转指令

$$rel = 70H - 52H = 1EH$$

指令助记符　　SJMP　NEXT

对应机器码　　80　1E

可见如果转移目标地址是已知的，例如要转移到 2370H，不论是长跳转指令 LJMP　2370H，短跳转指令 AJMP　2370H，还是相对跳转指令 SJMP　2370H，其助记符都可以直接标明目标地址，但是这三种指令的机器码的转换方法却不一样。

例 2-17 设相对跳转指令的下一条指令地址为 2382H，欲转移的目标符号地址为 ADR，若 ADR 等于 2350H，试求出相对跳转指令的偏移量 rel 和指令的机器码。

解：从 2382H 转移到 2350H，其偏移量没有超过 -128，可以使用相对跳转指令

rel = 50H - 82H = CEH　（11001110B 不包括符号位取反加 1 等于 10110010 即 CEH 是 -32H 的补码）

指令助记符　　SJMP　ADR

对应机器码　　80　CE

例 2-18 设相对跳转指令的下一条指令地址为 2340H，欲转移的目标地址为 23F1H，试求出相对跳转指令的偏移量 rel，和指令的机器码。

解：23F1H 与 2340H 之差为 +176，超出 1B 补码所能表示的范围，无法用补码表示，也就不能使用相对转移指令。

利用汇编软件把指令助记符转换为机器码，其偏移量可通过汇编软件自动生成，编程者在写相对跳转指令的时候，只要在助记符上写明目标地址或使用地址标号即可，无须计算偏移量 rel。例如从下一条地址 2010H 转移到 2018H，且设 2018H 的标号为 NEXT，助记符可写成 SJMP　2018H，也可以写成 SJMP　NEXT。虽然指令表上相对跳转指令标明为 SJMP　rel，但编写汇编语言程序时不能用 rel。以上按式(2-2)可算出 rel = 2018H - 2010H = 08H，不能写成 SJMP　08H，如果这样写会误认为目标地址是 0008H。

（四）散转指令

散转指令 JMP 的功能是把累加器 A 中的 8 位无符号数，与数据指针 DPTR 中的 16 位数中的低 8 位数相加，其结果送入 PC 寄存器，作为下一条要执行的指令地址。执行 JMP 指令后 A 和 DPTR 内容不变。

散转指令可以根据累加器 A 的值，使程序转移到不同的地址，执行不同的程序段。

例 2-19 设某个控制系统设三个按钮，按下按钮 0，20H 单元将置 0，按下按钮 1，20H 单元将置 1。按下按钮 2，20H 单元将置 2，要求程序根据 20H 单元数值，决定执行 chenx0、chenx1、chenx2 其中一个程序段。

解：设 chenx0、chenx1、chenx2 为三个不同程序段的起始地址，LJMP chenx0、LJMP chenx1、LJMP chenx2 为转移到三个起始地址的指令。将它们顺序排列，设其首地址为 JUMTAB，可写出散转程序如下：

```
        MOV     A,20H
        RL      A           ;20H 值乘 2
        ADD     A,20H       ;20H ×2 +20H =20H ×3,LJMP 为三字节指令散转间隔为 3
        MOV     DPTR,#JUMTAB
        JMP     @ A + DPTR
JUMTAB：LJMP   CHENX0
        LJMP   CHENX1
        LJMP   CHENX2
        ...
CHENX0：...
CHENX1：...
CHENX2：...
```

二、条件转移指令

条件转移指令附有规定的转移条件，只有在规定条件满足时，才允许程序转移到目标地址，如果条件不满足，仍然要按顺序执行下一条指令。根据所规定的条件不同可分为表 2-10 所示的几种。

表 2-10 条件转移指令

指令名称	助记符	操作	说明
零条件转移指令	JZ rel	(A) =0 As +2 + rel→PC 不为 0 顺序执行下一条指令	
	JNZ rel	(A) ≠0 As +2 + rel→PC 为 0 顺序执行下一条指令	
比较转移指令	CJNE A, direct, rel	(A) = (direct) 顺序执行下一条指令 (A) ≠ direct As +3 + rel→PC (A) < (direct) 1→CY	
	CJNE A, #data, rel	(A) = #data 顺序执行下一条指令 (A) ≠ (#data) As +3 + rel→PC (A) < (#data) 1→CY	
	CJNE Rn, #data, rel	(Rn) = #data 顺序执行下一条指令 (Rn) ≠ #data As +3 + rel→PC (Rn) < #data 1→CY	
	CJNE @ Ri, #data, rel	((Ri)) = #data 顺序执行下一条指令 ((Ri)) ≠ #data As +3 + rel→PC ((Ri)) < #data 1→CY	
减 1 非零跳转指令	DJNZ Rn, rel	Rn≠0 As +2 + rel→PC Rn - 1 = Rn	
	DJNZ direct, rel	((direct)) ≠0 As +3 + rel→PC direct - 1→direct (direct) =0 PC +3→PC	

（一）零条件转移指令

所谓零条件，在 MCS-51 指令系统中，规定要根据累加器 A 的内容是零还是非零，决定程序是否转移，如果被判别对象不在 A，要将它移到 A 之后才能使用。

零条件转移也属于相对转移指令，它的偏移量 rel 计算方法，以及助记符书写方法与无条件相对转移指令相同。

（二）比较转移指令

比较转移指令是通过对二个指定的操作数进行比较，看其是否相等；若相等则不转移，并顺序执行下一条指令，若不相等，则按相对偏移量 rel 的值实现转移。当两个指定的操作数不相等的时候，该指令还会根据不相等的两种状态，即大于或小于两种状态，改变 CY 值，为下一步继续判断准备条件。即

第一比较量 = 第二比较量　　程序顺序执行

第一比较量 > 第二比较量　　0→CY 且跳转到目标地址

第一比较量 < 第二比较量　　1→CY 且跳转到目标地址

例如要求将 A 的内容与 50H 单元的内容进行比较，并按比较后可能产生的三种状态，分别进行处理，其程序为

```
        CJNE   A,50H,NOEQU
EQU:    ...                   ;A = (50H)的处理程序
        ...
NOEQU:  JC     SMALL          ;A≠(50H)的处理程序
LARG:   ...                   ;A > (50H)的处理程序
        ...
SMALL:  ...                   ;A < (50H)的处理程序
        ...
```

比较转移指令需要三个操作数，第一个与第二个为比较量，第三个为相对偏移量 rel。偏移量 rel 的计算方法，以及助记符书写方法与相对跳转指令所述的相同，同样在助记符中的相对偏移量 rel 可以直接写上目标地址，例如 CJNE A，00H，NEXT。其中 NEXT 即目标符号地址。

例 2-20　设在存储单元 30H 中存有一个数，现在需要判断该数是否等于十进数 100，若等于 100 则将存储单元 40H 置 1，若大于 100 则将存储单元 41H 置 1，若小于 100 则将存储单元 42H 置 1。

解：

```
        MOV    A,30H
        CJNE   A,#64H,NOEQU
EQR:    MOV    40H,#01H
        AJMP   CLOSE
NOEQU:  JC     SMALL
LARG:   MOV    41H,#01H         ;大于 100 的标志
        AJMP   CLOSE
SMALL:  MOV    42H,#01
CLOSE:  AJMP   $
```

（三）减1非零跳转指令

这是在循环结构程序中常用的一条指令，每当完成一次循环后，可以用这条指令进行判断，以便决定程序是否继续循环。在执行减1非零跳转指令时；先将第一操作数减1，并保存结果。若减1结果不为零，则按指令提供的偏移量实现转移到循环起点。若减1结果为零，则按顺序执行程序的下一条指令，即跳出循环。把第一操作数是否为零作为循环是否结束的标志。

减1非零跳转指令也是一种相对跳转指令，指令机器码为2B，后一个字节表示偏移量，跟其他相对转移指令一样，机器码的偏移量必须用带符号数的补码表示，转移范围、助记符书写方法以及偏移量rel的计算，都与无条件相对转移指令相同。例如DJNZ　R0，2100H，这表示如果R0减1后不为零；跳转的目标地址为2100H，若为零则按顺序执行程序的下一条指令。

例2-21　写出指令DJNZ　R1，NEXT和CJNE@R1，#32，NEXT的机器码。设该指令下一条指令地址为2300H，跳转的目标地址为NEXT=2350H。

解：所有转移指令的助记符都是直接标上目标地址，但转换为机器码的时候需要根据公式(目标地址)$_{低8位}$-(下一条指令地址)$_{低8位}$计算出偏移量。对于两字节指令，第一字节为操作码，第二字节是按式(2-1)计算出来的偏移量rel。对于三字节指令，第一字节也是操作码，第二字节是转移条件操作数，第三字节同样是按式(2-1)计算出来的偏移量rel。

指令助记符　　　DJNZ　R1　NEXT

　　偏移量=2350-2300=50H

　　对应机器码　　D9　50

指令助记符　　　CJNE @R1，#32H，NEXT

　　偏移量=2350-2300=50H

　　对应机器码　　B7　32　50

三、子程序调用与返回指令

子程序调用与返回指令如表2-11所示。

表2-11　子程序调用与返回指令

指令名称	助记符	操作	说明
子程序调用指令	LCALL　addr16 ACALL　addr11	PC压入堆栈　addr16→PC PC压入堆栈　PC15-11不变 addr11→PC10-0	
返回指令	RET	堆栈内容弹回PC	
中断返回指令	RETI	堆栈内容弹回PC	

通常编制程序时，可能某一段程序会经常反复使用。这时可将这个程序段从程序中分离出来，形成子程序模块，每次使用时，可通过调用子程序的指令，去运行这段模块。这不仅可以使程序简明易读，而且因为所引用的子程序多数是经过运行考验过的标准程序，不易出错。

例如要对片内数据存储器清零，然后延时10ms，将外部存储器的数据调入，如果这三个工作都有现成的子程序，则可用调用子程序方法完成：

```
MOV     R0,20H          ;指定清零的首地址
MOV     R7,08H          ;指定清零的地址总数
LCALL   CLEAR           ;执行清零子程序
LCALL   DELAY10ms       ;执行延时 10ms 子程序
MOV     R0,20H          ;指定目标的首地址
MOV     DPTR,#1200H     ;指定源数据的首地址
LCALL   LOAD            ;执行外部存储器的数据调入子程序
```

这里 CLEAR、DELAY10ms、LOAD 是三个子程序，可以放在主程序的后面，CLEAR、DELAY10ms、LOAD 是子程序的标号地址。通常在调用子程序的时候，要根据该子程序的要求，提供所需的入口参数，例如调用清零子程序 CLEAR，要将拟清零的首地址和清零的地址总数送到 R0、R7。要调用外部存储器的数据调入子程序 LOAD，就要把源数据的首地址目标的首地址送 DPTR 和 R0。

在 MCS-51 指令系统中调用子程序指令分为长调用和短调用两种，它的特点和长跳转及短跳转指令相似。

长调用指令 LCALL 在操作码后面跟的是子程序的 16 位首地址，所以使用时比较直观；但它的机器码需要占用 3B。短调用指令 ACALL 的机器码只有 2B，机器码中只包含子程序首地址的低 11 位、而子程序首地址的高 5 位与程序运行的当前地址高 5 位相同，因此子程序的位置要处于调用指令地址 2KB 范围之内。

执行长调用子程序指令时，先把 PC 值，即下一条指令地址压入堆栈，压人时先压低 8 位再压高 8 位，而后将子程序首地址置入 PC，转向执行子程序。子程序执行结束时，要有一条返回指令 RET，通过执行 RET 指令把堆栈内容弹回 PC，继续执行调用子程序指令的下一条指令。

执行短跳转调用子程序指令的过程与长调用相同。但返回时只弹出低 11 位地址，高 5 位与程序运行的当前地址高 5 位相同。

四、空操作指令

CPU 遇到空操作指令 NOP 时，不进行任何操作。既然如此，为什么有时在程序中要设置 NOP 指令呢?

首先，NOP 指令虽然不做工作，但执行它却需要一个机器周期，（主振为 12MHz 时,一个机器周期为 1μs），所以可利用它做为短暂的延时指令。其次，程序中插入 NOP 指令，等于在行间留有空白行，遇到修改程序，例如要删除某一条单字节指令时，可以在删除的位置换上 NOP 指令，就可以保持其他指令的地址不变。反之，要增加一条单字节指令，也可以在删去原先有意留在程序中的多余的 NOP 指令，利用原来 NOP 指令所占用的地址单元，填入新指令，避免更动其他指令的地址。

第五节　位操作指令

8051 系列单片机内部有个按位操作的布尔处理机；它的操作对象不是一个字节或者是一个字，而是一个位。因为有的控制是按位进行的，有了位操作指令，使用起来更加方便，在 MCS-51 指令系统中属于位操作的指令有 17 条，其中 5 条属于控制转移类，其余 12 条用

于传送或运算类。位操作指令如表 2-12 所示。

表 2-12　位操作指令

指令名称	助记符	操作	说明
进位位清零	CLR　C	0→CY	
位清零	CLR　bit	0→bit	
进位位置 1	SETB　C	1→CY	
位置 1	SETB bit	1→bit	
进位位取反	CPL　C	$(\overline{CY})$→CY	
位取反	CPL　bit	$(\overline{bit})$→bit	
与运算	ANL　C，bit	(CY)∧(bit)→CY	
	ANL　C，/bit	(CY)∧$(\overline{bit})$→CY	
或运算	ORL　C，bit	(CY)∨bit→CY	
	ORL　C，/bit	(CY)∨$(\overline{bit})$→CY	
传送指令	MOV　C，bit	(bit)→CY	
	MOV　bit，C	(CY)→bit	
转移指令	JC　rel	CY=0　As+2+rel→PC	
	JNC　rel	CY=0　As+2+rel→PC	
	JB　bit，rel	(bit)=1　As+3+rel→PC	
	JNB　bit，rel	(bit)=0　As+3+rel→PC	
	JBC　bit，rel	(bit)=1　As+3+rel→PC 0→bit	

一、对进位位 CY 进行操作的指令

在 MCS-51 指令系统中，有些指令操作时要有进位位 CY 参与，例如 ADDC，SUBB，RLCA，RRCA 等等，因此在使用这些指令前，要先对进位位 CY 做一些必要的处理，例如使之置 0、置 1 或取反。有了 CLR C、SETB C、CPL C 等指令，要进行这些操作，就比较方便。

二、对具有位地址的空间进行操作的指令

当单片机用于控制时，往往只需对某字节的一个位进行操作，当然我们可以通过对该字节进行置数的办法，保持字节的其他位不变，改变其中一个位的值来实现。例如需要将 P1 的 0 位，即 P1.0 置 1，若 P1 的原来值为 0F0H，可以使用 MOV　P1，#0F1H，去改变 P1.0 的数值。也可以使用只针对 P1.0 的位操作指令，而不要涉及别的位，即用指令 SETB　P1.0 将 P1.0 置 1，这样不但指令占用字节较少，执行时间也比较快，而且不用担心会影响别的位。

对具有位地址的空间进行操作的指令，有置 0、置 1、取反，以及与进位位 C 进行各种逻辑运算指令。如果要在位单元间进行数据传送，由于没有位单元间直接传送的指令，需要通过 C 进行传递。

例 2-22　将字节地址 24H 的 D3 位内容，传送给字节地址 22H 的 D0 位。

解： 字节地址 24H 的 D3 位其位地址等于 23H

　　字节地址 22H 的 D0 位其位地址等于 10H

传送程序如下：

```
MOV    C,23H        ;本指令中的地址是具有位地址的空间的位地址
MOV    10H,C        ;10H 是具有位地址的空间的位地址
```

例 2-23　将 P1 口的 D0 位值，存于位地址等于 25H 的单元。

解：P1 口的 D0 位，位地址为 90H，也可以用符号地址 P1.0，按题意可写成

```
MOV    C,P1.0
MOV    24H.5,C       (24H.5 的位地址等于 25H)
```

或写成

```
MOV    C,90H
MOC    25H,C
```

三、位控制转移指令

位控制转移指令也属于条件转移指令，它们分别以进位位 CY 或位单元内容作为是否转移的条件，若条件满足，则按偏移量转移。若条件不满足，程序仍按顺序继续执行下一条指令。其中位控制转移指令 JBC　bit，rel 与 JB　bit，rel 的作用相同。都是以指定的位单元内容是否等于 1 作为条件，若为 1 即条件满足，按 rel 值实现转移，若不为 1 即条件不满足，继续顺序执行下一条指令。但与 JB　bit，rel 不同的是 JBC　bit，rel 指令在转移后，还会把该位单元内容清零。

位控制转移指令的偏移量计算方法，与前述相对转移指令的计算方法相同。

使用位操作指令还应注意：

1）位操作指令只限于在具有位地址的单元使用，位寻址范围为 00H ~ 0FFH。其中位地址为 00H ~ 7FH 部分，位于片内字节地址为 20H ~ 2FH 的 16 个存储单元，每个单元 8 位，共 128 位，分别为 00H ~ 7FH。其中的 80H ~ 0FFH，则专指特殊功能寄存器中的可位寻址的单元。特殊功能寄存器是分布在字节地址为 80H ~ 0FFH 空间内的部分单元，这些单元并非都能位寻址，只有能为 8 整除的单元，如 80H、88H、90H、98H... 才是位寻址单元，为 8 整除的单元共 16 个 128 位，位地址定为 80H ~ 0FFH；可参看表 1-4。

2）由于 00H ~ 0FFH 既可以指字节地址又可以指位地址，CPU 只能根据它出现的场合进行判别，故凡出现在位操作指令中，就认定为位地址。而在其他操作指令中，就认定为字节地址，因此使用者自己要加以注意。

例 2-24　将片内 RAM 中地址为 10H 的单元清零。

解：正确程序应为

```
MOV    10H,#00H
```

若写为 CLR　10H 则被清零的将是位地址 10H。也就是字节地址 22H 的最低位，因为字节地址没有清零指令，在这个指令中 10H 只能被认定为位地址。

习　题

1. 指出下列指令是否有错，错在何处，应如何改正？

```
MOV   @R3,A        MOV   DPTR,A        MOV     A,#DPTR
MOV   DPTR,10H     MOV   40H,DPTR      MOVX    40H,#30H
```

2. 下列程序执行后，A、B、R0 的内容是什么？

```
(1) MOV  30H, #60H
    MOV  R0, #60H
    MOV  A, 30H
    MOV  B, A
    MOV  @R0, B
(2) MOV  SP,#60H
    MOV  A,#01H
    MOV  B,#02H
    PUSH A
    PUSH B
    POP  A
    POP  B
(3) MOV   DPTR, #2000H
    MOV   A, #80H
    MOVX  @DPTR, A
    INC   DPTR;
    MOV   A, #90H
    MOVX  @DPTR, A
    MOV   DPTR, #2000H
    MOVX  A, @DPTR
    MOV   B, A
    INC   DPTR
    MOVX  A, @DPTR
```

3. 将片内数据存储器 20H 单元的内容传送给 30H、31H、32H、33H、34H 等 5 个单元。

4. 将片内数据存储器 23H ~ 26H 的 4 个单元内容传送给片外数据存储器 3000H ~ 3003H 单元。

5. 设置 SP = 60H，并将 20H ~ 23H 单元的内容，依序压入堆栈。

6. 指出下列指令是否有错，错在什么地方，并改正之。

```
ADD  20H,#10H          INC   @R3
DEC  DPIR              ADDC  #30H,A
```

7. 若(20H) = 0A3H，(21H) = 0F0H，编写一程序，能求出两个单元内容的差，并将结果存于 30H 单元。

8. 若(20H) = 080H，(21H) = 02H，编写一程序，能求出两个单元内容的乘积，并将结果存于 30H 与 31H 单元。

9. 若(20H) = 81H，(21H) = 02H，编写一程序，能求出两单元内容相除后的商，并将结果存入 30H 单元，余数存于 31H 单元。

10. 编一程序将 40H ~ 46H 单元清零。

11. 将 40H ~ 46H 单元内容的高 4 位清零，保持低 4 位不变。

12. 在地址值后面，填写下列指令的机器码，设指令当前地址为 2100H。

```
(1) 2100H          LJMP  2130H
(2) 2100H          SJMP  2130H
(3) 2100H          AJMP  2130H
(4) 2100H          LJMP  20E0H
(5) 2100H          SJMP  20E0H
```

（6）2100H　　　　　AJMP　20E0H

13. 下列各小题中的 NEXT、THIR、ONE、TWO、THREE 均为地址标号，编写一段程序完成以下任务。

（1）若 20H 单元内容为 0，程序转移到 NEXT。

（2）若 20H 单元内容不为 0，程序转移到 NEXT。

（3）将 20H 与 21H 两单元内容相加，若有进位，将 22H 单元置 1。

（4）若 20H 单元内容等于 3，程序转移到 NEXT；若不等于 3，程序转移到 THIR。

（5）若 20H 单元内容等于 5，程序转移到 ONE；若大于 5 程序转移到 TWO，若小于 5 程序转移到 THREE。

14. 检查 P1.0 是否为 1，若为 1 将 P1.3 置 1，若为 0 将 P1.3 置 0。

15. 检查 30H 单元的 D0 位是否为 1，若为 1 将 P1.0 和 34H 单元的 D0 位置 1。

16. 将 30H 单元的低 4 位清零，然后检查它的 D0 位是否确实已经被清零，若确等于 0 将位地址为 31H 的单元置 1。

17. 将位地址 00H ~ 7FH 单元的内容全部清零。

18. 将字节地址 30H ~ 3FH 单元的内容全部取反。

19. 将字节地址 30H ~ 3FH 单元的内容逐一取出减 1，然后再放回原处，如果取出的内容为 00，则不要减 1，仍将 0 放回原处。

20. 将片内 RAM 的 30H ~ 3FH 单元的内容取出，存入片外 RAM 的 2100H ~ 210FH 单元。

21. 在片内 RAM 的 30H 和 31H 两单元中存有两个数：

（1）用 JC 指令比较两数大小，若 30H 中的数大，将 40H 内容置 30H，若 31H 中的数大，将 40H 内容置 31H。

（2）用 CJNE 指令比较两数大小，若 30H 中的数比 31H 中的数大，将 40H 内容置入 30H，若 31H 中的数大，将 40H 置入 31H。

22. 试在地址 2010H 处写一条调用子程序指令，子程序的首地址为 2040H。在地址 2100H 处再写一条调用该子程序指令，子程序的首地址仍为 2040H。

23. 用散转指令编写以下程序：

（1）30H 内容为 1 程序转 1000H。

（2）若 30H 内容为 2 程序转 2000H。

（3）若 30H 内容为 3 程序转 3000H。

第三章　汇编语言程序设计

第一节　汇编语言程序的格式

汇编语言是一种以指令助记符代替机器码来编写程序的语言，用汇编语言编写的程序称为源程序，最后还是要把它转换为机器码即目标程序，才能输入到程序存储器。由于不同的单片机使用不同的指令系统，所以用汇编语言编程时，必须根据所用的单片机，选择对应的助记符，例如本书用汇编语言编写的程序，使用的是 MCS-51 指令系统，因此所编成的源程序，经 MCS-51 汇编软件，转换为机器码后，只能用于 51 系列单片机。但是不论是哪一种指令系统，汇编语言的编写规则和基本格式则是大同小异。

汇编语言编写的程序由一系列语句所组成，每一个语句占一行，填写一条指令。每一行又分成 4 段，它们分别为标号、操作码、操作数和注释。以表 3-1 中的程序为例，可以看出汇编语言程序的一般格式。

表 3-1　汇编语言程序的格式

地址	机器码	标号	操作符	操作数	注　释
1000			ORG	1000H	
1000	7400	ADDR：	MOV	A，#00H	；将累加器清零
1002	F541		MOV	41H，A	；将 41H 和 42H 单元清零
1004	F542		MOV	42H，A	
1006	7A0A		MOV	R2，#0AH	；设定累加次数
1008	7930		MOV	R1，#30H	；设定数据首地址
100A	E7	LOOP：	MOV	A，@R1	；取数
100B	2541		ADD	A，41H	；累加到 41H
100D	5002		JNC	NEXT	；是否有进位
100F	0542		INC	42H	；有进位将 42H 单元加 1
1011	F541	NEXT：	MOV	41H，A	；和存入 41H
1013	09		INC	R1	；指向下一个数
1014	DAF4		DJNZ	R2，LOOP	；未完循环
1016	021016		LJMP	$	
			END		

这是一个求 10 个数之和的程序，10 个原始数据存放在 30H～39H 的连续存储单元之中，我们把 30H 称为首地址。要求运算后的和数存放在地址为 41H 的存储单元，由于 41H 所能存的最大数只能为 0FFH，超过它就会产生进位，将进位值置于 42H，以 42H 为高字节，

41H 为低字节所表示的数，就是累加之和。

表 3-1 由机器语言和汇编语言两个部分组成。前面两段是机器语言，包括该指令所占用的地址和指令的机器码，由于它是计算机程序的最终形式，所以又称为目标程序。后面 4 段是用户编写的汇编语言程序，也称为源程序，包括标号、操作码、操作数和注释。通常是先写源程序，然后利用机器汇编或手工汇编，生成机器码组成的目标程序。一行只能写一条指令，前面的机器码和后面源程序，两者一一对应。

一、标号

语句的第一段是标号，它代表该行指令所在的地址，标号可以用伪指令 EQU 赋值，也可以不要预先赋值。如果没有预先赋值，其值自动等于所在行的地址，例如表 3-1 程序中的标号 LOOP，就对应该行指令即 MOV A，@ R1 所在的地址。从表 3-1 左边的目标程序中可以看出，程序指令由 1000H 开始存放；MOV A，@ Ri 所在的地址值为 100AH，因此 LOOP 就代表 100AH，凡是程序中需要用到 100AH 这个地址值，就可以用 LOOP 符号代替，所以标号又称为符号地址。

采用标号给编制程序带来很大方便，首先是可读性好，其次它不涉及具体地址，因为在编制源程序的时候，各指令地址还是个未知数，但转移指令、转子程序指令等都需要用到某些指令所在的地址，以便作为转移的目标。如果不采用标号，只能留空，待分配好地址后再填。采用标号就可以不管具体地址而用标号代替。不论将来标号所代表的目标地址等于什么，只要是转移到某个标号，就会转移到它所代表的目标地址。另外，在编写源程序过程中，总是需要对程序做某些修改或增删，一旦有了增删各指令所在地址就会有变动，因此所有转移指令的目标地址也要随之更改，这显然是很麻烦的一件事。若用标号代替，尽管地址变了，但只要标号不变，所有用到标号地址的地方都不必改变，具体编制程序时可以很快地体会到标号给编写带来的好处。

当然，不是说每一行都一定要加一个标号，这要看是否需要。使用标号要遵守以下的约定：

1）标号由字母或由字母开头的字母数字串组成，但不能用指令助记符或寄存器的名称作为标号，例如用 R1、DPTR 等等作为标号都是不允许的，否则就会无法判别是标号还是指令，给汇编时带来混乱。标号名称最好能表达一定的意义，以便于阅读，例如 ADDR(Address) 代表地址含义，LOOP 代表循环含义。标号所用字符不要超过 6 个，超过者只有前 6 个有效。

2）标号结尾应加一冒号，这也是标号与操作码段的分界线。

3）在一个程序中，不能用一个标号去代表两个不同地址值，也就是说不能重复使用，如果需要改变标号所代表的值，可以在程序中用 DL 的伪指令重新定义。

二、操作符

语句的第二段是操作符，这是一行语句中必不可少的部分。硬指令的操作符就是指令助记符。伪指令的操作符就是伪指令的符号。有的程序还使用宏指令名，宏指令名是某一段程序的代号，在汇编语言的源程序中，若有某段程序需要多次反复使用，为了避免重复书写，可以用一个宏指令名代替。宏指令名在使用前要先进行定义，然后才能调用。宏指令虽然可以使源程序书写简化，但汇编后的目标程序却不会因此而简化。

三、操作数

操作数是指令操作所需要的数据，或者数据的来源。在 MCS-51 指令系统中，某些指令没有操作数，如 NOP。有的指令有一个操作数，如 INC Rn 等。有的指令有两个操作数或三个操作数，有多个操作数的，它们之间应该用逗号隔开，在汇编语言程序中，代表存储器地址的操作数，应尽量用符号地址即标号代替，以充分发挥标号的功能。

四、注释

注释部分纯粹是为了以后阅读方便，或者是为了帮助其他使用者理解程序而添加的。生成目标程序时，对注释撇开不管。它不是语句中必不可少的部分，可以有注释，也可以不加注释。加注释对程序功能并不会发生任何影响，仅仅是为了将来检查程序时，起个备忘作用。注释部分要求用分号开头，一行写不完要换行时也要再加一个分号，没有分号在机器汇编时就因无法辨认而出错。

第二节 伪 指 令

汇编语言程序通常是通过汇编软件转换为机器码，所以在汇编语言的源程序中，必须根据汇编软件的要求，设置必要的伪指令，以便汇编软件能按伪指令所提供的信息，将源程序汇编出正确的目标程序。汇编语言程序的每一行语句都包含一条指令，这个指令可以是 MCS-51 指令系统中的某一条指令(或称之为硬指令)，也可以是伪指令(也称为汇编控制指令)。在表 3-1 的例子中，第一行的 ORG 和最后一行的 END 就是伪指令，其余各行都是硬指令。

伪指令所以加上一个“伪”字，是因为这种指令不能指挥 CPU 执行什么操作，汇编时也不生成目标程序。它的作用仅仅是向汇编软件提供汇编要求，将汇编语言源程序转换为机器语言程序。汇编成机器语言后，伪指令就不存在了。不同版本的汇编软件对伪指令的格式规定可能有一些差异，例如数据使用哪一种进位制，可能有一些不同规定，使用时可根据汇编提示进行处理。

常用的伪指令有以下几种。

一、ORG(Origin)

这是指明汇编起点地址的指令，一般放在源程序的第一行。一个程序中也允许用几个 ORG 伪指令，如果有好几个，除了其中一个要放在第一行外，其余可放在程序当中。不论放在什么位置，它的功能都是规定在 ORG 之后的程序或数据的起始地址。例如 ORG 2500H 表示其后面的目标程序，从 2500H 开始连续存放。

二、END

END 伪指令放在源程序的最后一行，一个程序只允许用一个 END 伪指令，这标志着源程序至此结束，汇编程序不再往下汇编。可见 END 伪指令是专门为汇编而设置的，如果放在程序当中，由于对 END 后的源程序不予汇编，相当于把 END 之后的指令全部抛弃。

三、EQU(Equal)

EQU 称为赋值伪指令，它的功能是对标号即符号地址进行赋值。

如果在程序的操作数中使用地址标号，那么这个标号通常能在标号段中找到，而且该标号所在的地址就是该标号之值。标号段中如果找不到这个标号，则必须事先用 EQU 指令对标号进行赋值，赋值后才允许在程序的操作数中使用，赋值时可以用数值，也可以用另一个已经赋过值的标号。

例如：　　　　ADDR　EQU 2000H

　　　　　　　ADDR　EQU MEM2

第二个语句中，MEM2 必须是已经赋值过的。

片内数据存储器的地址同样可以用符号表示，由于 8051 系列单片机的片内数据存储器所使用的地址是一个 8 位数，对 8 位符号同样可以赋值。

例如：

　　　　　　　ADDR　EQU 30H

四、DB(Define Byte)

DB 为定义字节的伪指令，如果不止一个字节，各字节间用逗号隔开。第一个字节与 DB 间要有空格。它的功能是把 DB 之后所跟的数按字节从标号所代表的内存单元开始依序存放，例如：

TABEL：DB　50H，33H，2EH，6FH，……

如果标号 TABEL 的值等于 2800H，则把数 50H 存放于 2800H 单元，把数 33H 存放于 2801H 单元，把数 2EH 存放于 2802H 单元……

标号 TABLE 一般都是根据所在位置自然赋值，也可以由伪指令 ORG 标定，例如：

　　　　　　　ORG　2200H

TABLE：DB　50H，33H，2EH

这时 TABLE 就等于 2200H，50H 就存放在 2200H 内存单元……

五、DW(Define Word)

DW 为定义数据字的伪指令，它的功能和 DB 类似，但 DB 是按字节存放，而 DW 则按字存放，在 8 位机中，一个字等于 2 个字节，一个字节是一个 8 位的二进制数，一个字则是一个 16 位的二进制数，因此在 DW 后面，必须跟由 2 个字节组成的字。例如：

TABLE：DW　2550H，3F7AH，4300H，……

设 TABLE 值为 2800H，则第一个字的高字节 25H 存 2800H；低字节 50H 存 2801H，依此类推，从 2800H 单元开始所存放的数分别为 25H、50H、3FH、7AH、43H、00H。

六、DS(Define Storage)

DS 为定义存储区，它表示从标号所指的存储单元开始，保留一定数量的内存单元，供程序使用，保留的数目由 DS 之后的数值决定。例如：

SPACE：　DS　10H

表示从 SPACE 开始，保留 16 个单元，如果 SPACE 为 2800H，则 2800H ~ 280FH 暂时保留备用。

鉴于不同版本汇编软件对伪指令格式的规定有些差异。如地址标号后是否要加冒号，可能有不同规定，使用时可按出错提示处理。

第三节　汇编语言程序的编写步骤及基本结构

要使用单片机，首先总是按问题的解决方法和步骤编成程序，然后计算机才能根据所编的程序进行操作，所以学会编制程序是应用单片机的重要条件。编写程序一般不用机器语言，而是用汇编语言或 C 语言，因为机器语言难读难记。用汇编语言编程仍然是目前国内单片机开发人员最常用的一种手段，当然不论是用汇编语言或是用C语言，最后还是要把它转换为机器语言，才能输入到单片机的程序存储器。本章介绍用汇编语言编写程序的方法。

一般编写和调试程序的步骤是：

1）把要解决的问题分成几个步骤去完成，也就是把一个复杂的过程分解为若干个工作模块。

2）把这些过程和模块画成程序框图即流程图。

3）根据框图中每一个步骤所要完成的工作写出源程序。

4）将源程序用手工或通过计算机汇编成以机器语言表示的目标程序。

5）将目标程序写入单片机的程序存储器并运行调试，以检查程序是否正确无误，并在调试中对程序作进一步的修改。

如果所编的程序比较复杂，那么流程图编制就显得比较重要，因为复杂的程序可能有较多的循环与分支，因而有较多的环节及相应的出口与入口。每个分支和循环应该从什么地方出口，什么地方入口，每个出、入口分别连接到什么地方，没有流程图就很难理出头绪，就可能出现逻辑错误。当然如果程序比较简单，思路不太复杂，不一定非画出流程图不可，但作为一种工作习惯，初学者最好能先从流程图入手。

不管程序如何复杂，它总是由顺序、分支、循环三种基本结构组成，只要掌握这三种结构的特点，加上合理使用指令，编程的技巧就不难得到提高，就能使所编的程序更加合理、规范、简洁。下面先对三种结构进行简要的介绍。

一、顺序结构的程序

上面已经讲过，计算机执行程序，通常总是按程序中指令的顺序逐条执行的，如果指令中没有转移指令，那么逐条执行的顺序就不会被打破，这种没有转移指令的程序称为顺序结构。图3-1是顺序结构程序框图，每个框代表一条语句，每条语句执行一次，然后按序执行下一条语句。顺序结构的程序尽管有时也很长，但因为它的流程是单向的，所以阅读起来比较容易，编制这类程序，只要指令和地址选用得适当，也不会有太大的困难，出现错误也容易察觉。下面举一个例子说明。

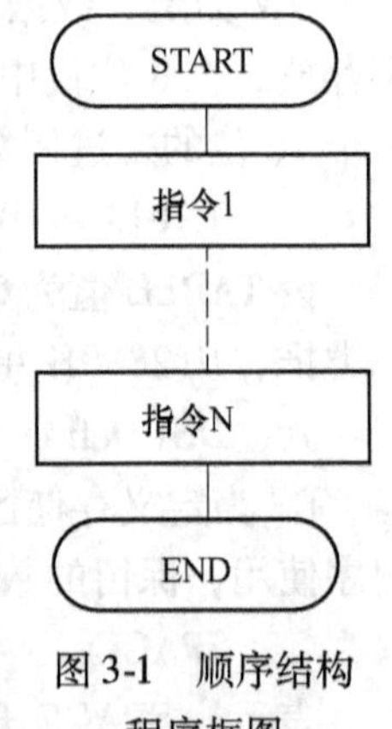

图3-1 顺序结构程序框图

例3-1 将地址为2000H、2001H、2002H的片外数据存储单元的内容，分别传送到2002H、2003H、2004H存储单元中去。

解：编写一个程序，应注意以下几个要点：

1）正确选择程序存放的地址，一般要在程序开头，用一条伪指令ORG指定程序的首地址值。由于8051系列单片机中断入口设在0000H ~ 0050H，所以一般情况下，不要把主程序首地址放在0050H之前，而要放在0050H之后。例如可以选用1000H，但是51系列单片机复位后的PC值为0000H，也就是上电后单片机是从0000H开始执行指令的，所以必须在0000H设一条转移指令；以便能从启动时的首地址，转移到主程序的首地址。

2）编写程序时要注意检查所用的指令是否合法，凡是指令表找不到的指令，都是非法指令。非法指令肯定找不到机器码，也就无法汇编成目标程序，如要把2000H的内容转移到2002H的单元中去，不能想当然地写上

```
MOV    2002H，2000H
```

这就是一条非法指令。要实现将一个片外存储单元的内容转移到另一个片外存储单元，起码需要 4 条指令，即

```
MOV     DPTR, 2000H
MOVX    A, @DPTR
MOV     DPTR, 2002H
MOVX    @DPTR, A
```

8051 单片机的片内寻址方式比较丰富，为了慎重，初学者在没有把握的情况下，最好查一查指令表，看看是否合法。例如使用

```
MOV     @R2, A
```

就是一条非法的指令。

3）要认真审视题目的全貌，例如要把 2000H 单元的内容传送到 2002H 单元中去，同时要把 2002H 单元的内容传送到 2004H 单元中去，可见 2002H 单元本身原有内容要传走，2000H 单元的内容又要送进来，这样就存在一个传送的顺序问题，这时不能先进后出，因为先把 2000H 单元的内容送到 2002H 单元，就覆盖了 2002H 单元原有的内容，待到要传送 2002H 单元原有内容时，其内容已经找不到了。遇到这一类题目，应先出后进，先将原有内容传走，待腾出位置后，再放进新的内容。

4）为使程序运行结束时，不会继续跑飞，可在最后一行加一条令程序暂停的指令 SJMP $。符号$表示跳转到当前指令的位置，实际上就是原地不动，程序停止运行。

5）通常机器码是在程序编写后，经汇编后产生，为阅读方便往往把机器码和汇编指令写在一起，以便于查对。

本题要求把三个片外数据存储单元的内容，分别传送到另外三个片外存储单元，由于传送的个数只有三个，最简单的办法就是逐个传送，也就是采用顺序结构的程序：

```
                    ADD0    EQU     2000H
                    ADD1    EQU     2001H
                    ADD2    EQU     2002H
                    ADD3    EQU     2003H
                    ADD4    EQU     2004H
                            ORG     0000H
0000    021000              LJMP    1000H
1000                        ORG     1000H
1000    902002              MOV     DPTR,ADD2
1003    E0                  MOVX    A,@DPTR
1004    902004              MOV     DPTR,ADD4
1007    F0                  MOVX    @DPTR,A
1008    902001              MOV     DPTR,ADD1
100B    E0                  MOVX    A,@DPTR
100C    902003              MOV     DPTR,ADD3
100F    F0                  MOVX    @DPTR,A
1010    902000              MOV     DPTR,ADD0
```

```
1013  E0        MOVX   A,@DPTR
1014  902002    MOV    DPTR,ADD2
1017  F0        MOVX   @DPTR,A
1018  80FE      SJMP   $
                END
```

由于顺序结构的走向单一，操作按指令顺序，所以阅读和理解都比较容易。方法虽笨，但简单易懂。

二、分支结构的程序

分支结构是指程序中有两个或两个以上的操作模块，程序执行到确定位置时，需要通过判断确定下一步要执行其中的哪一个操作模块。所以它是一种比较复杂的结构，尤其是在分支较多时，每一个分支不但要考虑执行其中的哪一个操作模块，即从何处入口，而且要考虑执行完该操作模块之后，要转到何方，即出口的位置。编程者对这些都必须心中有数，以免发生转向错误。分支结构由于能使程序具备逻辑判断能力，具备智能化的特征，所以分支结构是程序中十分重要的一种结构。

最简单的两分支结构，如图 3-2a 所示，如果将它写成指令，至少需要两条指令，一条是建立判断标志的指令，一条是条件转移指令，建立标志是执行分支的先决条件，没有标志就无从判断，在 MCS-51 指令系统中，除零标志外，其他常用标志都放在状态寄存器 PSW 中，可以选择其中任一种做为判断标志。因此在判断前，要通过操作指令把待判断的结果自动反映到 PSW 寄存器，这叫做建立标志。初学者在编写分支结构程序时，往往标志尚未建立就进入判断，例如 INC 和 DEC 指令，它不会影响 PSW 的 CY 位，也就是不会影响标志，因此要判断执行加 1 指令后；是否发生进位，就不能使用加 1 指令，而要改用加法指令，例如以下的程序就是错误的。

```
MOV    A,R2
INC    A
JC     NEXT
```

这里 JC NEXT 是一条根据进位位 CY 的值，决定程序是否转移的指令。用它的本意是要判断 A 加 1 后是否有进位，遗憾的是 INC A 指令并不影响 CY，因此如有进位程序也判断不出，所以正确的做法是改用加法指令即改为

```
MOV    A,R2
ADD    A,#01H
JC     NEXT
```

这里用 ADD A，#01H 就是建立标志的一种方法。因为执行 ADD A，#01H 指令后，PSW 的 CY 位会随着加 1 后是否进位而变化。

条件转移指令是实现分支的主要手段，程序执行到条件转移指令时，就根据标志状态转向不同的分支，可见分支结构必定要有条件转移指令，没有条件转移指令也就形不成分支。根据条件转移指令有两个出口的特点，基本分支结构只能有两个分支。如果需要多个分支，可以通过多次条件判断形成，多分支结构如图 3-2b、c 所示。

例 3-2 有甲乙两数，分别存于 41H 和 42H 两个片内存储单元，在 40H 单元内存有运算符号的 ASCII 码（加号 ASCII 码为 2BH、减号 ASCII 码 2DH），试编写一程序，使之能根据

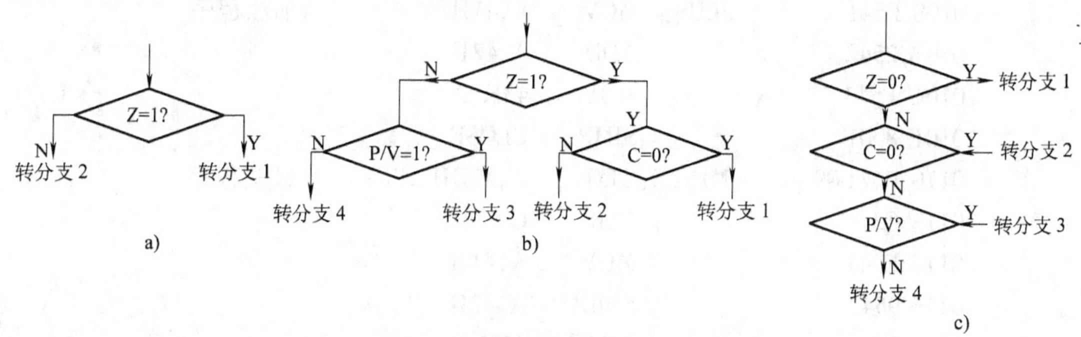

图 3-2　分支结构的几种形式

a）简单分支　b）多分支之一　c）多分支之二

40H 单元中的符号，对甲乙两数进行相应的运算；并将运算结果存于 43H 单元。

解：按照题意，首先要判断 40H 单元的内容，以便决定是转向加法运算的分支还是转向减法运算的分支。为于建立判断标志，我们可以采用查 40H 单元的内容是否等于 2BH 的方法，等于 2B 就转到加法运算程序，不等于 2BH，就转到减法运算程序。

如果 40H 单元只可能有两种状态，即不是 2BH 就是 2DH，那么按非加即减的原则，经过一次判断即可认定，上面的思路也是正确的。但如果考虑到 40H 单元有可能既不是加号也不是减号，而是别的其他符号，按不是 2BH 一律做减法的做法显然不够完善。因为 40H 单元不等于 2BH 不一定就等于 2DH，而应该通过再一次判断，以便决定是否等于 2DH，即是否可以进行减法运算，若第二次判断不等于 2DH，那么程序就要转到既不做加法运算也不做减法运算的程序段，这种方法我们称之为容错功能。即如果 40H 内容输入错误，不是放加、减号，而是其他错误的符号。程序应该具有判断设置是否有错的能力。下面是根据两次判断的思路，得出的流程图及其程序。在 40H 既不等 2BH 也不等 2DH 时，将 44H 置 0FFH，作为运算符号错误的标志。程序流程图如图 3-3 所示。

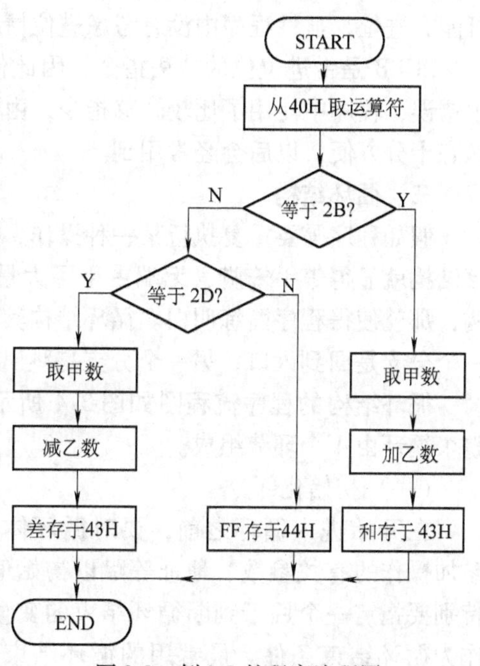

图 3-3　例 3-2 的程序流程图

```
0000            ORG     0000H
0000 020100     LJMP    0100H
0100            ORG     0100H
0100 754400     MOV     44H,#00H
0103 E540       MOV     A,40H
0105 B42B08     CJNE    A,#2BH,MINUS
```

```
0108 E541      PLUS:  MOV   A,41H          ;加法程序
010A 2542             ADD   A,42H
010C F543             MOV   43H,A
010E 800F             SJMP  CLOSE
0110 B42D09   MINUS:  CJNE  A,#2DH,ERR     ;减法程序
0113 C3               CLR   C
0114 E541             MOV   A,41H
0116 9542             SUBB  A,42H
0118 F543             MOV   43H,A
011A 8003             SJMP  CLOSE
011C 7544FF     ERR:  MOV   44H,#0FFH      ;40H 单元不是加减符号
011F 80FE     CLOSE:  SJMP  $              ;运算结束
                      END
```

上述程序实际上只适合于41H和42H中的数值较小时使用，如果数值较大，相加后就可能有进位，显然程序中没有考虑进位情况。

SUBB是带进位位的减法指令，因此使用SUBB指令前，应先将进位位CY清零以免产生错误，程序中使用了比较转移指令，由于这条指令本身可以建立标志，所以用它判断数据状态十分方便，以后会经常用到。

三、循环结构

假如程序需要重复执行某一种操作，重复次数不是一、两次，而是多次时，如果采用顺序结构就显得笨手笨脚，无端占用了大量程序存储空间。如把这一段操作程序写成循环结构，那就使得程序简练明白。循环结构其本质上也是一种分支结构，也就是在循环出口中，一个分支是回到入口，另一个分支是跳出循环。

循环结构的程序流程图如图3-4所示，整个循环由4个环节组成。

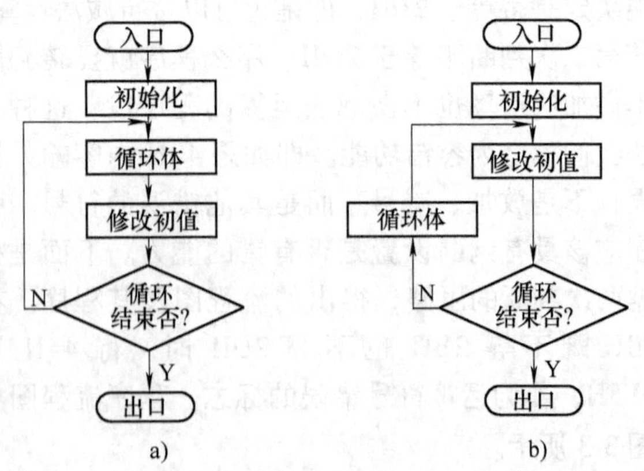

图3-4 循环结构的程序流程图

（一）初始化部分

在开始进入循环之前，要对循环体中参加操作的有关参数、地址等赋以初始值；特别要指定一个用于判断循环结束的变量，作为循环结束条件。最常用的循环结束条件为循环次数，例如规定循环三次结束等。但循环结束条件并不一定都要用次数，例如可以规定当累加器A为零时，作为结束条件，而不管到底循环多少次。

（二）循环体部分

循环体是指每次循环都需要重复执行的程序段，一般在循环结构中都有一段循环体，但也有的程序，例如延时程序，它只要求通过循环延时，并不要求在循环中执行什么任务，因此在延时程序中就没有什么实际操作，没有循环体，纯粹是空循环。

（三）修改初始值

循环结构中每一次循环都要对初始化部分设置的初始值进行修改，特别是判断结束条件的参数，每经过一次循环都要进行相应的修改，以便下一步能根据它判断循环是否结束。

（四）结束判断部分

也称为循环控制部分，即每循环一次都要检查结束条件是否满足，以便条件满足时停止循环，否则将返回继续执行循环体，进行下一次循环。

图 3-4 中的两种结构，假设是以循环次数作为结束条件，图 a 是先执行循环体，结束后再将循环次数减 1，然后判断结束条件，用 DJNZ 指令即可实现。图 b 是先将次数减 1 并判定循环次数是否完成，如果满足结束条件，就不再执行循环体，直接退出循环。这种结构更适合于以某种变量值作为判断结束条件的场合，例如存储单元 30H 为 0 作为循环结束条件，如果 30H 一开始就为 0，就不需要执行循环体，立即退出循环。

例 3-3　有一组数据，存放在 30H 为首地址的内存单元，数据长度为 32 个。试将每一个数分别取出加 1，再存入以 40H 为首地址的内存单元。

解：题目要求处理的数据共 32 个，但对每个数所进行的操作都相同，都是取数、加 1、存数。既然操作内容一样；就没有必要编写 32 段程序，只要编一段程序重复执行 32 次即可。这种重复执行相同操作的程序，就是一种典型的循环结构。

编制循环结构的程序要考虑两个问题：

1）选择循环的结束条件；本例中传送的数据共 32 个，可选择循环次数作为循环的结束条件。一般来讲，选择次数作为循环结束条件是最常用的。

2）选择循环体内使用的指令：使循环体内的指令必须适用于每一次循环。例如题中要从内存单元取数时，不能用直接寻址指令 MOV A，30H。因为这条指令只适用于第一次循环，以后由于取数地址改变，这个指令就不能用了。一般循环结构中要用间接寻址，例如用寄存器 R1 作为地址指针，然后用间接寻址指令 MOV A，@ R1 取数，整个程序的清单如下：

```
                          ORG     0000H
0000  020100              LJMP    0100H
0100                      ORG     0100H
0100  784F                MOV     R0,#4FH
0102  795F                MOV     R1,#5FH
0104  7F20                MOV     R7,#20H
0106  E6        LOOP:     MOV     A,@R0
0107  04                  INC     A
0108  F7                  MOV     @R1,A
0109  18                  DEC     R0
010A  19                  DEC     R1
010B  DFF9                DJNZ    R7,LOOP
010D  80FE                SJMP    $
                          END
```

在这个程序中所以要用减址方式逐一取数，并把地址指针设定在末址，是因为要存放新数据的地址与存放旧数据的地址有重叠。如果不是从末址开始，而改用从首址开始的增址方式，就会在旧数据未取出前，被存入的新数据所覆盖。

例 3-4 编制一延时子程序，使执行这一段程序延时 2s。

解：我们已讲过每执行一次 NOP 指令需要 12*T* 时间，12*T* 等于一个机器周期，*T* 为时钟脉冲周期，若主振频率为 12MHz，则 12*T* 为 1μs，使用 NOP 空操作延时 1s 就要编一个有 1000000个 NOP 指令的程序，重复 1000000 次，正可以用循环结构，并以 NOP 作为循环体。其实，循环程序中的其他指令也能延时，因此也可以不用 NOP 指令的空循环程序，也就是没有循环体的循环程序，这个程序不进行其他任何操作，但能实现延时的目的。为便于阅读，程序中的数据采用十进制。以下为没有循环体的延时子程序：

```
0100    7D14              MOV     R5,#20
0102    7EC8   LOOP1:     MOV     R6,#200
0104,   7FFA   LOOP2:     MOV     R7,#250
0106    DFFE   LOOP3:     DJNZ    R7,LOOP3
0108    DEFA              DJNZ    R6,LOOP2
010A    DDF6              DJNZ    R5,LOOPl
010C    22                RET
```

1）程序中共有三层循环，DJNZ R7，LOOP3 指令组成内层循环，由于 R7 的初值为 250，所以每一轮内层循环执行指令 DJNZ R7，NOOP3 的次数为 250 次，每执行一次 DJNZ 指令的时间，从附录的指令表中可以查出，它等于两个指令周期，也就是等于 24*T*，可见执行 250 次需耗时为 $24T\times250=6000T$。

2）DJNZ R6，NOOP2 可实现第二层循环，循环次数由 R6 决定，由于 R6 的初值为 200，可知第二层循环次数为 200 次，每一次第二层循环都要返回到 LOOP2，重新给 R7 赋值，执行一轮内层循环，按上面计算每执行一轮内层循环的时间为 6000*T*，可得出 200 轮第二层循环的时间为 $200\times6000T$。$=1200000T$。

3）DJNZ R5，LOOP1 可实现最外层循环，循环次数由 R5 决定，由于 R5 的初值为 20，可知最外层循环次数为 20 次。每一次外层循环时间等于一轮的第二层循环的时间，即 1200000*T*，可算出 20 次外层循环的总时间约等于 $24T\times250\times200\times20=24000000T$。

若时钟脉冲为 12MHz，*T* 为 $\frac{1}{12}\mu s$，可算出以上延时程序的总耗时约为 $24000000T\times\frac{1}{12}\mu s=2s$。这里所以只能算是近似值，是因为每次进入第二层时，还要执行一次 DJNZ R6，LOOP2 和 MOV R7，#250 指令，同样每次进入外层时，也要执行一次 DJNZ R5，LOOP1 和 MOV R6，#250 指令，最后还要执行一次 RET 指令，实际耗时会比 2s 略多。由于相差数值不超过 1%，所以略而不计，

4）如果在程序内加一个 NOP 指令作为循环体，每执行一次 NOP 指令的时间为 1μs，共循环 $250\times200\times20$ 约 1000000 次，即延时时间约增加 $1000000\mu s=1s$。

第四节 程序设计举例

单片机常用的程序一般有两种类型：一种是数据的运算与变换类型；另一种是对外设进

行各种控制的类型，包括对设备进行接通、断开、操作、调节等等。当然控制也离不开运算，通常要先采集数据，进行必要的运算，然后根据运算结果，进行不同的控制，但系统用于控制时一般需要通过 I/O 接口与外设连接，因此控制类程序要有硬件电路配合，所以把有关控制类的程序将在以后几章中介绍。下面主要举一些数据运算与变换类的程序例子予以说明。

一、数制或代码变换

在应用单片机的时候，经常会遇到数制或代码的变换问题，例如采集的数据是十六进制数，如果输出到某个使用 BCD 码的外围设备，就需要将十六进制数转换为 BCD 码，这就需要编制一段转换程序，通常也可以把这种转换程序作为子程序，遇到需要转换时可进行调用。但作为子程序就有可能被多次调用。为此调用时必须有明确的入口参数和出口参数。

例 3-5　编制一个将两位十进制数的 BCD 码，转换为二进制数的子程序。

解：将两位十进制数 BCD 码转换为二进制数简称为十翻二，编写十翻二子程序，首先要明确进入子程序需要提供的入口参数，以及从子程序返回时带出来的出口参数，本例中入口参数为两位 BCD 码并存于 R1，出口条件为转换后的二进制数存于 R2，考虑到两位十进制数 BCD 码最大为 99，转换为二进制数后不会超过 8 位，用一个工作寄存器足够存储。

```
ORG     0000H
LJMP    0100H
ORG     0100H
MOV     A,R1
ANL     A,#0F0H
SWAP    A
MOV     B,#0AH
MUL     AB
MOV     B,A
MOV     A,R1
ANL     A,#0FH
ADD     A,B
MOV     R2,A
RET
```

例 3-6　将存储单元 30H 中的十六进制数转换为 BCD 码，并存于 40H、41H。

解：十六进制数转换为 BCD 码，也可以编成子程序，设入口参数为 R1 放待转换的十六进制数。出口参数为 R2、R3 放 BCD 码。所以要用 R2 和 R3 两个单元，是因为 R1 所存的数，最大值可能达到 0FFH（十进制数为 255），转换成 BCD 码将等于 00000010　01010101，需要占用 2B 的存储单元，所以要用两个工作寄存器。

主程序：入口参数为待转换的十六进制数存 R1

```
0100            ORG     0100H
0100 A930       MOV     R1,30H
0102 122000     LCALL   SUB
0105 8A40       MOV     40H,R2
```

```
0107 8B41              MOV    41H,R3
0109 80FE              SJMP   $
                       END
```

子程序：出口参数为转换所得BCD码存R2、R3

```
2000                   ORG    2000H
2000 E9           SUB: MOV    A,R1      ;取十六进制数
2001 75F064            MOV    B,#64H
2004 84                DIV    AB        ;除以100
2005 FA                MOV    R2,A      ;商为百位数存R2
2006 740A              MOV    A,#0AH
2008 C5F0              XCH    A,B       ;除100余数存于A作为下一次运算的
                                         被除数
200A 84                DIV    AB        ;余数再除以10
200B C4                SWAP   A
200C 45F0              ORL    A,B       ;十位、个位合并
200E FB                MOV    R3,A      ;十位、个位合并存R3
200F 22                RET
```

例3-7 某二进制数原码存于30H单元，将它转换为二进制数补码并存在31H单元。

解：先判断30H单元的数是正数还是负数，如果是正数，则补码等于原码，可将原数存于31H单元，如为负数，则取反加1。由于符号位被取反，取反加1后必须将最高位恢复为1，才是转换后的补码。程序如下：

```
1000                   ORG    1000H
1000 E530              MOV    A,30H
1002 20E704            JB     ACC.7,MINU
1005 F531              MOV    31H,A
1007 80FE              SJMP   $
1009 F4          MINU: CPL    A
100A 04                INC    A
100B 4480              ORL    A,#80H
100D F531              MOV    31H,A
100F 80FE              SJMP   $
```

二、求最大值或最小值

单片机控制系统常常需要从外界采集到的一组数据中，求出它们的最大值或最小值，然后按最大值或最小值是否超界，对系统进行相应的控制，这是一种常用的程序。例如收集某设备温度超过200℃，发出报警信号。按采集的数据是否带符号，可将求法分为无符号数求最大值与最小值与带符号数求最大值与最小值。

（一）无符号数求最大值与最小值

例3-8 在以2042H为首地址的存储单元中，连续存放一组单字节无符号数，数据个数存于2041H单元，试编写一个程序，从中找出最大数并存于2040H。

解：要求出一组无符号数的最大值，关键是要比较两数的大小，只要能判别两数的大小，就有办法求一组数的最大值与最小值，例如先取出两个数比较，取其大者，存于缓冲单元，然后再逐次取出其余数据，与缓冲单元内容比较，凡大于缓冲单元内容的，就用它替代缓冲单元中原来的内容。全部比较结束后，缓冲单元中存的就是这一组数据的最大者，在本例中选用30H单元作缓冲单元，而且先在30H中存入无符号数的最小值00H，然后逐次比较，存入较大者，最后，求出最大数。这样，就把求最大值的过程，变成一系列比较两个无符号数的大小的过程。

比较两个无符号数大小的方法，可以利用进位标志，当甲乙两数相减时，若甲>乙则无进位，标志位CY=0。若甲<乙，则标志位CY=1。可见，能够从标志位CY的值判断甲乙两数的大小。也可以利用比较转移指令，用比较转移指令可使程序更简洁。下面是求最大值的程序。其流程图如图3-5所示。

```
0100                     ORG     0100H
0100 902041              MOV     DPTR,#2041H
0103 E0                  MOVX    A,@DPTR
0104 FF                  MOV     R7,A
0105 753000              MOV     30H,#00H
0107 A3         LOOP:    INC     DPTR
0108 E0                  MOVX    A,@DPTR
0109 B53002              CJNE    A,30H,HERE
010C 8004                SJMP    TOSMA
010E 4002       HERE:    JC      TOSMA
0110 F530                MOV     30H,A       ;若大于30H,则将它存入取代原有值
0112 DFF3       TOSMA:   DJNZ    R7,LOOP     ;若小于30H,继续比较
0114 902040              MOV     DPTR,#2040H
0117 E530                MOV     A,30H
0119 F0                  MOVX    @DPTR,A
011A 80FE                SJMP    $
                         END
```

（二）带符号数求最大值与最小值

例3-9　有一批单字节带符号数据存放在以2042H为首地址的连续单元中，数据长度存放在2041H单元，试编一个寻找最大值的程序，并将找出的最大值存于2040H单元。

解：从一组带符号数中求出最大值或最小值，其方法及过程与无符号数基本一样，只是因为带符号数的最高位是符号位。所以要比较两数的大小，不能像无符号数那样，通过相减，然后根据CY标志进行判断。由于带符号数一般都以补码表示，因此相减之后，可能产生表3-2中的几种情况，必须通过两次判断，才能判别其大小。其流程图如图3-6所示。

第一次先要判断两数相减后，即X－Y的值是正还是负。若X存于累加器A，相减后的正负，可以从A的最高位，即ACC. 7的状态是1还是0来决定。第二次还要判别两数相减后程序状态字中的溢出标志位OV是0还是1来决定。从表3-2可知，若X－Y为正，则X>Y的条件是OV=0。若X－Y为负，则X>Y的条件是OV=1。根据这个原则，将数据逐一取出与R1

内容进行比较，取其大者存于 R1，最后 R1 中必是数据中的最大者。比较程序如下：

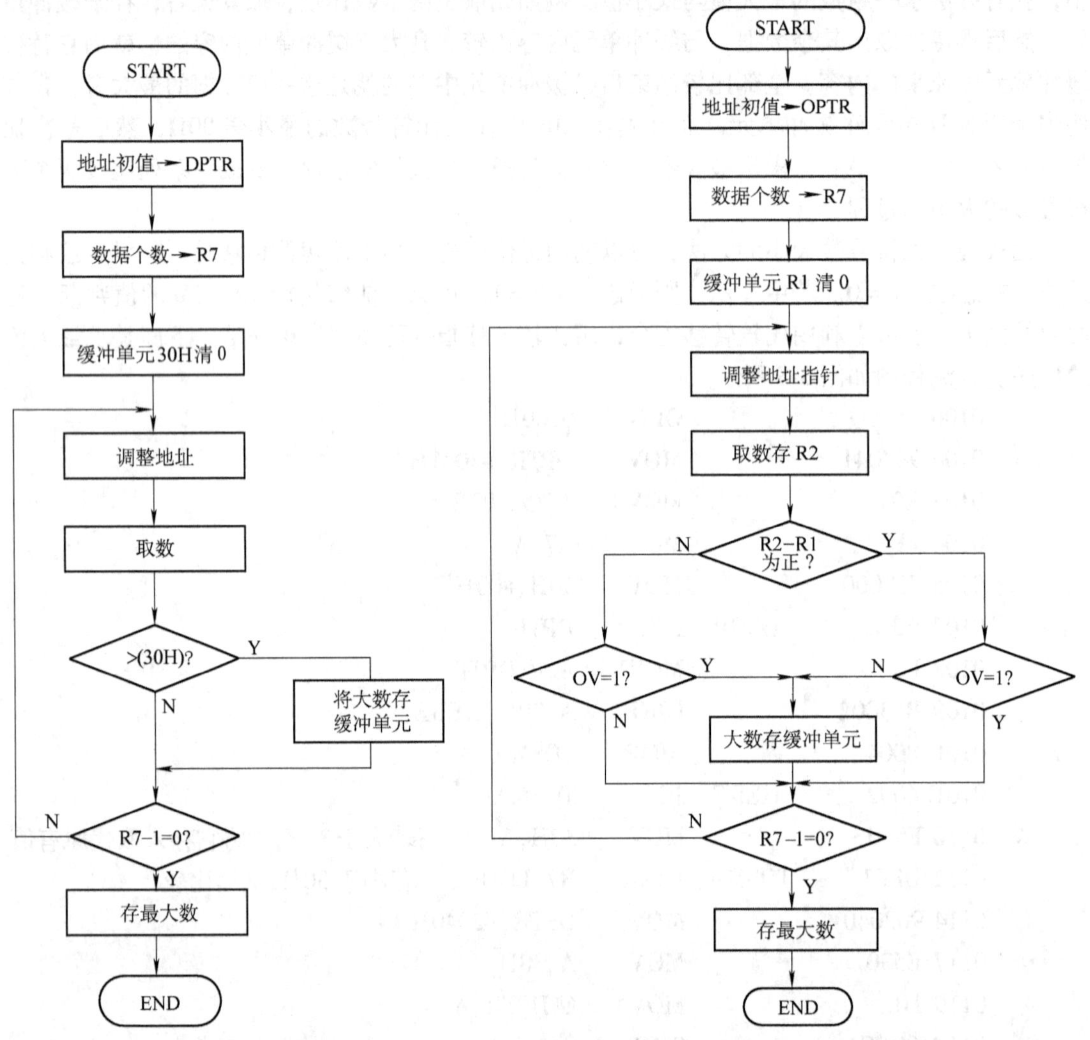

图 3-5 例 3-8 流程图　　　　图 3-6 例 3-9 流程图

表 3-2 带符号数的比较

比较条件		两数相减后标志状态	
X 为正数，Y 为正数	X > Y	X－Y 为正	OV＝0
	X < Y	X－Y 为负	OV＝0
X 为负数，Y 为负数	X > Y	X－Y 为正	OV＝0
	X < Y	X－Y 为负	OV＝0
X 为正数，Y 为负数	X > Y	X－Y 为正	OV＝0
	X > Y	X－Y 为负	OV＝1 （当 X＋|Y|>127）
	X < Y	X 为正数且 Y 为负数，X 不可能小于 Y	
X 为负数，Y 为正数	X > Y	X 为负数且 Y 为正数，X 不可能大于 Y	
	X < Y	X－Y 为正	OV＝1 （当－X－|Y|>－128）
	X < Y	X－Y 为负	OV＝0

```
0100                    ORG     0100H
0100 902041             MOV     DPTR,#2041H
0103 E0                 MOVX    A,@DPTR
0104 FF                 MOV     R7,A
0105 7900               MOV     R1,#80H       ;开始 R1 存最小值 -128
0107 A3          LOOP:  INC     DPTR
0108 E0                 MOVX    A,@DPTR
0109 FA                 MOV     R2,A
010A C3                 CLR     C
010B 99                 SUBB    A,R1
010C 20E705             JB      ACC.7,MINUS
010F 20D209      PLUS:  JB      OV,SMA        ;若 R2 与 R1 相减值为
                                              正的处理程序
0112 8005               SJMP    BIG
0114 20D202     MINUS:  JB      OV,BIG        ;若 R2 与 R1 相减后其值
                                              为负的处理程序
0117 8002               SJMP    SMA
0119 EA           BIG:  MOV     A,R2
011A F9                 MOV     R1,A
011B DFEA         SMA:  DJNZ    R7,LOOP
011D 902040             MOV     DPTR,#2040H
0120 E9                 MOV     A,R1
0121 F0                 MOVX    @DPTR,A
0122 80FE               SJMP    $
                        END
```

三、搜索

搜索和求最大值一样，也是一个比较过程，只是前者要从一组数据中，通过比较找出与待搜索字(或称关键字)相同的数据，而后者则是从一组数据中通过比较找出最大值。前者比较时是利用相减后判断其结果是否为零，达到搜索的目的。后者则是利用标志位 CY(对有符号数则利用标志位 OV 和结果的正负)去判别两数的大小，从中找出最大值。总之，它们都是属于比较类的程序。

例 3-10　有一批数据存放在以 2043H 为首地址的连续单元中，数据长度置于 2042H 存储单元，编制检索程序使之能从该批数据中寻找是否有等于字母 T 的 ASCII 码的数据。字母 T 的 ASCII 码存放在 2041H 单元。

设定一个找到或没有找到关键字的标志，这个标志当然可以自行设定，如果以 30H 单元作为存放标志的寄存器，可设定找到时将 30H 单元的内容置 00H，如果找不到将 30H 单元的内容置 0FFH。

其次，在这一批数据中可能有一个存有关键字的单元，也可能有好几个，因此找到关键字之后，可以不再搜索其余的数据，也可以继续搜索，直至统计出等于关键字的个数。下面

只介绍一个最简单的搜索方法的程序，在这程序中，找到有该关键字之后，将标志置00H，就不再继续寻找，也不统计有多少数据等于关键字。图3-7为该程序流程图。

```
                        ORG     0100H
0100 902041             MOV     DPTR,#2041H
0103 E0                 MOVX    A,@DPTR          ;取关键字
0104 F5F0               MOV     B,A
0106 A3                 INC     DPTR
0167 E0                 MOVX    A,@DPTR
0108 FF                 MOV     R7,A
0109 A3         LOOP:   INC     DPTR
010A E0                 MOVX    A,@DPTR
010B 35F005             CJNE    A,B,LOOP1
010E 753000             MOV     30H,#00H         ;找到字母T
0111 80FE               SJMP    $
0113 DFF4       LOOP1:  DJNZ    R7,LOOP
0115 7530FF             MOV     30H,#0FFH        ;找不到字母T
0118 80FE               SJMP    $
                        END
```

四、排序

所谓排序指将一组数据，按大小进行排列，例如从数值最大开始，按序排到最小，或从最小排到最大。排序实际上是多次求最大值或最小值的过程，例如有 n 个数据，可以通过 $n-1$ 次比较，从中找出最大者，将它排在首位。然后再从剩下的 $n-1$ 个数据中，进行 $n-2$ 次比较，找出余下数据中的最大者，排在第2位……如此依次比下去，就可以完成全部数据的排序。

从程序结构来看，排序程序是一种多重循环的结构。内层循环的任务是从一组数据中找出最大值，并将它列于队首，完成之后，进入外层，外层是改变比较数据个数的循环，每一次经过外层，减少一个队首数据后，再次进入内层，再从中找出次最大值。下面以一个例子予以说明。

例3-11 有一组无符号的二进制数，存于以30H为首地址的连续单元中，数据长度存于21H单元，试设计一程序，使该组数据按从大到小的顺序排列。

按图3-8流程编写程序如下：

```
                        ORG     0100H
0100 E521               MOV     A,21H
0102 14                 DEC     A
0103 FF                 MOV     R7,A        ;定外循环次数
0104 FE                 MOV     R6,A        ;定首轮内循环次数
0105 8F22               MOV     23H,R6
0107 752230             MOV     22H,#30H         ;首地址存22H
010A A822       NEXT:   MOV     R0,22H
010C E6                 MOV     A,@R0
```

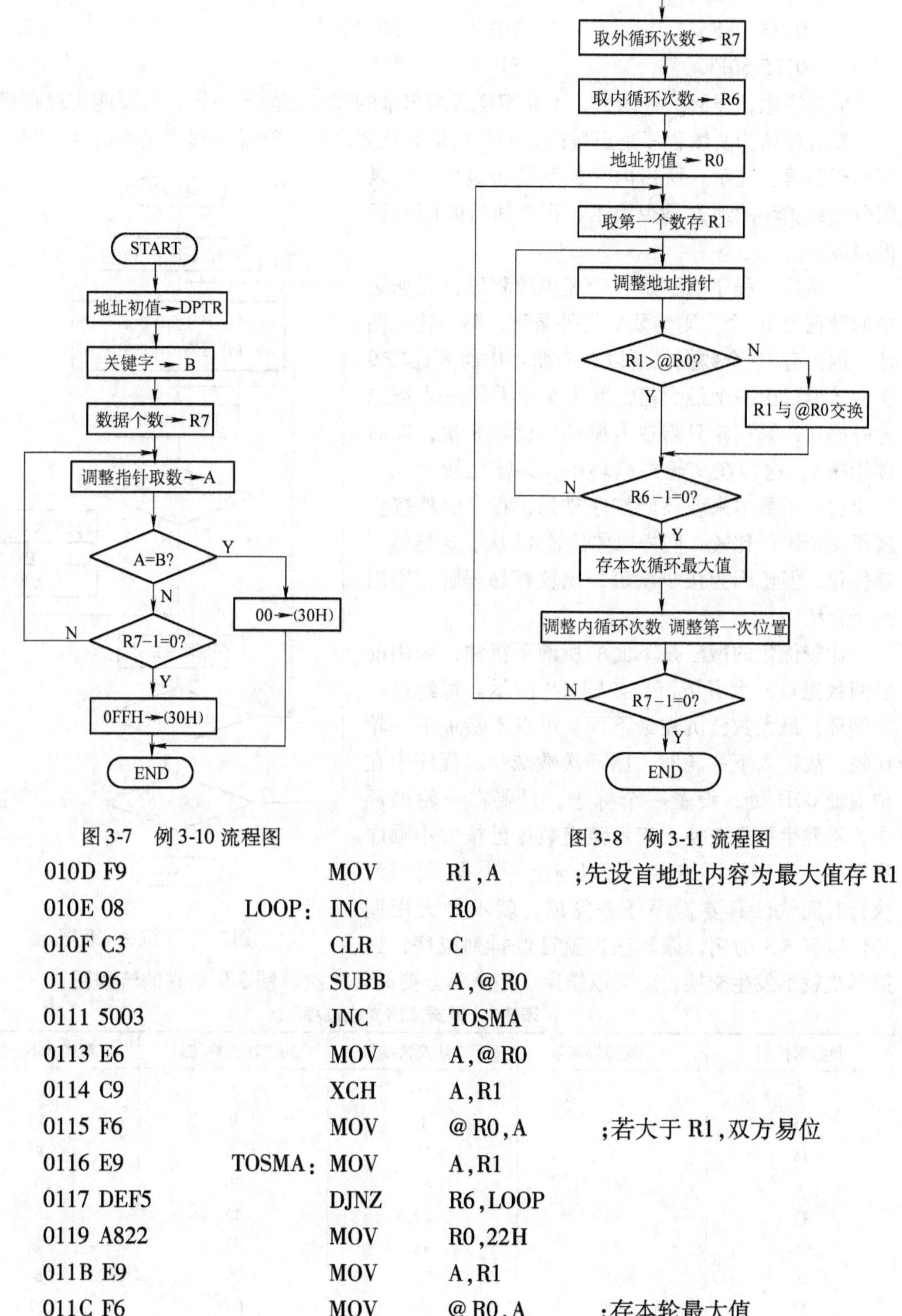

图 3-7　例 3-10 流程图　　　图 3-8　例 3-11 流程图

```
010D F9              MOV    R1,A      ;先设首地址内容为最大值存R1
010E 08      LOOP:   INC    R0
010F C3              CLR    C
0110 96              SUBB   A,@R0
0111 5003            JNC    TOSMA
0113 E6              MOV    A,@R0
0114 C9              XCH    A,R1
0115 F6              MOV    @R0,A     ;若大于R1,双方易位
0116 E9      TOSMA:  MOV    A,R1
0117 DEF5            DJNZ   R6,LOOP
0119 A822            MOV    R0,22H
011B E9              MOV    A,R1
011C F6              MOV    @R0,A     ;存本轮最大值
011D 0522            INC    22H       ;首地址加1
```

```
011F 1523        DEC     23H         ;比较次数减 1
0121 AE23        MOV     R6,23H
0123 DFE5        DJNZ    R7,NEXT
0125 80FE        SJMP    $
```

应当注意，任何一种题目，不同编程者编出来的程序可能不一样，只要能实现题目的要求，就应该认为所编程序是正确的。但其质量有优劣之分，标准是程序是否简洁、明了，是否易于阅读、理解，所占内存长度是否最少，可以用分支或循环的地方是否用了，程序执行时间是否最短等。

上面这个程序就不是一个理想的程序，假如题中的数据为 10 个，则需要 9 轮外循环，第一轮外循环，因为有 10 个数据，所以在内循环中需要比较 9 次，才能取出一个最大值，剩下 9 个数据进入第二轮外循环；第二轮只需在内循环中比较 8 次，以后逐轮减 1，这样在 9 轮外循环中，共需比较 45 次，如果这一组数本来就已经按序排列，程序仍然按步就班逐个进行比较，同样也要比较 45 次。这显然不够优化。但正因为按步就班，比较容易理解，所以先予介绍。

比较优化的做法是下面的所谓下沉法，采用前后两数比较，大者下沉，如图 3-9 所示。每经过一次循环，最大数已沉在最下面，可以不参加下一轮比较，故进入下一轮时，循环次数减一。程序中在位地址 00H 处，设置一个标志，只要在一轮循环中，不发生数据交换，表示该组数据已按大小顺序排列好，程序就可结束。所以与上一个程序比较，执行时间快。只要排序任务完成，就不做无用循环。以表 3-3 为例，循环三次就已经排列成序，到第四次就不发生交换，就可以结束，完全不必要循环 7 次。图 3-9 是它的流程图。

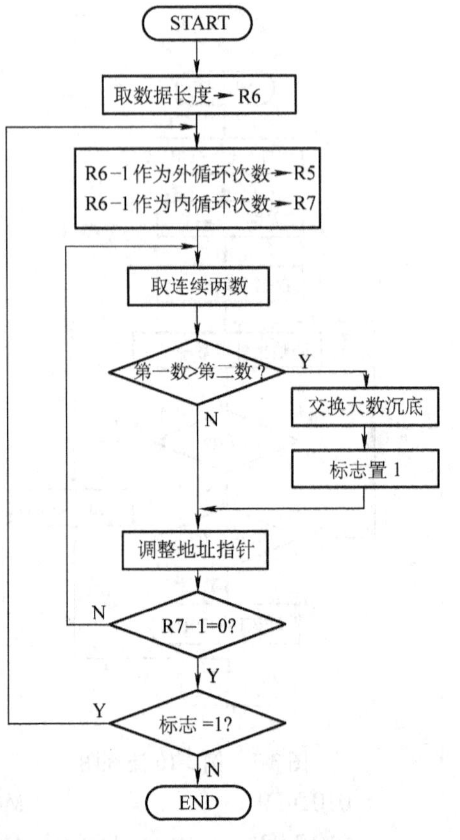

图 3-9 下沉法流程图

表 3-3 数据排序交换过程

原数据排列	第一次交换结果	第二次交换结果	第三次交换结果	第四次不交换
9	9	9	1	1
45	18	1	9	9
18	1	18	18	18
1	45	45	20	20
47	47	20	45	45
120	20	47	47	47
20	75	75	75	75
75	120	120	120	120

```
0300                  ORG    0300H
            EXB       EQU    00H
0300 AE21             MOV    R6,21H      ;取数据长度
0302 1E     LOOP0:    DEC    R6
0303 EE               MOV    A,R6
0304 FF               MOV    R7,A        ;定循环次数
0305 C200             CLR    EXB
0307 7830             MOV    R0,#30H
0309 E6     LOOP1:    MOV    A,@R0       ;取数
030A F5F0             MOV    B,A
030C 08               INC    R0
030D C3               CLR    C
030E 96               SUBB   A,@R0       ;比较
030F 4008             JC     LOOP2       ;不交换
0311 D200             SETB   EXB         ;交换
0313 E5F0             MOV    A,B
0315 C6               XCH    A,@R0
0316 18               DEC    R0
0317 F6               MOV    @R0,A
0318 08               INC    R0
0319 DFEE   LOOP2:    DJNZ   R7,LOOP1    ;循环结束判断
031B 2000E4           JB     EXB,LOOP0   ;是否无交换了
031E 80FE   FINISH:   SJMP   $           ;本例不适用于数据中有相等两值
```

五、查表

查表法是编程中常见的一种基本方法。适用以下几种场合：

1）在单片机应用系统中，有时需要按照I/O口检测到的某一变量x的数值，求出所需要的相应函数y，然后根据y的数值对系统作相应的控制。如果y与x的关系有规律可循，可以找到它们的关系式，则通过运算程序从x求出y的数值。若y与x的关系没有规律可循，无法列出它们的关系式，或者虽可找到算法，但过分复杂，在这种情况下，可以改用查表法。

2）代码转换：两种形式的代码，通常不存在运算关系，以驱动LED显示器为例，要显示0~9任何一个数字，都必须向数码管输入相应的七段码(参看第六章第三节)。对于共阴数码管而言，0~9的七段码分别为3FH、06H、5BH、4FH、66H、6DH、7DH、07H、7FH、6FH。它们与0~9的数码之间的关系没有任何规律可循，除了查表外，别无其他简便办法。

3）常数调用：有时在编制程序的时候，需要用较多的常数，如果将常数加以编号，并制成一张常数表，需要时根据编号从中调用。

要使用查表法，首先要构建一个函数表，构建时要考虑以下内容：

1）表格首地址：这类似于进入表格的入口。

2）在表格内需要填写的元素总个数。

3）每个元素所占用的字节数，一般每个元素所占用的字节数要相等。也就是使元素的距离相同。

4）元素按序号排列。表格建好后，存放在程序存储器中。

查表时，要求给出序号，然后从序号求得元素值。如果是从变量 x 的数值，求它的函数 y。那么在构建表格的时候，可以按 x 的大小制定序号，例如 x =5 序号 =1 ，x =10 序号 =2，x = 15 序号 =3，这样查表时，将变量 x 除以 5，即可求得序号。然后根据每个元素所占用的字节与首地址，即可查出该元素在表格中的地址，求出元素值。

（一）序号小于 256 的查表

例 3-12 设在寄存器 R1 存了两个 BCD 码，将它们转换为共阴数码管的七段码，存入 21H 和 22H。

解：首先把 0 ~9 数字的七段码，存放在程序存储器的一个区间，构成七段码表。表头地址为 TABLE。依序号从 0 ~9，分别存入 0 ~9 的七段码，作为表的元素。

程序用屏蔽高位和屏蔽低位的方法，先后从 R1 的高 4 位和低 4 位中，取出两位 BCD 码，通过查表转换为七段码。程序如下：

```
TRAN：  MOV     DPTR,#TABLE          ;取表头地址
        MOV     A, R1
        ANL     A, #0FH              ;取 BCD 码低 4 位
        MOVC    A,@ A + DPTR         ;换成七段码
        MOV     21H, A
        MOV     A,R1
        SWAP    A                    ;转换高 4 位位置
        ANL     A,#0FH               ;取 BCD 码高 4 位
        MOVC    A,@ A + DPTR         ;换成七段码
        MOV     22H, A
        RET
TABLE： DB      3FH,06H,5BH,4FH,66H,6DH,7DH,07H,7FH,6FH
```

例 3-13 已知某热电偶测温器测出的电压与温度关系如下表所示，现将测温器测出的电压值换成数字量后从单片机的输入口输入，并存于 21H。编一程序将其转换为温度存于 31H。

解：

电压/mV	10	11	12	13	14	15	16	17	18
温度/℃	90	92	96	105	112	121	132	146	158

程序如下：

```
TRAN：   MOV      DPTR,#TABLE          ;取表头地址
         MOV      A,21H
         CLR      C
         SUBB     A,#10                ;10mV 定为序号 0 减 10 为序号
```

```
        MOVC    A,@A+DPTR
        MOV     31H,A
        RET
TABLE:  DB      5AH,5CH,60H,69H
        DB      70H,79H,84H,92H,9EH  ;十六进制温度值
```

（二）序号大于256的查表

当表中元素总数大于256，表中序号用A就不足表示，这时序号要用双字节，从表头求序号地址，要用DPTR直接加16位序号，才能得到元素地址值。

例3-14 设有1000个元素的函数表，需要找出的元素序号高8位存于20H，低8位存于21H，将求出的元素值存于30H。

```
TRAN:   MOV     DPTR,#TABLE          ;取表头地址
        MOV     A,21H                ;求元素位置低8位
        ADD     A,DPL
        MOV     DPL,A
        MOV     A,20H                ;求元素位置高8位
        ADDC    A,DPH
        MOV     DPH,A
        CLR     A
        MOVC    A,@A+DPTR            ;取出元素
        MOV     30H, A
        RET
TABLE:  DB……
```

（三）元素值占两个字节以上的查表

当表中每个元素占两个以上字节，元素间距离不等于1，不能仅用加序号求元素地址的办法。应考虑每个序号的偏移量。即序号乘以元素字节数。

例3-15 设序号存20H，且小于128，每个元素占2B，函数表的表头为2001H，即元素0地址为2001H、2002H，元素1地址为2003H、2004H，元素2地址为2005H、2006H，余类推。试根据序号求出元素值，并存于30H、31H。

```
解:TRAN:  MOV     DPTR,#TABLE
          MOV     A,20H
          RL      A                  ;序号乘2等于该序号与表头距离
          MOV     R2,A               ;暂存于R2
          MOVC    A,@A+DPTR
          MOV     30H, A
          MOV     A,R2
          INC     A
          MOVC    A,@A+DPTR
          MOV     31H,A
          RET
```

```
TABLE:        DB……
```

以上按序号找元素的实例中，要求序号必须是等差序列，列出的表格实际上是元素的按序排列表。如果变量 x 的数值不是等差序列，如何根据给出的 x 数值，求出相应函数 y 呢?解决这类问题可以采用搜索的办法，即制作一张 x-y 关系表，表中既有 x 又有 y。表的结构如下所示：

```
TAB:     x1
         y1
         x2
         y2

         xn
         yn
```

表的第一行是变量 x 值，第二行是对应的函数 y 值。x 的值可以是任意的，对应 y 值必须跟在它的后面。并将表存入以 TAB 为首地址的程序存储区。当给出 x 的数值后，用搜索法查出它所在的地址，将查出的地址加 1，就是元素所在的位置，然后从中取出 y 值。具体程序读者可以自行试编。

六、散转程序

散转程序实际上是一种并行分支程序，它是根据某个输入值或运算结果，转到不同的分支处理程序，处理时可以使用判断转移的办法，但 MSC-51 指令系统提供一个散转指令 JMP @A+DPTR，可以很方便地根据某个输入值转移到对应分支程序入口。使用该指令，需要先建立一个转移指令的入口地址表，把某个输入值装入 A，然后从 A 值求得对应入口地址与表头的偏移值，并与 16 位表头地址相加，求得入口地址。

例 3-16 设程序中有 4 个功能子程序，入口的符号地址分别为 CHENX0、CHENX1、CHENX2、CHENX3。要求根据运行后 21H 的数值散转。若(21H)=0，转到入口地址为 CHENX0 的子程序，若(21H)=1，转到入口地址为 CHENX1 的子程序，若(21H)=2，转到入口地址为 CHENX2 的子程序，若(21H)=3，转到入口地址为 CHENX3 的子程序。

解：首先建立一个转移指令入口地址表，在这地址表中，分别放置 LJMP CHENX0、LJMP CHENX1、LJMP CHENX2、LJMP CHENX3 共 4 条指令，由于 LJMP 为三字节指令，所以每条指令都要占用三个存储单元，指令间的相距为三字节，这样指令入口地址相当于一个间隔为 3 的等差序列。而 21H 可能的输入值为 0、1、2、3 相距为 1，所以要将(21H)值乘 3，才能求得每一条指令与地址表表头的实际距离。

程序如下：

```
ANYCHEN:MOV     DPTR,#TABLE      ;取转移指令入口地址表的表头
        MOV     A,21H            ;取输入值
        RL      A
        ADD     A,21H            ;输入值乘 3
        JMP     @A+DPTR
```

```
TABLE:   LJMP    CHENX0
         LJMP    CHENX1
         LJMP    CHENX2
         LJMP    CHENX3
```

当然，执行完分支程序，还要根据需要，在程序最后用一条转移指令，转到后续工作所要求的位置。

习　题

1. 下列程序汇编成机器码，并说明该程序运行结果：

```
MOV    A,#10H
MOV    B,A
ADD    A,B
MOV    20H,A
INC    A
MOV    21H,A
INC    A
MOV    22H,A
```

2. 将下列程序汇编成机器码，若(10H) = 0FFH、(11H) = 00H、(12H) = 0FFH、(13H) = 00H，说明程序运行后10H、11H、12H、13H值各多少？

```
MOV    A,10H
ANL    A,#01H
MOV    A,11H
ORL    A,#01H
MOV    A,12H
XRL    A,#01H
MOV    A,13H
XRL    A,#0AAH
MOV    13H,A
```

3. 编一程序将片内40H存储单元的内容与41H存储单元内容进行比较，若相等，将50H置00H，若不等，将50H置0FFH。

4. 编一程序，先取出片外数据存储单元2010H的内容，然后判其正负，若为正数，将它存于片内数据存储器的50H单元，若为负数，将它存于60H单元。

5. 在首地址为2041H的片外数据存储器中，存有一组数据，数据长度存于2040H单元，编一程序求出这组数据中的最小数，并将它存于2039H存储单元。

6. 在片内数据存储单元30H～4FH中存有32个同学的数学成绩，编一程序计算有多少同学成绩不及格(成绩低于3BH的为不及格)。

7. 在片外数据存储器2400H～2464H单元中，存有100个同学入学时的年龄，由于他们已入学三年，编一程序将每一个同学的年龄加3，加后仍存于原单元。

8. 编一程序将片内存储单元20H～3FH的内容复制到40H～5FH单元。

9. 编一程序将数00H存入20H单元，存入后通过读出检查是否确实存入，然后再将数FFH存入20H单元，再检查是否确实存入，如两次检查都正确，将60H置00H否则置11H。

10. 编写一个子程序，将1B十六进制数的上、下两个半字节分别转换为ASCII码。

11. 设时钟频率为6MHz，编写一个延时100ms的子程序。

12. 设20H单元有一个8位二进制数，该数的8位中有一个位为“1”，编一程序检查“1”在哪一位，如在第1位则在30H单元中写入数01H。如在每2位则在30H单元中写入数02H，依此类推。

13. 编一程序检查P1口的8位中，等于“1”的位有几个？并将个数存于30H单元。

14. 编一程序将30H~3FH单元的数据依次送到P1口输出，每送一个数据延时10ms再送第二个，直至数全部输完为止。

15. 拟利用P1口控制8个发光管，编一程序让8个发光管周而复始地轮流发亮，设电路要求发光管点亮时，P1口为低电平。每次点亮时间持续约0.5s。

16. 编一程序，使P1.0产生一个方波脉冲，方波脉冲的高电平和低电平各持续10ms。

17. 用查表法编写一个输入小于10的整数，求出该数立方值的子程序。

入口条件：输入数存于A

出口条件：数的立方放在R7

18. 有5个电话号码，序号分别为1、2、3、4、5，电话号码为8位，每个序号的电话号码需占4个存储单元，输入电话号码的序号后，用查表法将该序号的4个存储单元电话号码按顺序取出，从高到低分4次送给P1口。每次发送前，需先查P2.0是否为低电平，如不是重复查询，是则送给P1口，然后再取下一个数，直至送完4个存储单元的8位号码为止。

第四章 半导体存储器

第一节 存储器的分类

存储器是计算机的重要组成部分，它用来存储程序和数据。如果没有程序和数据，计算机就无法运行，所以组成一台计算机，存储器是必不可少的。通常讲的存储器包括半导体存储器、磁带、磁盘，以及光盘存储器等，其中磁带、磁盘和光盘存储器都是作为外存储器使用，单片机系统通常不用外存储器只使用半导体存储器作为内存储器，而且设置在片内，只有需要的时候才在片外扩展。本章的内容主要介绍单片机片外扩展用的半导体存储器、它的种类、特性以及扩展时的选择与连接。

半导体存储器按存取方式和使用功能，分为随机存取存储器(Random Access Memory，简称 RAM)和只读存储器(Read Only Memory，简称 ROM)两大类。

一、随机存取存储器

随机存取存储器主要用于存储系统运行中的数据，它的特点是可以将数据任意读出和写入，但所存储的内容是易失性的，即遇到断电时，所存内容将全部消失。通电后要想恢复原来所存的内容就必须重新写入。

RAM 又可分双极型和 MOS 型两类。双极型的存取速度高于 MOS，但集成度低于 MOS。MOS 又分为静态 RAM(Static RAM，简称 SRAM)和动态 RAM(Dynamic RAM，简称 DRAM)两种。动态 RAM 所存储的内容会因内部电荷泄漏而逐渐消失，需要定时刷新，通常每 2ms 通过专门电路刷新一次。静态 RAM 则无需刷新。但静态 RAM 集成度较低，所以在大容量的系统中多采用动态 RAM。相反，在容量不大的单片机系统中，为避免刷新操作，一般都用静态 RAM。

二、只读存储器

只读存储器主要用于存储固定的程序与数据，所存内容是非易失性的，即使断电，所存内容也不会消失，再次通电后照样可以使用。这正符合存储程序的要求。ROM 的特点是只能读出，所以称为“只读”，要写必须使用专用的编程器。

ROM 又可分为固定掩膜型 ROM、可编程的 ROM(Programmable ROM，简称 PROM)、紫外线可擦除可编程的 ROM(Erasable Programmable ROM，简称 EPROM)、电擦除可编程的 ROM(Electrically Erasable Programmable ROM，简称 EEPROM)和闪速型存储器(Flash Memory)等几种。

向 ROM 写入数据又称编程，掩膜型 ROM 的编程要在生产芯片的工厂进行。PROM 则允许用户根据需要用编程器自行编程，但只允许写入一次，不能重写。EPROM 则可以多次编程改写，改写前先把它放在专用的紫外线擦除器中照射十几分钟，将里面的原有信息擦除后，再重新写入新的数据。如果无擦除窗口，只允许用户写入一次则称为 OTP(One-Time Programmable)EPROM。

电可擦写存储器称为EEPROM，实际是可读可写的。这种存储芯片是非易失性的，能够保持所存入的数据不因掉电而丢失。从这一点来讲它像ROM。但它又像是RAM，因为这种芯片允许在线重新擦写，写入新的数据会覆盖旧的数据，可以作为RAM使用，是一种数据不因掉电而丢失的RAM。使用方便。但价格较贵，读写速度尤其是写入较慢。

闪速型存储器是一种新型存储器，同样具有EEPROM可用电擦写的性能，而且速度更快，容量更大，价格更便宜。虽然读写次数可达万次，但作为数据存储器又略嫌不足，如果运行数据需要频繁读写，只有万次不足以胜任，所以Flash一般作为ROM用于存储程序，只有电可擦写的EEPROM才用于存储数据，表4-1是半导体存储器的分类和性能比较。

表4-1 半导体存储器的分类和性能比较

名称		易失性	擦除方法	读写速度	存储能力
RAM	双极型	是	自动	快	D/P
	MOS SRAM	是	自动	快	D/P
	MOS DRAM	是	自动	快	D/P
ROM	ROM	非易失	—	较快	P
	PROM	非易失	—	较快	P
	EPROM	非易失	紫外线	写入速度较慢	P
	EEPROM	非易失	电	写入速度较慢	D/P
	FLASH	非易失	电	写入速度较慢	D/P

注：表中D表示可作为数据存储器，P表示可作为程序存储器，自动指断电或写入数据时原有数据自动擦除。

第二节 随机存取存储器

一、静态RAM

存储器总是由若干个能够存储0和1两种数码的基本存储电路所组成，静态RAM的基本存储电路是双稳态触发器。它具有两个稳态，分别代表0和1两种状态。

一个基本存储电路可以存储二进制的一个位，一个存储器芯片到底包含有多少基本存储电路，则取决于该芯片的容量，容量的单位通常是字节和位。例如常用的6116存储器芯片，它的容量为2048×8(位)，即可以存储2048B，每个字节为8位，所以6116具有2048×8=16384个基本存储电路。

除了基本存储电路之外，RAM芯片内部还具有地址译码以及数据线选通电路。当CPU指定某一地址值后，译码电路通过地址选择线，接通该地址的基本存储电路。根据有关电路控制线(包括片选线和读写允许线等)的状态进行读写操作。读出时将基本存储单元的数据送数据总线，写入时将总线数据送到置数端以便写入存储器。

二、动态RAM

上述的静态RAM的基本存储电路是一组双稳态触发器，只要外界没有触发信号加入，触发器就不会改变其原有状态，所存信息只要不断电就会被保留，这也是称它为静态的原因。而动态RAM则是利用MOS管栅极与源极间的极间电容存储信息，由于电容上的电荷会逐渐泄漏，因此要不断地对被泄漏的电荷进行补充，这种补充称为刷新。为此，动态RAM芯片内要附加刷新的逻辑电路，在一定时间对存储器进行刷新。动态RAM由于使用的MOS

管少，功耗低，集成度高，主要用于大容量的存储器芯片。

三、常用的静态 RAM 芯片

表 4-2 是常用的 SRAM 芯片的性能。

表 4-2 常用的 SRAM 芯片的性能

型号	字节×位	存取时间/ns	类型	型号	字节×位	存取时间/ns	类型
6116	2048×8	200	CMOS 静态	65256	32768×8	150~200	CMOS 静态
6264	8192×8	200	CMOS 静态				

图 4-1 是各种常用 RAM 芯片的引脚图，引脚的名称分别为

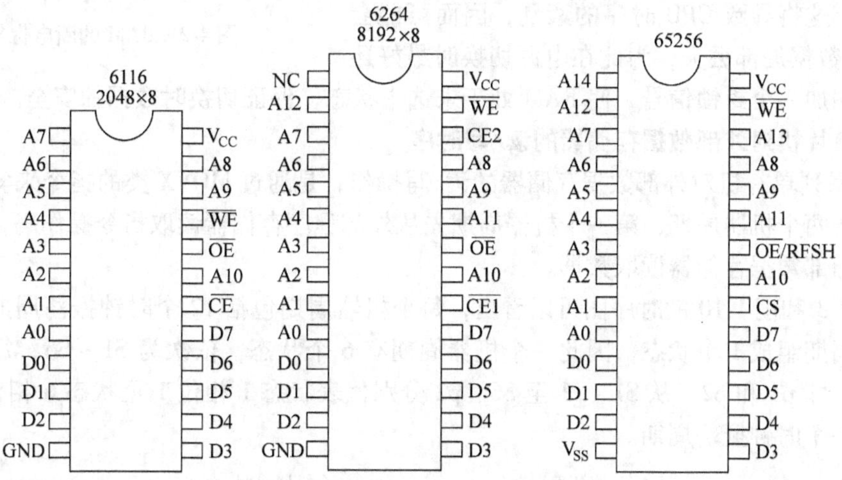

图 4-1 常用 RAM 芯片的引脚排列

（一）数据线(符号为 D0 ~ Dn)

数据线引脚的数目，取决于芯片的位数，例如 6116 为 8 位片，数据线有 8 根，符号为 D0 ~ D7，若是 1 位或 4 位的芯片，数据线只有 1 根或 4 根。

（二）地址线(符号为 A0 ~ An)

地址线引脚的数目，取决于芯片的容量，6116 的容量为 2KB，所以用 11 根地址线，可给出 $2^{11}=2048$ 个地址。

（三）片选线(符号为 $\overline{CS}$ 或 $\overline{CE}$)

单片机的寻址范围为 64KB，如果在系统中采用小容量的存储芯片，可能同一系统接有多片的存储器，这些存储器的地址线都与 CPU 低位地址线相连，CPU 发出的地址信息同时送给多片存储器，到底决定使用哪一片，就要求 CPU 在发出地址信息的同时，发出片选信号给需要选通的存储器 $\overline{CS}$ 引脚，使之选中该芯片，故称为片选。

（四）读写控制线(符号为 $\overline{WE}$、$\overline{OE}$)

读写控制线用来传送读和写的命令，当 $\overline{WE}$ 为低电平，$\overline{OE}$ 为高电平时，允许数据写入存储器。反之，当 $\overline{WE}$ 为高电平，$\overline{OE}$ 为低电平时，数据只能从存储器读出。

四、RAM 的断电保护

RAM 在电源断电之后，所存的数据将全部丢失，当电源电压重新恢复时，系统有可能无法正常运行。因为某些支持运行的条件可能记录在 RAM 中，RAM 内容丢失，可能会使运

行失常。为此有的场合，要求 RAM 数据在断电后，能够得到保护，最简单和最常用的保护办法如图 4-2 所示。将 RAM 芯片的电源端通过二极管分别接到电源电压 V_C 和后备电池电压 V_{BAT}，V_{BAT} 可以取 3.6V。在正常时情况下，芯片由 V_C 供电。因为 V_{BAT} 电压小于 V_C，所以无电流输出，只有当电源电压 V_C 下降到小于 V_{BAT} 或断电时，RAM 改由 V_{BAT} 供电，维持其电压，使所存数据不至丢失。

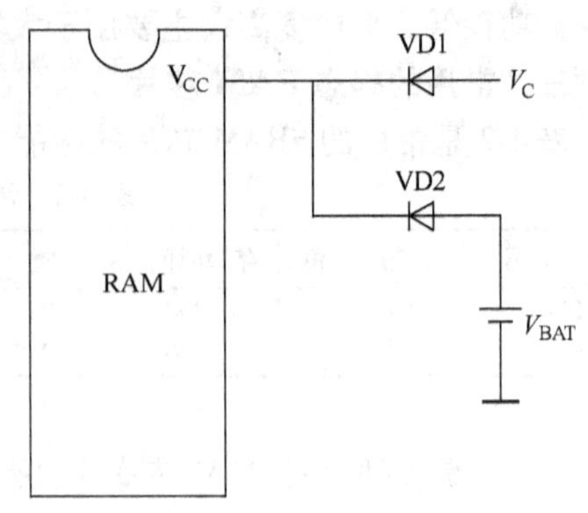

图 4-2　RAM 的断电保护

另外，当电源通断电瞬间，总线上的电压也在波动之中。这将导致 CPU 时序的紊乱，因而可能会造成 RAM 数据局部丢失，为此在电源切换时最好还要在片选端加一个封锁信号，使 RAM 处于未选中状态，保证切换时数据的安全。

五、单片机对外部数据存储器的读/写时序

8051 系列单片机对外部数据存储器的读/写操作，是通过 MOVX 类的指令来实现的，这类指令需要两个机器周期，第一个机器周期先从外部程序存储器读取指令操作码，第二个周期才是从外部数据存储器读取数据。

从图 4-3 和图 1-10 的时序图可以看出，每个机器周期包括 12 个时钟振荡周期，每两个时钟振荡周期组成 1 个状态，因此一个机器周期有 6 个状态，依次为 S1 ~ S6，每个状态有两个相位，即 p1 和 p2，从 S1、p1 至 S6、p2 分别代表状态 1 相位 1 至状态 6 相位 2，每个相位持续一个时钟振荡周期。

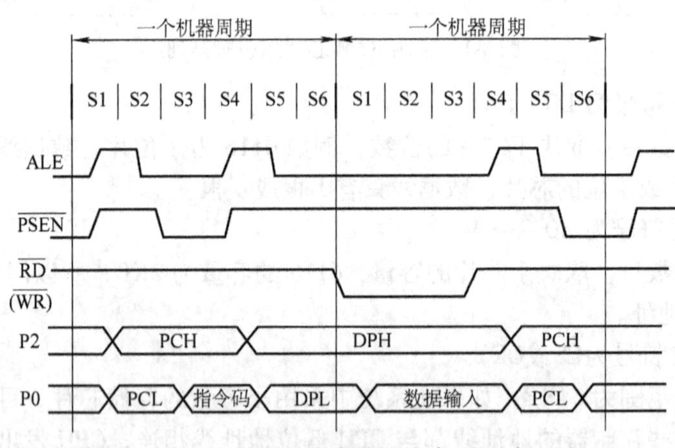

图 4-3　外部数据存储器的读/写时序

在第一个机器周期的 S1 状态时，利用 $\overline{PSEN}$ 的上升沿取出指令操作码，至 S5 为止都属于取指令时间，与外部数据存储有关的时序是从 S5 开始。

假如执行的是读操作，在 S5 状态时，CPU 通过 P0 口和 P2 口输出外部存储器的地址。若是执行 MOVX　A，@DPTR 或 MOVX　@DPTR，A 的操作指令，就利用 ALE 下降沿将由 P0 口输出的 DPL 内容锁存，同时与从 P2 口输出的 DPH 内容，两者组成指令所需要的地址，送往存储器的地址线。若执行的是 MOVX　A，@Ri 或 MOVX　@Ri，A 则利用 ALE 下降沿锁存从 P0 口输出的 Ri 内容，即地址低 8 位，同时从 P2 口输出地址高 8 位，送往存储器的地址线。

在第二个机器周期，若是读操作，P0 口会变成输入方式，在 S4 状态时，利用 RD 上升沿，结合地址信号所选通的外部 RAM 的某个单元，完成从 RAM 读出数据的操作。若是写操作，P0 口会变成输出方式，在 S4 状态时，利用$\overline{WR}$上升沿，结合地址信号所选通的外部 RAM 的某个单元，完成向 RAM 写入数据的操作。

从 S5 状态开始，又属于取指操作，这时 P0 口和 P2 口分别出现 PCL 和 PCH 内容，利用 ALE 下降沿锁存 PCL 内容，同时$\overline{PSEN}$为低电平，CPU 将面向程序存储器，为取下一条指令码作准备。

可见从第一个周期 S5p2，地址出现在 P0、P2 口开始，到第二个周期 S4p1 由 RD 上升沿准备从 RAM 取出数据为止，只有 9 个振荡周期，若 CPU 时钟频率为 12MHz，则只有 0.75μs 时间，要求在这时间内 RAM 要保证把数据送到数据线，否则当 CPU 对数据取样时，就找不到数据，也就是要求 RAM 从接到地址信息开始，到把数据挂到数据线的时间，必须小于 0.75μs，RAM 工作速度能不能满足这个要求，可以查阅该产品的技术资料。

第三节　只读存储器

一、掩膜 ROM

这种 ROM 是在制作时，利用光刻掩膜技术，把信息存储在芯片中。所存信息是 ROM 制造厂根据用户提供的程序或数据进行制造的，制成后不能抹去也不能修改，所以适用于大批量生产，且所存的软件是比较成熟的场合。

二、可编程只读存储器(PROM)

PROM 的每个基本存储单元都串联一个熔丝，这时所有单元都为 0 状态，开始使用时允许用户自行写入信息，如果写入信息为 0，熔丝不受影响；如果写入信息为 1，则烧断熔丝。所以这种芯片的编程是一次性的，以后只能读出，不能修改。

三、可擦除可编程只读存储器(EPROM)

EPROM 利用有浮置栅极的 MOS 管作为存储单元，当浮栅 MOS 管的硅栅上没有电荷时，管子不导电，输出为 1。要存入 0 信息时，在管子 D 极与 S 极之间施加 21V 或者是 12.5V 的电压，使 D、S 极间被瞬间击穿，大量电荷扩散到浮置栅极，使管子导通，输出为 0。

EPROM 写入数据后，可以长期保存，保存时间与温度、光照有关。如果上面存的数据不要了，可以用紫外光擦除。EPROM 器件上都有一个玻璃窗口，用紫外光照射 10min 左右，存储器浮置栅电荷从紫外光中获取能量，并越过壁垒泄漏，这时管子又恢复为 1 状态。相当于将原有信息擦洗掉，擦洗后各单元的内容一律恢复为 0FFH，并允许重新写入新的信息。一般光照，对放在机箱内的 EPROM 没有什么影响，但为了长期可靠起见，最好用胶纸遮蔽窗口。如果没有擦除窗口，则写入后无法擦除，和 PROM 一样只能写入一次，这种只能一次写入的称为 OTP(One-Time Programmable)。

四、电擦除只读存储器(EEPROM)

EEPROM 虽然是一种只读存储器，但它所存储的内容是可以擦除的；而且可以在不脱机的情况下用电脉冲的方法进行擦除改写。以 2864A 为例，它的外部引脚和 RAM 6264 兼容，所以可以直接插在 6264 的插座上，一方面它可以像 RAM 那样，随机地进行读写操作，另一方面在断电之后，已存入的信息又像 EPROM 那样长期保留，所以使用起来更加灵活。而且具有以下特点：

1）完全使用单电源 +5V 供电，不要求任何编程高压。而紫外线擦除的 ROM（EPROM），一般都要有两种电源，例如 2764 芯片运行电压为 +5V，编程为 12.5V。

2）具有 8KB ×8 或 32KB ×8 的较大容量，采用双列 28 脚，可以与 8KB 的 SRAM 6264 或 32KB 的 SRAM 62256 芯片兼容。

3）内部具有地址锁存，并具有 16B 的数据页缓冲器，允许对页快速写入，在片上保护和锁存信息。

4）重复写入寿命可达万次以上，即使每天改写三遍，也可以使用 10 年以上。可见 EEPROM 可以插在数据存储器插座，作为数据存储器使用，也可以插在程序存储器插座作为程序存储器使用。虽然它的名称是 ROM，实际上它兼有 ROM 和 RAM 的一些特性。

五、闪速型存储器

单片机应用中，既要求存于 ROM 中的程序，能可靠保持，不因掉电而丢失。但同时又要求在程序更新，或系统工作特性改变时，ROM 具备可重复编程的能力。

EPROM 虽然也有以上两种功能，但擦除时需要用紫外线，且写入速度慢，在系统中只能做程序存储器而不能用作数据存储器，更无法在线写入。EEPROM 虽然具备了在线读写能力，可以作为数据存储器，也可以做程序存储器，但它的读写速度不够快尤其是单元写入时间较慢，约在 10ms 左右。相比之下，闪速型存储器在擦除方法、读写速度、性能价格比以及存储能力等方面都比以上几种强。但闪速型存储器的读写次数不及 EEPROM。

现有 Flash 产品中既有独立的存储器芯片，也可以做在单片机内，组成片内 ROM。例如 AT89C51 就有由闪速型存储器组成的 4KB 片内 ROM。它的售价低。而且使用十分方便，要修改片内程序，可以通过专用编程器即擦即写，这对于刚开发的新程序，需要反复修改时，特别方便。不像 EPROM 那样还要用紫外光照射几分钟的那种麻烦。允许擦写次数可达一万次，是一种较理想的 ROM。

六、串行输入的 EEPROM

8 位单片机与片外存储器连接时，除了要连接 8 根数据线以外，还要按存储器的容量接上相应数目的地址线(如 1KB 存储器要接 10 根地址线)，以及片选控制线等。对于非总线型的单片机，要用 I/O 口充当总线，如果 I/O 口的数量不够使用，就很难使用片外存储器。而且单片机与片外存储器如果不在一块电路板上，布线就更加困难。串行 EEPROM 与单片机的连接线只要两条或三条，占用 I/O 口的数量少，布线简单，特别适用于小系统。关于它的使用方法将在第四节中介绍。各种常用 ROM 芯片的引脚排列图如图 4-4 所示。

七、单片机对外部程序存储器的取指时序

ROM 通常是用于存储程序的存储器，CPU 按取指时序向程序存储器取指。以图 4-5 2B 取指时序图为例，可以看出，在 S1 状态，利用 $\overline{PSEN}$ 上升沿将按地址选通的外部程序存储器相应的单元的数据送到 P0 口，取出指令的第一个字节，接着在 S2 状态，利用 ALE 下降沿将 P0 口输出的 PCL 内容锁存，同时由 P2 口输出 PCH 内容，到了 S4 利用 $\overline{PSEN}$ 的上升沿，再按地址选通的外部程序存储器的相应单元，将指令送到 P0 口，由 CPU 完成第二字节取指。在取指过程中，P0 口的地址和数据分时操作。一个出现在 ALE 下降沿，一个出现 $\overline{PSEN}$ 的上升沿。

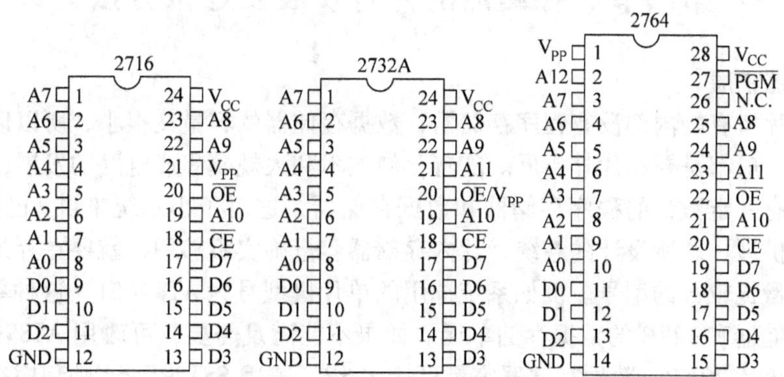

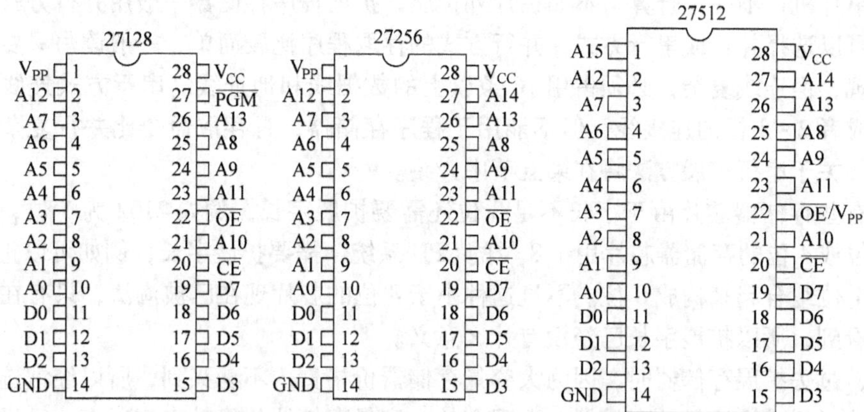

图 4-4　各种常用 ROM 芯片的引脚排列图

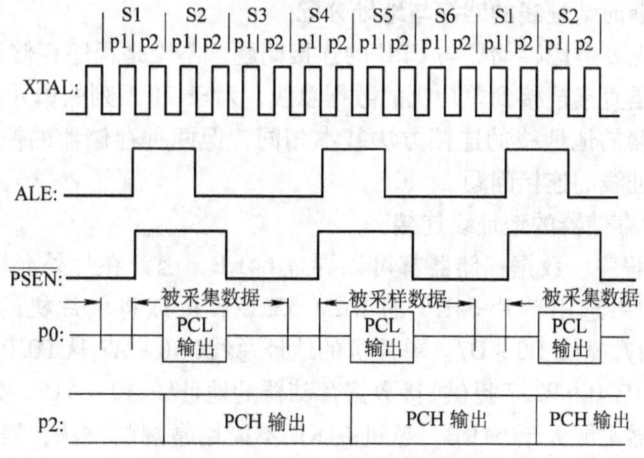

图 4-5　外部程序存储器的取指时序

第四节　存储器的并行扩展及连接方法

一、存储器扩展

早期的单片机有的内部没有程序存储器，数据存储器的容量又很小，所以以前开发单片机应用系统，一般都是要在片外扩展。随着存储技术和大规模集成电路的发展，现在的单片机内部都配置有一定数量的程序存储器和数据存储器，这对于小系统来讲，已经足够使用，不需要在外部扩展，若所设计的系统，片内存储器容量确实不够用，就要在片外扩展或选用片内存储器容量比较大的型号。例如系统选用的单片机型号为 AT89C51，这种单片机片内有 4KB 的程序存储器和 128B 的数据存储单元。如果不能满足需要，可改用 AT89C55，它的程序存储器容量可达 20KB，数据存储器容量可达 256B。若用 SST89E564 则程序存储器容量可达到 64KB，数据存储器容量可达 1KB。有时从开发成本和供货渠道方面考虑，改用存储器容量大的单片机，不一定合算，不如在片外扩展，扩展程序存储器一般用并行方式。扩展数据存储器可以选择并行或串行方式，并行方式的存取程序比较简单，一般读写只要用一条指令就能实现，但连线复杂，必须占用 16 条以上的数据线和地址线。串行方式连线简单，只需要 1 根或者 2 ~ 3 根的连接线，但不能用于程序存储器，且存取命令比并行复杂，数据吞吐速度慢。关于串行扩展方法将在第五节中介绍。

过去有些存储器芯片由于字长不足 8 位还需要扩展字长，例如 2102 为 1 位，2114 为 4 位，把 1 位或 4 位的存储器芯片用于 8 位的 CPU 系统，需要扩展字长，例如可以把两片 4 位的或 8 片 1 位组合起来构成 8 位。不过这种小于 8 位的芯片现在已被淘汰，只有在旧设备中偶然还能看到，所以扩展字长已经没有什么意义。

另外，过去扩展存储器时，因为大容量存储器价格贵，不易买到，所以经常选用几个小容量的芯片，组成大容量的存储器。但现在的大容量存储器价格越来越便宜，已经无需以小代大，可以根据扩展容量要求，选择一个相应的芯片，这样做硬件电路就会更加简单一些。

二、扩展存储器时地址线的连接与地址分配

扩展存储器首先要考虑存储器与 CPU 的连接问题，不论是程序存储器还是数据存储器，其存储器数据线都是直接连接到单片机的数据总线，对于 51 系列的单片机可接 P0 口，程序存储器与数据存储器的地址线的连接方法基本相同，但两种存储器的控制线接法是却有区别，现在先讨论地址线的连接问题。

（一）扩展一片存储器的地址线连接

8051 单片机的程序、数据存储器都可以寻址 64KB，因此在片外允许扩展的最大容量，就可达到 64KB。如果选用单片 64KB 的 RAM 62512，可以将单片机的数据总线（P0.0 ~ P0.7）直接连存储器数据线 D0 ~ D7。单片机的地址总线（A0 ~ A7 从 P0.0 ~ P0.7 经锁存器后提供。A8 ~ A15 由 P2.0 ~ P2.7 提供）接数据存储器的地址线 A0 ~ A15，如图 4-6 所示。

片外扩展存储器不能大于 64KB，超过 64KB 不能用常规的方法，需要另用逻辑电路解决。但允许小于 64KB，例如仅需要扩展 4KB、2KB，可用一片 4KB 或 2KB 的芯片。由于小于 64KB 的存储器芯片，其地址线没有 16 条，如 4KB 的只有 12 条，2KB 的只有 11 条。扩展时只要把不足 16 条的存储器的地址线与 CPU 的低位地址线相连，用于片内寻址。CPU 高位地址线可以不接，图 4-7 是单片 2KB 存储器的连接图，连接后的地址空间为

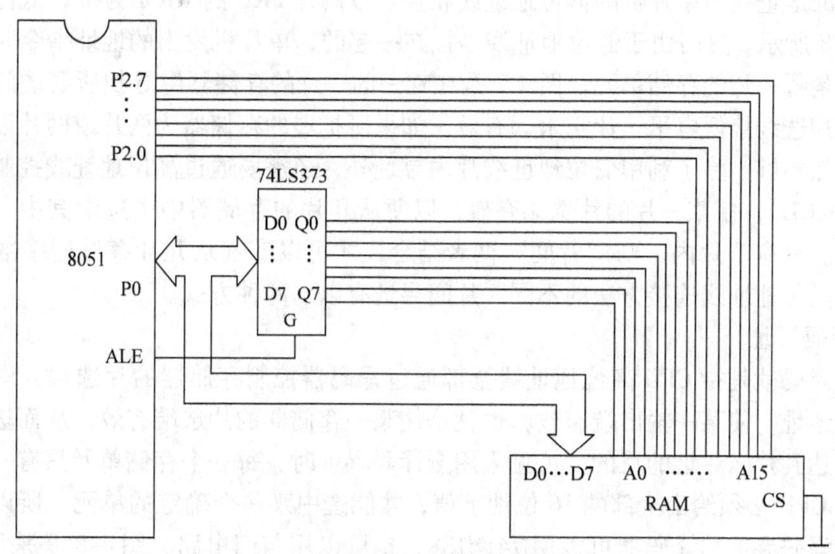

图 4-6　扩展一片 64KB 存储器的地址线连接

×××××000 00000000～×××××111 11111111

由于打叉的位没有连接，不论是 0 还是 1 都可以选通，该片地址可以是 0000H～07FFH，也可以是 0F800H～0FFFFH，或者高 5 位取任意值，低 11 位从 000 00000000～111 11111111。但应注意，虽说高位地址可任意选定，但使用时必须认定一个值，例如认定高 5 位为 00000 对应地址为 0000H～07FFH，凡读写该存储器时都一律使用这个地址，以免造成混乱。

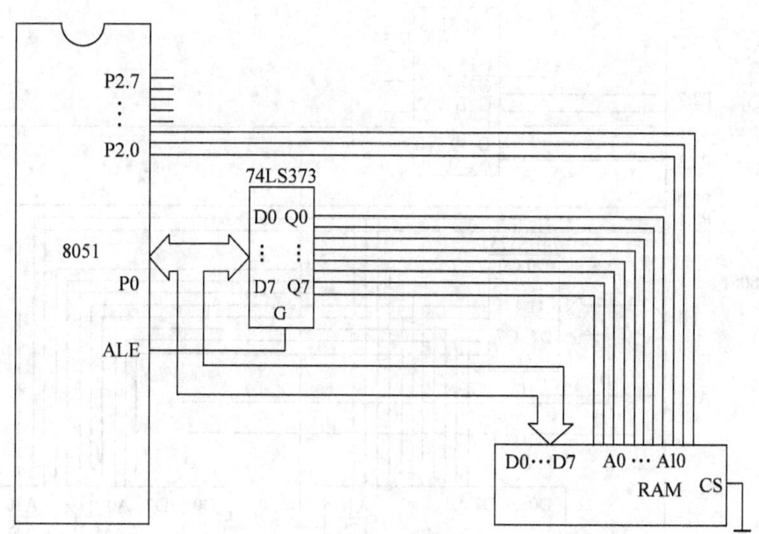

图 4-7　扩展一片 2KB 存储器的地址线连接

（二）扩展两片或两片以上存储器的地址线连接

扩展存储器不一定只用一片，也可以用两片或两片以上，当然不论用多少片，其总容量都不得超过 64KB，少于 64KB 是允许的。采用两片以上组成片外扩展的存储器时，可以将几片存储器的地址线与单片机的低位地址线相连。以两片 2KB 的 RAM 为例，低位地址线的接法如图 4-8 所示。这时由于低位地址线是接在一起的，单片机发出的地址指令时，将无法辨认访问的是哪一片的存储单元。图 4-7 是在唯一的一片的存储器中寻找所要访问的存储单元，存储器片选线接低电平，让它永远有效。如果所扩展的存储器为两片或两片以上，单靠片内寻址显然不够，除了利用低位地址线片内寻址外，还需要通过高位地址线控制存储器的片选端($\overline{CS}$或$\overline{CE}$)，使某一片的片选端有效，以便从几片的存储器中去选中其中一片，即所谓片间寻址。只有“片内”与“片间”两者结合，才可以实现从几片存储器中准确寻址的目的。根据高位地址线连接方法的不同，片间寻址有以下两种方式。

1. 全译码寻址

所谓全译码就是指 CPU 高位地址线全部通过译码器控制存储器的片选端，译码器根据输入的高位地址，使某一输出端有效，也就是使某一存储器的片选端有效，从而选中某个存储器芯片，达到片间寻址的目的。可见采用全译码寻址时，每一个存储单元只有一个确定的 16 位地址。CPU 必须给出全部的 16 位地址值，才能选中某一个确定的单元。所以称为全译码。组成全译码寻址的译码器可以用 74LS138，也可以用与门电路，图 4-8 是采用 74LS138 译码器的电路图。

图中 M1、M2 是两片需要扩展的 2KB 存储器，其地址线有 11 条，可以与单片机的低位地址线直接相连，如果是 51 系列单片机，低位地址取自 P0.0 ~ P0.7 和 P2.0 ~ P2.2，其中 P0.0 ~ P0.7 口由于是数据、地址共用口，所以要经锁存器才能与存储器地址线 A0 ~ A7 相连，P2.0 ~ P2.2 则直接与存储器地址线 A8 ~ A10 连接。CPU 的高位地址线 A11 ~ A15(即图中 P2.3 ~ P2.7)经 74LS138 译码器译码后，形成片选信号，将其中 Y0、Y1 分别接 M1、M2 的片选端($\overline{CS}$)。

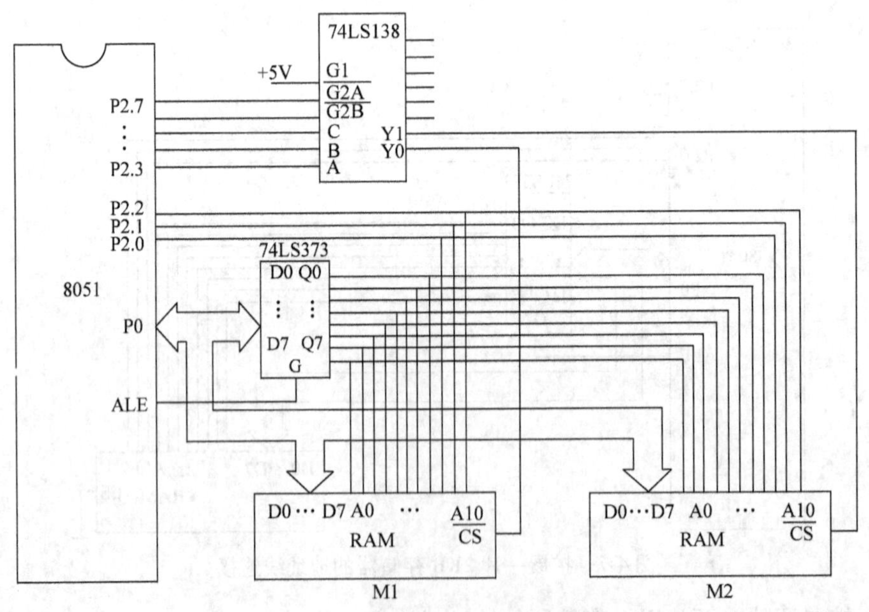

图 4-8　全译码寻址方式的原理图

74LS138 译码器的输入端有 A、B、C、G1、$\overline{G2A}$、$\overline{G2B}$。其中 G1、$\overline{G2A}$、$\overline{G2B}$称为 138

的译码允许端，A、B、C 为译码输入端，输出端为 Y0～Y7。在图 4-9 中 G1 端是多余端接高电平。本来 74LS138 译码器的只有 A、B、C 三个输入端，只能八中选 1，而扩展 2KB 存储器时还有 5 条高位地址线，只能把 P2.3～P2.5 三条接 A、B、C，P2.6、P2.7 接$\overline{G2A}$、$\overline{G2B}$。也就是 P2.6、P2.7 必须为 0，若不为 0 时，译码器输出端全部无效。从表 4-3 可知，只有当 A11～A15（即图中 P2.3～P2.7）全为零时，输出端 Y0 才为零，才能使存储器芯片 M1 的$\overline{CS}$端有效，也只有在这种情况下，CPU 才选中了 M1。

表 4-3　74LS138 译码器的逻辑关系

输入端						输出端							
G1	$\overline{G2A}$	$\overline{G2B}$	C	B	A	$\overline{Y0}$	$\overline{Y1}$	$\overline{Y2}$	$\overline{Y3}$	$\overline{Y4}$	$\overline{Y5}$	$\overline{Y6}$	$\overline{Y7}$
1	0	0	0	0	0	0	1	1	1	1	1	1	1
1	0	0	0	0	1	1	0	1	1	1	1	1	1
1	0	0	0	1	0	1	1	0	1	1	1	1	1
1	0	0	0	1	1	1	1	1	0	1	1	1	1
1	0	0	1	0	0	1	1	1	1	0	1	1	1
1	0	0	1	0	1	1	1	1	1	1	0	1	1
1	0	0	1	1	0	1	1	1	1	1	1	0	1
1	0	0	1	1	1	1	1	1	1	1	1	1	0
非上述情况			×	×	×	1	1	1	1	1	1	1	1

同样，要选中 M2，就必须是 74LS138 的 A 端（接 P2.3）为 1，其余 B、C、$\overline{G2A}$、$\overline{G2B}$皆为 0。因为从表 4-3 中可知，只有在这种情况下 Y1 才会为 0，才能使片选有效，也就是当高位为 00000 时才选中 M1，高位为 00001 时才选中 M2。按图中接法，可推出 M1、M2 所占据的地址空间为

M1 为 0000H～07FFH 或写成二进制形式为

　　00000000 00000000～00000111 11111111

M2 为 0800H～0FFFH 或写成二进制形式为

　　00001000 00000000～00001111 11111111

这个地址是唯一的，当然也可以反过来，也可以先分配存储器的地址空间，然后根据已知的地址范围，确定存储器片选线和译码器输出线的连接。例如要求图 4-8 中 M2 的地址范围改在 2000H～27FFH，即 00100000 00000000～00100111 11111111。其高位为 00100，从表 4-3 中不难看出，要求高位地址线为 00100 时选中 M2 芯片，M2 芯片的$\overline{CS}$端就必须接在 Y4 端。

全译码连接方式的主要特点是：必须连接所有地址线，一个地址只对应一个存储单元，接好地址线后的存储器芯片对应的地址空间是唯一的，因此能够充分利用 CPU 全部存储地址空间，不存在所谓地址重叠的问题。

2. 线选寻址

如果所扩展的存储器片数不多，也可以不要对全部高位进行译码，可以选用简单方法，即线选法。所谓线选是指用一条高位地址线，去选中一个芯片，所以称为线选。这种寻址方法，同样要把 CPU 地址线中的低位线与存储器芯片地址线相连，余下的高位线中，任意一条高位地址线都可以与一个存储器芯片的片选端$\overline{CS}$相连接。这样，某一条高位线为零电平时，就选中与该线连接的存储器芯片。

图 4-9 仍以扩展两个 2KB 存储器为例，图中 M1、M2 是用于扩展的 2KB 存储器芯片，M1 的$\overline{CS}$端接 A11(P2.3)，M2 的$\overline{CS}$端接 A12(P2.4)，这样，当 A11 =0 时选中 M1，A12 =0 时选中 M2，如果 A11、A12 同为零，两片会同时被选中，也就是说这种连接方法，CPU 给出一个地址值，可能同时选中两个芯片中的两个存储单元，这显然是不允许的。为了避免发生这种冲突，防止产生地址单元重叠，规定 CPU 给出的地址值，除了处于片选的高位地址线为“0”外，其余的高位地址线都必须为“1”。不允许高位地址线会出现两个“0”的地址。例如图 4-9 中 M1 的片选线接 A11(P2.3)时，除 A11(P2.3)为“0”外，A12 ~ A15(P2.4、P2.7)都必须为 1，即高位地址线必须定在 11110，M1 占用的地址空间为

11110000 00000000 ~ 11110111 11111111(0F000H ~ 0F7FFH)

M2 的片选线接 A12(P2.4)，除了 A12 为“0”外，其余都必须为 1，即高位地址必须定在 11101，它所占用的地址空间范围为

11101000 00000000 ~ 11101111 11111111(0E800H ~ 0EFFFH)

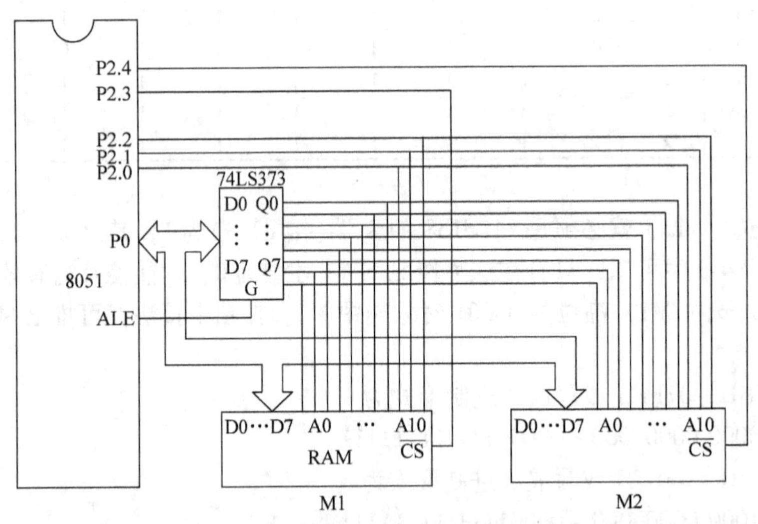

图 4-9　线选寻址的电路连接图

剩余的三条高位地址线 A13、A14、A15，还可以再接三个 2KB 的存储器，这三个存储器的地址空间分别为

11011000 00000000 ~ 11011111 11111111(0D800H ~ 0DFFFH)

10111000 00000000 ~ 10111111 11111111(0B800H ~ 0BFFFH)

01111000 00000000 ~ 01111111 11111111(7800H ~ 7FFFH)

由此可见，对于上述线选寻址，16 根地址线，只形成了上述 2KB × 5 = 10KB 的可用空间，有 54KB 空间不允许使用。虽然这种方法接线简单，无需译码器，但它是以牺牲地址空间为代价换来的。而且指定允许使用的地址空间之后，可以看出这 5 组地址空间是不连续的，是相互隔开的区段。使用起来不太方便，只适合于一些简单的小系统。

三、控制线的连接

不论是扩展程序存储器还是扩展数据存储器，其地址线的连接方法基本相同，只是扩展程序存储器一般不用线选法，以确保扩展的地址空间能够连续，程序运行不出错。但程序存储器与数据存储的器控制线$\overline{WR}$(P3.6)、$\overline{RD}$(P3.7)、$\overline{PSEN}$的接法却有不同。下面分别予以

说明。

（一）扩展 RAM 时控制线的连接

1. 控制线$\overline{EA}$

控制线$\overline{EA}$是面向程序存储器的，与扩展 RAM 无关。在图 4-10 中，假定只使用片内程序存储器，所以将$\overline{EA}$接高电平。

2. 控制线$\overline{PSEN}$

$\overline{PSEN}$也是面向程序存储器的，也与扩展数据存储器无关，故图 4-10 中也不使用$\overline{PSEN}$线。

3. 控制线 ALE

上面已经讲过，在 8051 系列单片机中，P0 口是数据和低 8 位地址的复用口。在 P0 口输出地址的时候，可用锁存器把地址锁存起来，在图中，用一片 74LS373 做锁存器，它由 8D 触发器和三态门组成，当其允许端 G 由高电平变为低电平时，触发器的输入信号就被锁存于输出端，触发器的输出接有三态门，当输出控制端$\overline{OC}$为低电平时，三态门呈通路状态。如将图中$\overline{OC}$接地，G 端接 ALE，当 P0 口送出低 8 位地址时，ALE 有效，地址值就会通过三态门送给存储器的地址线。当 P0 口送出数据时，ALE 无效，数据直接从数据总线送 D0 ~ D7。

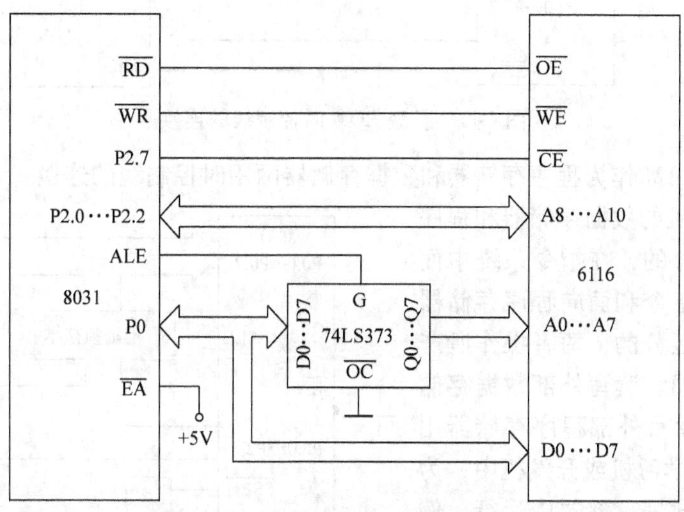

图 4-10　扩展 RAM 时控制线的连接

4. 控制线$\overline{RD}$

控制线$\overline{RD}$是面向数据存储器的。扩展数据存储器的时候，要把$\overline{RD}$接 RAM 的输出允许线端$\overline{OE}$。

5. 控制线$\overline{WR}$

控制线$\overline{WR}$也是面向数据存储器的，扩展时要把$\overline{WR}$接 RAM 的写控制端$\overline{WE}$。

6. 有的 RAM 芯片，还有一根$\overline{CS2}$或$\overline{CE2}$引脚，在扩展 RAM 的时候，应将它置为有效。

（二）扩展 ROM 时控制线的连接

1. 控制线$\overline{EA}$

在片外扩展 ROM 时，应将控制线$\overline{EA}$接地以选择片外程序存储器，如图 4-11 所示。

2. 控制线$\overline{PSEN}$

$\overline{PSEN}$是选择片外程序存储器的控制信号，扩展片外程序存储器应将$\overline{PSEN}$接 ROM 的$\overline{OE}$端。

3. 控制线 ALE

接法同 RAM。

4. 控制线$\overline{RD}$和$\overline{WR}$

控制线$\overline{RD}$和$\overline{WR}$都是面向数据存储器的，与程序存储器无关，扩展 ROM 可以不管。

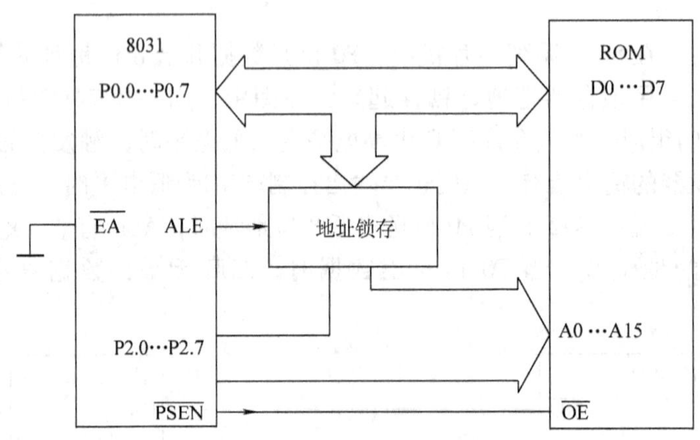

图 4-11 扩展 ROM 时控制线的连接

（三）扩展 RAM 作为程序存储器和数据存储器两用时控制线的连接

51 系列单片机的数据存储器和程序存储器是严格区分的，在指令系统中面向数据存储器的指令和面向程序存储器的指令也是严格区分的，两者操作所产生的控制信号不同。读写外部数据存储器用$\overline{RD}$和$\overline{WR}$。读写外部程序存储器用$\overline{PSEN}$。但在某些学习机或开发机中，为了要把程序放在数据存储器中运行，例如设计者往往将调试的程序通过串口送到数据存储器，然后在数据存储器中运行并修改。就要求数据存储器能同时具有程序存储器的功能。要做到这一点可按图 4-12 所示，将单片机的$\overline{RD}$和$\overline{PSEN}$经过一个与门后接存储器的$\overline{OE}$端。当运行程序时，由$\overline{PSEN}$选通，执行 MOVX 类指令时，由$\overline{RD}$或$\overline{WR}$选通，达到数据、程序两用的目的。

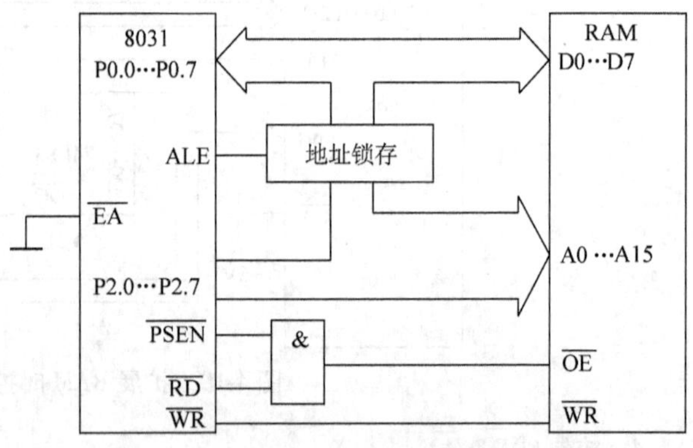

图 4-12 数据、程序两用时控制线的连接

四、存储器与 CPU 连接时的其他问题

（一）CPU 的负载能力

CPU 的地址总线和数据总线具有一定的负载能力，通常接一标准 TTL 负载是不会影响输出电平的。对于小型微机系统来讲，存储器芯片不多，MOS 存储器取用的负载电流也很

小，所以直接相连不成什么问题，但如果系统所接的存储器和接口芯片较多，就要考虑 CPU 总线的负载能力是否足够，如果不足，就应采取加接 74LS244、74LS245 等驱动电路的措施。

（二）CPU 的时序和存储器存取速度之间的配合

前面已经介绍了 CPU 向存储器进行读写操作时的时序，根据时序可以计算出存储器从接到地址信号到发出数据，或者从接到地址信号到允许写入数据的时间。然后以此为准，检查存储器工作速度是否能够与 CPU 操作速度匹配，以便选择能符合要求的存储器。

第五节　串行存储器的扩展方法

现在单片机的片内存储器，一般都能够满足系统的要求，所以大部分小系统都不需要在片外扩充，为此，一些低档或小封装的单片机例如 AT89C2051，干脆就不在引脚中配置可扩展的地址总线和数据总线，以便尽可能地减少引脚数目，缩小芯片体积。如果选用了这种没有地址总线和数据总线引脚的单片机，又希望在片外扩展数据存储器，就只能采用串行扩展的方法。

有的单片机虽然有可供并行扩展的地址总线和数据总线，例如 AT89C51 就有作为地址总线和数据总线的 P0 口与 P2 口，一旦系统需要较多的 I/O 口，往往将它腾出来做为一般的输入和输出口使用，在这种情况下，要在片外扩展存储器，也只能采用串行扩展。

另外，串行扩展的硬件连接比较简单，只需要 1 ~ 3 根连接线，缺点是串行扩展的存储器的吞吐量较小，传输速度较慢，约为 100Kbit/s 左右。

常用的串行扩展方式有二线制的 I^2C 总线、三线制的有 SPI 总线和 Micro wire/PLUS 总线等几种，下面简要介绍有关串行存储器使用方法。

一、二线制串行存储器

（一）概述

现在单片机系统常用的两线制串行总线称为 I^2C 总线（Intel Integrated Circuit），它是由 Philips 公司推出，信号传送只需要两根线，一根是时钟线 SCL，另一根是串行数据线 SDA。既可以构成一个多机通信系统，也可以构成存储器或外围器件的扩展系统。I^2C 的扩展器件其地址都是由硬件内部设置，如果单片机本身就具有 I^2C 总线（例如 8XC552、8XC652、8XC752 等），那么它的用法就比较简单，只要把单片机的总线接口的 SCL、SDA，直接与扩展器件的接口 SCL、SDA 相连，但要注意 I^2C 总线的接口一般为开漏或开集电极输出，所以连接时需要加上拉电阻，如图 4-13 所示。

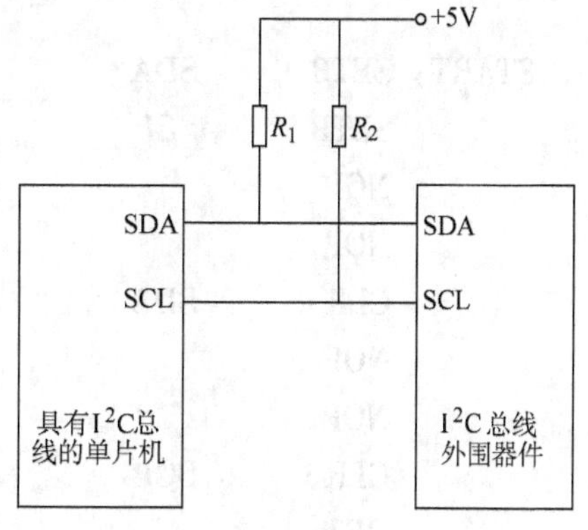

图 4-13　I^2C 总线接口与 I^2C 器件连接方法

如果单片机没有 I^2C 总线，则可以用两个普通 I/O口代替 SCL、SDA 口，然后通过软件模拟 I^2C 总线的传输格式及时序进行传送。图 4-14 就是用没有 I^2C 总线的 AT89C51 与串行 EEPROM 芯片 AT24C01 的硬件连接方法图。

图中 AT24C01 的 SCL 为串行时钟端，SDA 端为串行数据/地址端，SCL 和 SDA 都是双向传输线，由于内部是漏极开路，需接上拉电阻至 V_{CC}，WP 为写保护端，接高电平时为只读，接低电平时，存储器可读可写。图中接低电平。芯片只需单电源供电，V_{CC}电压范围为 1.8V ~ 5.5V。A0、A1、A2 为片选或块选引脚，可以分别将 A0、A1、A2 接 V_{CC}或接地，形成片或块地址（见下面控制字说明）。AT24C01 的数据结构为 ×8 位，信号为电平触发。

（二）串行数据存储器模拟 I^2C 总线的编程

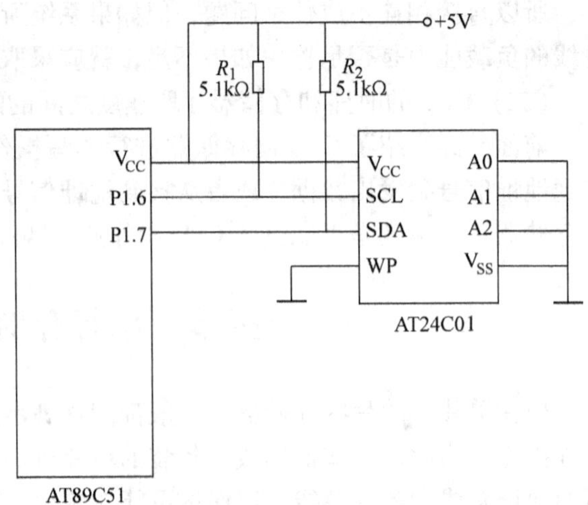

图 4-14 AT89C51 与 AT24C01 的硬件连接方法

下面以图 4-14 中 AT89C51 与 AT24C01 间的通信为例，介绍有关串行数据存储器模拟 I^2C 总线的编程方法。在此例中 AT89C51 是主器件，AT24C01 是扩展的从器件，时钟脉冲由主器件提供，要写入或读出数据时，可按以下步骤编程：

第一步：发"起始位"，每一次操作，主器件的单片机都要发一个"起始位"给串行存储器，它是在时钟拉高时，将数据线置 1 作为开始。图 4-15 是它的时序图，根据这个时序，可写出发送起始位的子程序。

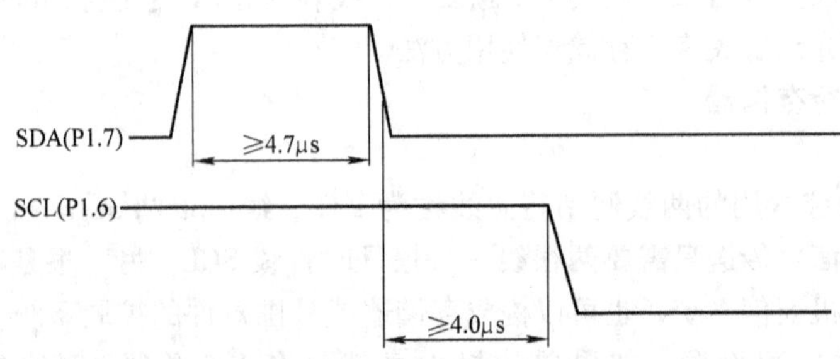

图 4-15 起始位信号时序图

```
START：SETB    SDA
       SETB    SCL
       NOP
       NOP
       CLR     SDA
       NOP
       NOP
       CLR     SCL
       RET
```

第二步：发送一个控制字，控制字由 8 位二进制数组成，用来设置数据的传送方向和从器件的地址，8 位控制字的含义如表 4-4 所示。

表 4-4　AT24CXX 控制字的含义

D7	D6	D5	D4	D3	D2	D1	D0
1	0	1	0	A2	A1	A0	R/W
I^2C 从器件地址				片选或块选			读/写控制位

D7、D6、D5、D4 位是 I^2C 从器件地址，这是由 Philips 公司的 I^2C 规程统一规定的，用户不能改变，所有串行数据存储器的地址一律规定为 1010，当把 1010 码送到总线上，只有串行 EEPROM 的从器件才会响应。

D3、D2、D1 位是片选或是存储器内部有分块的作为块选。例如表 4-5 中的 24C04，片内有两块，利用 A0 的 0 或 1，选用其中的一块。24LC08B 片内有 4 块，利用 A1、A0 值，选用其中的一块。作为片选时，A2、A1、A0 引脚要先接地或接 V_{CC}。这时控制字的 A2、A1、A0 值，要与被访问的芯片连接状态一致。对于 24C01B、24C02B，A2、A1、A0 可为任意值，一般情况下都是只扩展一片，A2、A1、A0 可全部接地，即全为 0。对于 24C04、24LC08、24LC16，片内有分块，必须通过控制字中的块选值决定之后输入的首地址属哪一块。

表 4-5　AT24CXX 的 A0、A1、A2 值

器　件	容量/Kbit	内部块数	页面字节	控　制　字			引　　脚		
				A2	A1	A0	A2	A1	A0
24C01	1	1	8	×	×	×		—	
24C02	2	1	8	×	×	×		—	
24C04	4	2	16	×	×	块选		—	
24LC08B	8	4	16	×	块选	块选		—	
24LC16B	16	8	13	块选	块选	块选		—	
24LC32	32		64		片选			接高电平或低电平	
24LC64	64		64		片选			接高电平或低电平	

D0 位是读/写控制位，如果下一个字节为写操作，该位为 0。若下一个字节为读操作，则该位为 1。

主器件必须发出控制字之后，才能执行读写操作。例如在图 4-14 中，存储芯片地址为 1010，片选或块选值为 000 读/写控制位为 1 或 0，所以发送操作的控制字为 0A0H，接收操作的控制字为 0A1H。

第三步：读或写数据，如果向存储器读写的数据只有 1B，可以调用以下单字节的发送或接收子程序。但应注意，每发送完 1B 后，必须执行一次“应答位检查 CACK”子程序，检查对方是否收到，如果没有收到，则前面发送为无效，必须重发。每接收完 1B 后，必须执行一次“应答 ACK”子程序，向对方表示“已收妥”。而在接收结束时，又必须执行一次“非应答 NACK”子程序，作为结束。如果有 n 个字节，可以调用 n 个字节的发送或接收子程序。由于 n 个字节的发送或接收子程序内部已经包含有子程序发“起始位”，发控制字和发终止位，以及应答位检查与应答，可以不必重复发起始、应答和停止等步骤。

1. 应答位子程序

接收方每收到发送器送来的1B后，必须向SDA线返回一个应答位ACK即输出“0”，表示接收方已经收到所发数据，发送方才能发送下一个数据，否则数据线为“1”表示非应答，即NACK，这时发送方就要重发。图4-16和图4-17是应答位和非应答位的信号时序图。

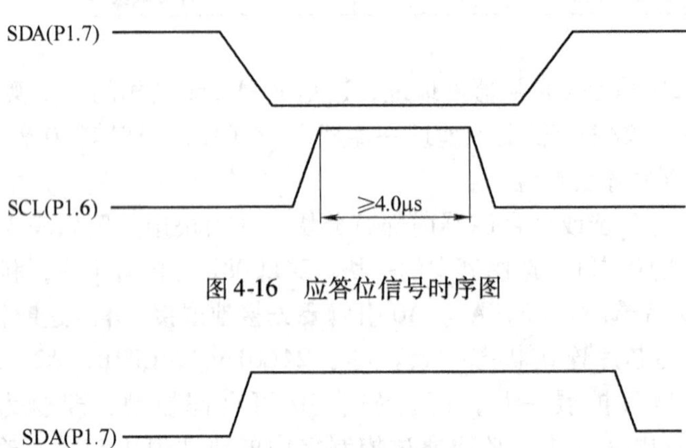

图4-16　应答位信号时序图

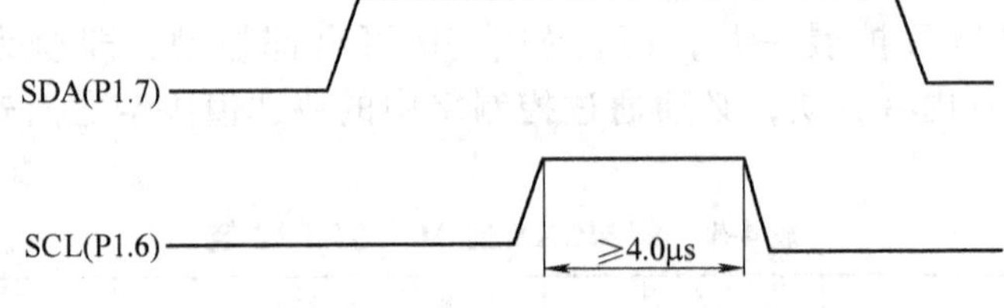

图4-17　非应答位信号时序图

```
ACK：  CLR     SDA
       SETB    SCL
       NOP
       NOP
       CLR     SCL
       SETB    SDA
       RET
```

2. 非应答位子程序

```
NACK：  SETB    SDA
        SETB    SCL
        NOP
        NOP
        CLR     SCL
        CLR     SDA
        RET
```

3. 应答位检查子程序

应答位检查子程序中，令单片机产生一个额外的第九个时钟脉冲，在脉冲高电平期间读ACK应答位，并将它的状态存放在F0标志中，以供检查。若接收方正常发出应答位ACK，则 F0 为 0，若无应答 F0 为 1。

```
CACK:  SETB    SDA         ;SDA 为输入
       SETB    SCL         ;时钟脉冲置高
       NOP
       MOV     C,SDA       ;读 SDA 存于 C
       MOV     F0,C        ;存入 F0
       CLR     SCL         ;时钟结束
       NOP
       RET
```

4. 单字节发送

入口条件：待发送数据已经放在累加器 A 中

```
WRB:   MOV     R7,#08H     ;发送 8 位
WLP:   RLC     A           ;将发送数据的一个位移入 C
       MOV     SDA,C       ;发送
       SETB    SCL
       NOP
       NOP
       CLR     SCL
       CLR     SDA
       DJNZ    R7,WLP
       RET
```

5. 单字节接收

出口条件：接收的数据放在累加器 A

```
RDB:   MOV     R7,#08H     ;接收 8 位
RLP:   SETB    SDA         ;SDA 输入
       SETB    SCL         ;时钟脉冲置高
       MOV     C,SDA       ;接收,读 SDA
       RLC     A           ;将接收的数据移入 A
       CLR     SCL         ;结束接收
       DJNZ    R7,RLP      ;未发完 8 位,转 RLP 继续
       RET
```

6. 写 n 个字节

入口条件：1）在片内 RAM 的 CONTWORD 单元内存有控制字。

2）在片内 RAM 的 NUMBYT 单元内存有待发送数据的字节数，包括第一个地址值。若待发送数据的字节数为 8，加上地址，NUMBYT 应等于 9。

3）在片内 RAM 的 FIRADD 单元内存有串行存储器收到数据后，应存入的首地址值。

4）待发送的数据放在以 FIRADD +1 为首地址的 n 个连续单元内

```
WRNBYT:  PUSH    PSW          ;保护现场
WRN      SETB    RS1
```

```
         SETB    RS0            ;使用第三区工作寄存器
         LCALL   STA            ;发启动子程序
         MOV     A,CONTWORD     ;取控制字
         LCALL   WRB            ;发控制字
         LCALL   CACK           ;检查接收方应答
         JB      F0,WRN         ;无应答重发
         MOV     R0,FIRADD      ;取要写入数据的首地址
         MOV     R5,NUMBYT
WRDA:    MOV     A,@R0
         LCALL   WRB            ;发数据
         LCALL   CACK           ;检查接收方应答
         JB      F0,WRN         ;无应答重发
         INC     R0
         DJNZ    R5,WRDA
         LCALL   STOP
         POP     PSW
         RET
```

7. 接收 n 个字节

入口条件：1）在片内 RAM 的 CONTWORD 单元内存有控制字。

2）在片内 RAM 的 NUMBYT 单元内存有待接收数据的字节数。

出口条件：将接收到的数据存入以 FIRADD 为首地址的 n 个连续单元内。

```
RDNBYT:  PUSH    PSW            ;保护现场
RDN:     SETB    RS1
         SETB    RS0            ;使用第三区工作寄存器
         LCALL   STA            ;发启动子程序
         MOV     A,CONTWORD     ;取控制字
         LCALL   WRB            ;发控制字
         LCALL   CACK           ;检查接收方应答
         JB      F0,RDN         ;无应答重发
         MOV     R0,FIRADD      ;接收后存放数据的首地址
RD:      LCALL   RDB
         MOV     @R0,A          ;接收数据
         DJNZ    NUMBYT,FACK
         LCALL   NACK
         LCALL   STOP
         POP     PSW
         RET
FACK:    LCALL   ACK
         INC     R0
```

```
        AJMP        RD
```

第四步：每一次操作终了，都要发一个终止信号，图 4-18 是它的信号时序图，根据这个时序，可写出终止位的标准子程序。

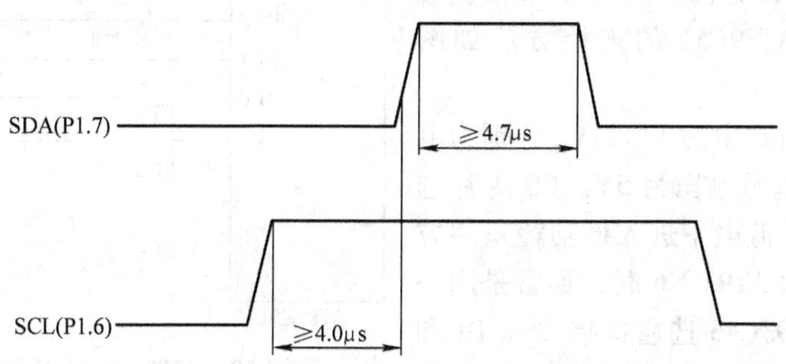

图 4-18　终止位信号时序图

```
STOP:  CLR     SDA
       SETB    SCL
       NOP
       NOP
       SETB    SDA
       NOP
       NOP
       CLR     SDA
       CLR     SCL
       RET
```

例 4-1　某单片机系统，需要提供运行密码，设通过键盘先将密码存放在单片机片内存储器 21H ~24H 中，试编一程序将密码转存入 EEPROM AT24C01 首地址为 10H 的 4 个连续单元。

传送时可以调用写 n 个字节子程序 WRNBYT，这个子程序已经包含了发“起始位”、发控制字、发“终止位”以及应答位检查与应答，只要调用 WRNBYT 即可完成全部传送任务，但调用 WRNBYT 必须提供入口条件，这里已经将 4 个数据放在 21H ~ 24H 中，再把 AT24C01 待写入的首址放在 20H，这样要传送的数共 5 个，放在 20H ~ 24H，入口条件就是把其中首址 20H 置于 FIRADD，将数据个数 5 置于 NUMBYT，将控制字 0A0H 置于 CONTWORD 即可，程序如下：

```
    MOV     20H,#10H          ;写入 AT24C01 的首址为 10H
    MOV     FIRADD,#20H       ;待发数据存片内 RAM 首址为 20H
    MOV     CONTWORD,#0A0H    ;AT24C01 发送控制字为 0A0H
    MOV     NUMBYT,#05H       ;AT24C01 首址连同密码共 5B
    LCALL   WRNBYT            ;发送,在 WRNBYT 子程序中包含了“起
                               始”、“终止”、“应答”、“应答检查”
```

二、三线制串行存储器

（一）AT93C46 与 AT89C51 的硬件连接

在串行存储器中，除了采用 I^2C 总线的两线制串行存储器外，还有采用三线制的，如 AT93C46，这种存储器有三根传输线，即①时钟线 SK；②数据输入端 DI；③数据输出端 DO，它与 AT89C51 的连接方法如图 4-19所示。

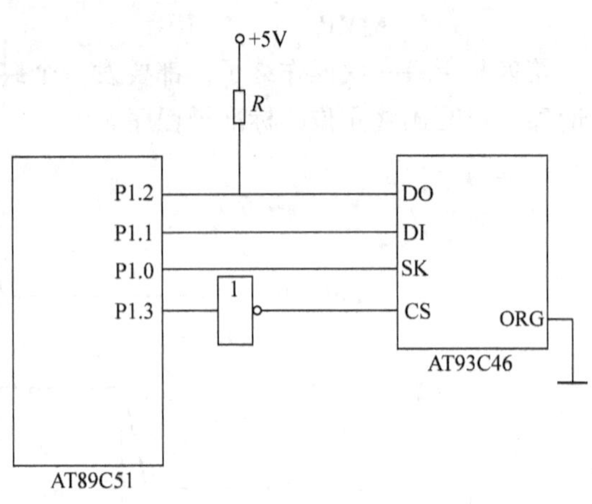

图 4-19　AT93C46 与 AT89C51 的连接

AT93C46 的引脚中的 V_{CC}、V_{SS} 分别为电源端和接地端，电源电压为 5V。CS 为片选端，高电平有效，低电平进入低功耗备用方式。用单片机控制 AT93C46 时，通常是用一个 I/O 口作为 AT93C46 选通口接 CS。DI 和 DO 分别是数据的输入端和输出端。ORG 为存储单元结构选择端，ORG = 1，芯片为 16 位存储单元结构。ORG = 0，芯片为 8 位存储单元结构。

（二）AT93C46 的指令格式

AT93C46 有自己的一套读写指令，其格式如表 4-6 所示，共有 7 条指令。向 AT93C46 传送数据，必须使用表中的相应指令。

表 4-6　AT93C46 读写指令格式

指　令	起始位	操作码	地　址						数　据	功　能
读	1	10	A5	A4	A3	A2	A1	A0		指定寄存器读数据
写	1	01	A5	A4	A3	A2	A1	A0	D15 ~ D0	指定寄存器写入数据
擦除	1	11	A5	A4	A3	A2	A1	A0		指定寄存器擦除数据
擦/写允许	1	00	1	1	×	×	×	×		允许所有编程指令
擦/写禁止	1	00	0	0	×	×	×	×		禁止所有编程命令
全写	1	00	1	0	×	×	×	×	D15 ~ D0	所有寄存器写入数据
全擦	1	00	0	1	×	×	×	×		所有寄存器擦除数据

注：1. 芯片为 16 位存储单元结构时，64 × 16 = 1024，1KB 地址为 6 位，上表为 16 位结构。

2. 芯片为 8 位存储单元结构时，128 × 8 = 1024，1KB 地址为 7 位，上表地址应改为 7 位。

表中的写指令，其时序如图 4-20 所示，图中表示在 CS 拉高后，在每个时钟上升沿，依次向 DI 端写入 1、0、1、地址、数据。AT93C46 接收该指令后，在 CS 下降沿启动自动擦除和编程写入周期，CS 的低电平约延时 250ns 后，AT93C46 会从 DO 端发出 READY/BUSY 状态，若 DO = 1，表示已将该数据写入指定的地址单元，否则须等待其全部写入。

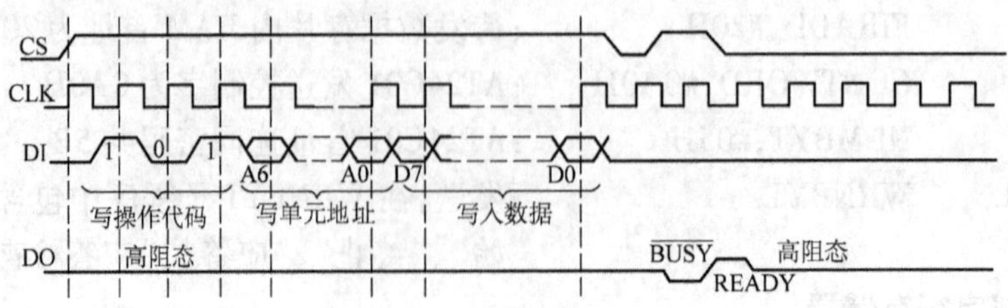

图 4-20　AT93C46 写指令时序

表中的读指令，其时序如图 4-21 所示，图中表示在 CS 拉高后，先在每个时钟上升沿，依次向 DI 端写入 1、1、0、地址值。然后在每个时钟上升沿、依次从存储器读入一个 0 电平，再读入数据。如果 CS 保持高电平，即自动从存储器的下一个地址读入数据。如果 CS 拉低后再拉高，即重新执行新一轮的读指令时序。

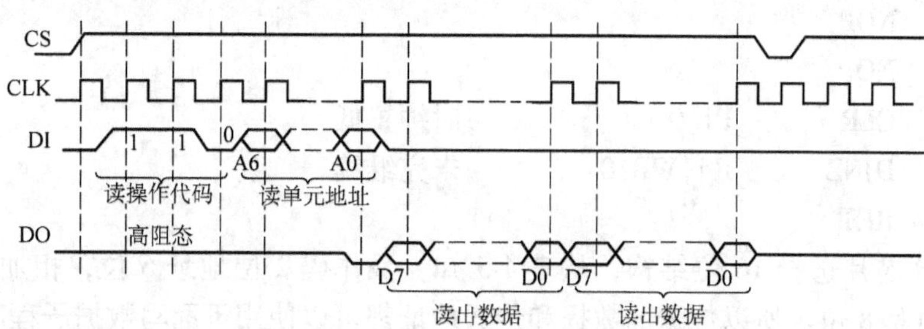

图 4-21　AT93C46 读指令时序

一般在写入数据前，要执行一次写允许指令，写入后，应执行一次写禁止指令，但写允许指令和写禁止指令不影响读指令的执行。

全写和全擦指令可将指定内容写入所有单元，全擦即把存储器所有单元置 1。

（三）实用程序

单片机向 AT93C46 写数据的顺序为：①发写允许指令；②发写指令；③发数据；④发写禁止指令。从表 4-7 可知，每个指令的第一位都应该是起始位 1 开头，然后是操作码、地址最后是写入的数据。单片机向 AT93C46 读数据的顺序为：①发读指令；②读入数据。实际编写程序的时候，往往把起始位单独编成一个子程序发送，把指令的操作码和地址合起来作为一个数据发送。发送或接收可以调用发送或接收子程序，子程序清单如下：

1. 传送起始位 1 的子程序

```
STABY:  SETB    P1.3        ;置片选无效
        CLR     P1.0        ;时钟置低
        SETB    P1.1        ;送起始位“1”
        NOP
        NOP
        CLR     P1.3        ;置片选有效
        NOP
        NOP
        SETB    P1.0        ;时钟置高,送数据
        NOP
        NOP
        CLR     P1.0        ;时钟置低
        RET
```

2. 写入一个字节数据子程序

入口条件：待写入的内容，置于累加器 A

```
WR1:    MOV     R4,#08H         ;数据位数
WR10:   RLC     A
```

```
        MOV     P1.1,C          ;将C值送存储器DI端
        NOP
        NOP
        SETB    P1.0            ;时钟置高,送数据
        NOP
        NOP
        CLR     P1.0            ;时钟置低
        DJNZ    R4,WR10         ;未完继续
        RET
```

如果1KB芯片选择16位结构，从表4-5知，操作码2位地址6位，相加刚好为8位，传送的数据也是8位。所以传送的数据和传送地址都可以使用下面写数据子程序WRITE。

如果选择8位结构，则操作码2位，地址7位，相加为9位，地址就不能与操作码合并，必须分别传送。以下的写数据子程序WRITE就不适用。

3. 读出一个字节数据子程序

出口条件：读出的内容，置于累加器A

```
RD1:    MOV     R4,#08H         ;数据位数
RD10:   NOP
        NOP
        SETB    P1.0            ;时钟置高,读入数据
        NOP
        NOP
        CLR     P1.0            ;时钟置低
        MOV     C,P1.2          ;从DO将数据读入C
        RLC     A
        DJNZ    R4,RD10         ;未完继续
        RET
```

4. 写数据子程序(16位结构)

入口条件：设待写数据位于R2(高8位)、R3(低8位)，写入AT93C46的单元地址置于B。

```
WRITE:  LCALL   STABY           ;发送起始位1
        MOV     A,#30H          ;取写允许操作码见表4-6
        LCALL   WR1
        LCALL   STABY           ;发送起始位1
        MOV     A,B             ;取写入地址
        ORL     A,#40H          ;地址与写入操作码40H合并
        LCALL   WR1             ;写入
        MOV     A,R2            ;取写入的高8位
        LCALL   WR1
        MOV     A,R3            ;取写入的低8位
```

```
        LCALL   WR1
        SETB    P1.3        ;置片选无效
        NOP
        NOP
        CLR     P1.3        ;置片选有效
WAIT:   JNB     P1.2,WAIT   ;检查写入是否完成,未完等待
        LCALL   STABY       ;执行写禁止指令
        SETB    A,#00H
        LCALL   WR1
        SETB    P1.3        ;置片选无效
        RET
```

5. 读数据子程序(16 位结构)

出口条件：B 存要读出的单元地址，R2 存读出数据的高 8 位、R3 存读出数据的低 8 位。

```
READ:   LCALL   STABY       ;发送起始位 1
        MOV     A,B         ;取地址
        ORL     A,#80H      ;地址与读出操作码 80H 合并
        LCALL   WR1         ;发读操作码及地址
        NOP
        NOP
        LCALL   RD1         ;读入高 8 位
        MOV     R2,A        ;存 R2
        LCALL   RD1         ;读入低 8 位
        MOV     R3,A        ;存 R3
        SETB    P1.3        ;置片选无效
        RET
```

例 4-2　某单片机系统，运行密码 1234 存放在单片机片内存储器 21H、22H 中。1)试编一程序将密码转存入 EEPROM AT93C46 首地址为 10H 开始的连续单元。2)将上述密码取出存于单片机片内存储器 31H、32H 中。

1）存入密码

```
        MOV     B,#10H      ;取写入地址
        MOV     R2,21H      ;取密码高 8 位
        MOV     R3,22H      ;取密码低 8 位
BEGIN:  LCALL   STABY       ;发送起始位 1
        MOV     A,#30H      ;取写允许操作码见表 4-7
        LCALL   WR1
        LCALL   STABY       ;发送起始位 1
        MOV     A,B         ;取写入地址
        ORL     A,#40H      ;地址与写入操作码 40H 合并
```

```
        LCALL   WR1             ;写入
        MOV     A,R2            ;取写入的高 8 位
        LCALL   WR1
        MOV     A,R3            ;取写入的低 8 位
        LCALL   WR1
        SETB    P1.3            ;置片选无效
        NOP
        NOP
        CLR     P1.3            ;置片选有效
WAIT:   JNB     P1.2,WAIT       ;检查写入是否完成,未完等待
        LCALL   STABY           ;执行写禁止指令
        SETB    A,#00H
        LCALL   WR1
        SETB    P1.3            ;置片选无效
        AJMP    $
```

2）取出密码

```
        MOV     B,#10H
READ:   LCALL   STABY           ;发送起始位 1
        MOV     A,B             ;取地址
        ORL     A,#80H          ;地址与读出操作码 80H 合并
        LCALL   WR1             ;发读操作码及地址
        NOP
        NOP
        LCALL   RD1             ;读入高 8 位
        MOV     31H,A           ;存于 31H
        LCALL   RD1             ;读入低 8 位
        MOV     32H,A           ;存于 32H
        SETB    P1.3            ;置片选无效
        AJMP    $
```

习　题

1. 要在单片机片外扩展 16KB 数据存储器，选择其地址为 0000H ~ 3FFFH。如选用 6264 为存储器芯片，74LS138 为译码器，试画出硬件的连接图。

2. 要在单片机片外扩展 32KB 数据存储器，选择其地址为 8000H ~ 0FFFFH。如选用线选寻址法，试设计其硬件的连接图。

3. 要在单片机片外扩展数据存储器。要求地址位于 0E000H ~ 0FFFFH，试选择相应的芯片，并设计其硬件电路。

4. 编写一个程序，能够测试片外数据存储器各单元，能够正确进行读写操作。设测试地址范围为 0000H ~ 1FFFH。

5. 编写将 AT89C51 片内 RAM 30H ~ 37H 的 8 个数据写入 AT24C02 的 10H ~ 17H 单元的程序。

6. 读出 AT24C20 的 20H、21H 单元的内容，若分别等于 12、34 则将片内 RAM 的 30H 置 01H，否则置 02H。

7. 编写将 AT89C51 片内 RAM 30H ~ 37H 的 8 个数据写入 AT93C46 的 10H ~ 17H 单元。

第五章　输入输出与中断

第一节　输入输出设备与接口

一、输入输出设备

输入输出设备又称为计算机外围设备，简称外设或I/O设备。

单片机应用系统除了主机之外，还需要配备必要的输入和输出设备，以便通过这些设备实现人机联系。例如系统在运行过程中，操作人员要对系统状态进行干预，就需要通过输入设备，向计算机输入必要信息，以达到控制的目的。同时计算机系统在运行中，还需要有输出设备，用于控制系统的操作机构，或显示运行中的状态，以便操作者根据运行状态采取相应措施。

单片机应用系统常用的输入设备有按钮、键盘、各种传感器等。常用的输出设备有LED(发光二极管显示器)、LCD(液晶显示器)、微打机械、步进电动机、继电器等。

二、输入输出接口

输入输出设备与主机的连接部分称为输入输出接口，简称I/O接口。接口的连接如图5-1所示，它的作用为

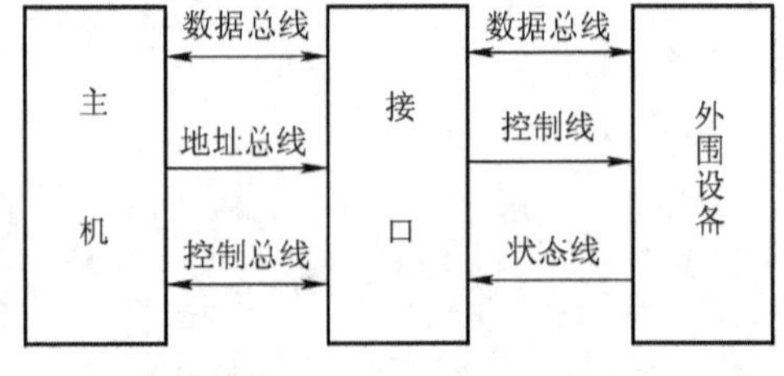

图5-1　接口的连接

(1) 隔离与寻址　一台主机通常都要接若干外设，如果让这些外设同时接在数据总线上，几个外设会同时接收到主机发出的信号或者几个外设会同时向主机发出信号，造成总线上信号相互干扰。为此外设与主机间须用接口进行隔离，要接通时必须通过地址总线进行选择，只有地址被选中的接口，才能使用主机总线，其余没有选中的则予以隔离。选中的接口，主机就可以通过控制总线对它进行控制，并通过数据总线与接口及其外设交换信息。

(2) 锁存与缓冲　所谓锁存就是接口不但在输入信号作用下，能接收主机发来的信号，并向外设输出相应的信号，而且能使输出状态保持不变，这种保存功能称为锁存。单片机执行一条指令一般只要几个微秒，而外设工作速度通常较慢，无法在一条指令的执行时间内处理完主机发来的数据，为此需要一种具有锁存功能的接口，把信号先锁存在接口中，让外设去处理。单片机无需等待外设，可以转去做其他的工作。

(3) 信号电平或形式的变换　外设种类很多，不同输入设备产生的信号电压或频率都不同，这就需要各种变换信号形式的接口，以便与主机相匹配。例如能实现TTL电平至RS-232电平变换的RS-232接口，能实现模拟量与数字量变换的A/D和D/A接口，能实现并行信号与串行信号转换的并/串转换接口等等。

“接口”的英语名称为interface，原意是分界面，外设接口是单片机总线与输入输出设

备之间的分界面，也是单片机与输入输出设备进行连接的电路。包括并行接口、串行接口、A/D 与 D/A 转换接口等等。

如果接口电路中，包含有若干个用于保存数据或状态信息的寄存器，并分别编址，对这些寄存器可以通过寻址方式进行操作，通常将这些已编址的寄存器称为“端口”，或简称为“口”。在一个接口电路中可能包含有几个“端口”。

单片机片内已经配置有若干输入输出接口，例如 AT89C51 片内就有 4 个并行接口和一个全双工串行接口。分别为 P0、P1、P2、P3 和串行通信口 UART，它们都与寄存器统一编址，只要使用寄存器的传送指令，就能向并口或串口输入或输出信息，也可以直接带动外围设备。例如使用指令 MOV　P1，#33H，就能将立即数 33H 送给 P1 口。串口缓冲器 SBUF 则通过引脚 RXD、TXD 与外部相连，同样只要使用寄存器传送指令，如 MOV　SBUF，A 或 MOV　A，SBUF 就可以从串口输入或输出信息。但由于 AT89C51 片内的 P0 和 P2 两个口，同时要作为数据总线和地址总线，当需要扩展存储器或其他功能器件时，必须利用 P0 和 P2 传递数据与地址，这时不能再用它作为普通的 I/O 口。P3 的部分口线也被定义为控制线，也不能作为 I/O 口。这样，可直接作为 I/O 口使用的只有 P1 口和 P3 部分口线。如果所设计的系统的外设数量又较多，片内接口无法满足需要，可以在片外扩展。关于并行 I/O 口的扩展方法，可参看第六章第二节内容。

第二节　输入输出的传送方式

单片机系统通过输入设备，输入数据与命令。或将运行结果或控制信号通过接口传给输出设备，用于显示或控制。信号的输入和输出总称为信息交换。单片机与输入输出设备进行这种信息交换或信息传送，通常可以使用以下三种方式。

一、无条件传送方式

这是指单片机不考虑外设的状态，随时执行输入或输出指令，向外设传送数据的一种方式。这种方式要求外围设备始终处于待命状态，不论什么时候；只要 CPU 发出指令，外设都能够接受并正确执行。

有的外设可能无法随时都处于待命状态，这时可以将输入输出指令安排在适当时刻发出，从而保证在传送数据时外设已经处于准备就绪，例如安排一定的延时后再传送。只要传送前没有向外设查询，就称之为无条件方式。或称直接传送方式。实际上所谓无条件，是指传送的时候条件已具备，所以无需考虑条件。

二、查询方式

查询方式也称为条件传送方式，这种方式在 CPU 执行输入输出指令之前，先对外围设备的状态进行查询，以判别外设是否准备就绪。如果已经准备就绪，CPU 就可以执行输入输出指令并传送数据。如果还没有准备就绪，必须继续查询，直到允许进行传送为止，其流程图如图 5-2 所示。

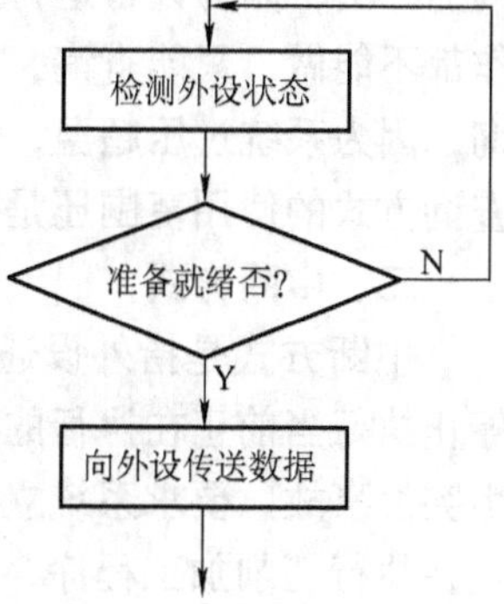

检测外设状态
准备就绪否?
N
Y
向外设传送数据

图 5-2　查询方式流程图

例 5-1　在大楼二层电梯口，装一发光二极管，试编写电梯上升到二楼位置时，能点亮发光二极管，离开二楼时，又会使发光二极管熄灭的程序。

解：由于要求电梯从一楼上升到二楼位置时，才能点亮发光二极管，而电梯什么时候开始上升，什么时候到达二楼，是根据乘客情况而定，完全是随机的。为此必须设置一个位置开关。以检测电梯是否到达二楼。开关的一对触点，一端接地，另一端接至 P0.7 的引脚，电梯上升到二楼位置，接通触点，令 P0.7 为低电平，点亮发光二极管，离开二楼位置，开关断开，P0.7 恢复为高电平，发光二极管熄灭，并继续查询是否再次到达二楼。以下是用查询方式进行控制的程序。

```
WAIT:    JB     P0.7,WAIT        ;如果 P0.7 为高电平则等待
         MOV    P1,01H           ;P1.0 为高电平
WAIT1:   JNB    P0.7,WAIT1       ;如果 P0.1 为低电平则等待
         MOV    P1,00H           ;P1.0 为低电平
         AJMP   WAIT
```

从程序中可以看出，CPU 在查询条件未满足时，暂时不做其他工作，不断重复查询，一直到条件满足可以传送为止。

不断重复查询仅适合于查询条件会很快得到满足的场合，例如将数据送到串口 SBUF，然后等待对方取走，如未取走则继续等待，这种等待不会很久，除非接收方故障。如果等待时间无法预料，程序可能长时间地处于重复查询状态，这时最好让 CPU 先去做其他工作，等方便的时候，再回头查询。这样，既可以避免重复查询，又能不失时期地进入查询状态。

例 5-2 用一个开关检测打印机是否准备就绪，开关一端接低电平，另一端接至 P0.1 的引脚，如果准备就绪，令开关闭合，P0.1 为低电平，允许将打印数据(打印数据存于 30H 内存单元)通过 P1 口送打印机，如果 P0.1 为高电平，表示打印机未准备好，CPU 可暂不传送数据，而进行其他工作，待适当时刻再回头继续查询，试编写一个查询程序。

解：

```
CHECK:   JB     P0.1,NEXT        ;如果 P0.1 为高电平则转做其他工作
         MOV    P1,30H           ;送打印数据
NEXT:    ……                      ;进行其他工作
         ……
         ……
         LJMP   CHECK
```

这种办法适合于暂时不处理也不影响大局的对象。有的实时控制系统，用以上两种办法都不适合，例如检测某容器设备内气体是否过压，运行温度是否过高，就不能用不断重复查询的办法，因为设备运行正常，可能长时间都不会过压超温，不断重复查询等于系统什么工作都不能做，只能查询，这显然是不可取的。也不能用第二种办法，等到方便之时再去查询，因为系统过压超温，需要系统立即干预，如果查询时间间隔过长，可能发生危险，所以查询方式的使用范围还是要受到一定限制。

三、中断方式

中断方式是指外设通过中断申请与 CPU 交换信息，CPU 接到外设的中断申请后，暂时停止执行当前正在执行的程序，而转去执行中断服务程序。当外设遇到发生某种事件，或发生突发事故，要求系统立即干预时，可以通过中断申请要求 CPU 立即响应。例如机床当前正在执行切削加工程序，同时外部传感器又在监视刀具的冷却液温度，一旦冷却液温度过高，传感器即发出请求中断的信号，以便中断切削加工，转去执行中断服务子程序，令机床

减速或停机，图 5-3 是中断方式流程图，可以看出，执行中断服务程序，不是主程序事先安排好的，而是由外设发出请求的。外设什么时候发出中断申请，通常都是随机的，至于发生故障或其他突然事件。更不是事先能预料到，但只要外设提出中断申请，CPU 就转到中断服务子程序中去。当然是否允许中断还需要通过程序进行控制。除突发事件外，也可以采用定时的办法，在规定的时刻到来时，或规定的计数值到来时，请求系统中断。或在串口收到信号，或串口已完成数据输送时请求中断。

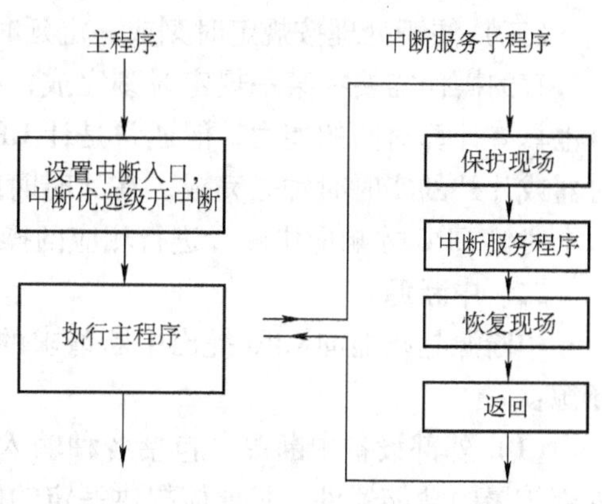

图 5-3　中断方式流程图

中断方式与查询方式比较，中断方式更适合于处理随机发生的事件，如果某种事件不一定会发生，就不必要反复地或定时地进行查询，正常的情况下，CPU 可以不顾外设情况而执行主程序，只有在外设申请中断时，才中断正在执行的主程序转为执行中断服务程序。如中断服务程序执行时间极短，在中断服务程序中又没有破坏主程序运行的状态，从使用者看来，好像计算机始终在执行主程序一样，这对提高计算机工作效率或扩大计算机的应用范围都有很大的作用。

第三节　中断的基本概念

中断就是中止当前正在运行的程序，去处理中断服务程序。当中断服务程序执行完毕后，再返回到原先被中止的主程序位置，即断点处，继续执行断点之后的程序。计算机响应中断的过程与调用子程序的过程很相似，其唯一区别是，调用子程序指令是在程序中事先安排好的；而中断请求则是由中断源随机提出，尽管中断服务程序也是事先编好的，但要不要执行，什么时候执行，则完全根据事先约定的条件随机提出。

一、中断的必要性

（一）便于并行操作，提高计算机效率

CPU 的运行速度每秒约几十万次、几百万次或更高，而有的外设运行速度与它相差好几个数量级。如果单片机要发若干个命令给外设，发一个命令都要等待外设处理完毕，然后再发下一个命令，这对 CPU 来讲是一个很大浪费。采用中断技术之后，CPU 发出命令后，可以去做自己的工作，无需等待，等外设执行完第一个命令后，请求中断，CPU 响应中断，才暂时停止现行工作去执行中断服务程序，发出下一个命令，之后 CPU 与外设又各自开始自己的工作，所以这种方式又称主机与外设并行工作方式，并行方式可提高 CPU 的利用率。

（二）便于适时控制和处理突发事件

当计算机用于实时控制时，被控对象的某些参数的变化，往往是不可预料的，有的变化达到约定状态时，要求主机有立即响应的能力，这种能力就是实时控制能力。有时对被控对象中的各种变化，要按它们的重要性划分先后次序进行处理，即所谓优先权排队。这些都能采用中断方式进行解决。特别是系统中发生故障，如突然断电、存储器出错等，既具有随机性，又要求立即处理，中断技术正是处理这类突发事件的最佳选择。

（三）便于处理按规定时刻或一定延时后进行某种操作的场合

有的操作需要在某一规定时刻完成，有的操作要求延时一定时间后进行，当然 CPU 本身也具有计算时间的能力，但通常是让 CPU 去做其他更重要的工作，而将定时工作交给定时器或片外的实时时钟去完成，在计时时间到的时候，由定时器向 CPU 请求中断，只有在这个时候 CPU 才响应中断，进行相应的操作。

二、中断源

中断源是指能向 CPU 提出中断请求的设备或事件来源。一般单片机系统有以下几种中断源：

（1）外部设备中断源　包括各种输入输出设备，例如键盘、打印机、各种传感器以及外部扩展的功能器件。只要能提供一定的电平或跳变脉冲，都可以作为外部中断源，向 CPU 请求中断。

（2）时钟或计数中断源　有些与时间或计数有关的工作，例如显示装置的定时刷新，系统状态的定时检测等，可以利用计时/计数器作为中断源，在计时“时间到”或计数“数值到”的时候，向 CPU 申请中断。如果时钟或计数设备在单片机外部，也可以认为是一种外围设备中断源。

（3）故障中断源　系统的各种故障，可以通过硬件电路，向 CPU 请求中断。

（4）通信中断源　例如使用串口通信时，可将串行接口作为中断源：当串口发出或收到一个字符时，通过硬件申请中断。

三、中断响应过程

CPU 在接到中断源的中断申请之后，其工作顺序为

1）执行完当前正在执行的指令。

2）检查中断是否允许，判中断优先级。

3）保护断点，即将当前 PC 值(下一条指令的地址)推入堆栈，以便中断返回时使用。寻找中断入口地址，转向执行中断服务程序。

4）执行中断服务程序，包括保护现场，执行中断服务程序，以及恢复现场。所谓保护现场是指中断时，把当前需要保存的某些寄存器内容保存起来。凡是中断时保护过现场的，在中断返回之前，要恢复各寄存器原先内容，这就是所谓恢复现场。

5）由中断服务程序中的返回指令，回到主程序断点处，继续执行主程序。

四、中断优先权

中断优先权也叫中断排序，它是在多个中断源的情况下，用户根据中断源的性质和重要性自行排列的先后次序。这个顺序排定之后，如果多个中断源同时提出申请，可以保证优先权高的中断源首先得到 CPU 的响应，即使 CPU 正在处理一个中断，也要暂时停止较低级的中断。响应优先权更高的中断源请求。这个过程称为中断嵌套或多重中断。对中断源进行优先权排序可以用软件或硬件的办法来实现。具体做法将在第四节中介绍。

第四节　8051 单片机的中断系统

一、8051 单片机中断源

有多少个中断源也是单片机的一个性能指标。8051 单片机可接受 5 个中断请求，其中

两个是外部中断源，外部中断源通过 INT0、INT1（P3.2、P3.3）引脚输入中断请求信号，向CPU 请求中断。两个为内部定时器中断源，当片内定时器/计数器 T0、T1 发生溢出时，通过内部逻辑向 CPU 请求中断。还有一个是片内串行口中断源。当串行口缓冲器 SBUF 发送或接收完一个字符数据时，可通过内部逻辑向 CPU 请求中断。

二、8051 单片机中断系统使用的特殊功能寄存器

8051 单片机内部有三个特殊功能寄存器与中断有关。如果所编制的程序准备采用中断控制，就必须在主程序开头部分根据需要对三个特殊功能寄存器进行赋值，或称为初始化，以便控制中断的进程。

（一）中断允许寄存器 IE

8051 单片机是否接受中断请求，以及每个中断源的中断请求是否允许与禁止，都是由中断允许寄存器 IE 进行控制，寄存器 IE 的各位定义如表 5-1 所示。

表 5-1　IE 各位定义

D7	D6	D5	D4	D3	D2	D1	D0
EA	—	—	ES	ET1	EX1	ET0	EX0

EA：中断开放标志，是中断的总开关

EA =1 CPU 允许中断请求

EA =0 CPU 禁止中断请求

ES：串行口中断允许位

ES =0 禁止串口中断

ES =1 允许串口中断

ET1：定时器/计数器 1 中断允许位

ET1 =0 禁止定时器 T1 中断

ET1 =1 允许定时器 T1 中断

EX1：外部中断源 1 允许位

EX1 =0　禁止外部中断源 1 中断

EX1 =1　允许外部中断源 1 中断

ET0：定时器/计数器 0 中断允许位

ET0 =0 禁止定时器 T0 中断

ET0 =1 允许定时器 T0 中断

EX0：外部中断源 0 允许位

EX0 =0 禁止外部中断源 0 中断

EX0 =1 允许外部中断源 0 中断

用户要根据系统要求，确定是否要中断，使用哪几个中断源，然后用传送指令或 SETB、CLR 等指令，对 IE 寄存器相应位进行赋值。这种赋值有时称之为开中断。

（二）中断优先级寄存器 IP

8051 单片机可按中断源的重要性，排成高低两级，如果将其中一个中断源定为高优先级，那么 CPU 正在执行高优先级中断服务程序的时候，任何其他的中断，包括其他优先级

或相同优先级的中断都将被屏蔽，都要等到当前正在执行的高优先级中断结束并返回主程序后，才能响应其他新的中断请求。相反，如果正在执行的是低优先级的中断服务程序，它就能够被高优先级的中断请求所打断，暂停执行当前的低优先级的中断服务程序，转去执行高优先级的中断服务程序。但如果是另一个低优先级中断请求，则不能打断同级正在执行的中断服务程序。

哪一个中断源属于哪一个优先级，可以由优先权寄存器 IP 来决定，用户可以通过对 IP 置值，赋予 5 个中断源以不同的优先级。

中断优先级寄存器 IP 的各位定义如表 5-2 所示。

表 5-2　IP 各位定义

D7	D6	D5	D4	D3	D2	D1	D0
—	—	—	PS	PT1	PX1	PT0	PX0

其中 PS、PT1、PX1、PT0、PX0 分别是串行口，定时器 T1、外部中断 1、定时器 T0 和外部中断 0 的中断优先级控制位，该位 =1 表示认定该中断源为高优先级，该位 =0，则认定其为低优先级。

对 IP 各位的赋值，同样也是用户通过主程序初始化部分。用传送指令或 SETB、CLR 指令进行设置。

由于 8051 单片机只有两个中断优先级，如果遇到多个中断源的优先级相同，即 IP 寄存器的对应位同为 1 或同为 0，则遵循谁先申请谁优先的原则，但如果多个相同优先级的中断源刚好同时发出中断请求，则响应中断的次序由内部硬件逻辑的查询顺序来确定，先查到的中断源，称为中断优先权高，后查到的中断源，称为中断优先权低，内部硬件逻辑查询的顺序，按从高到低的排列为

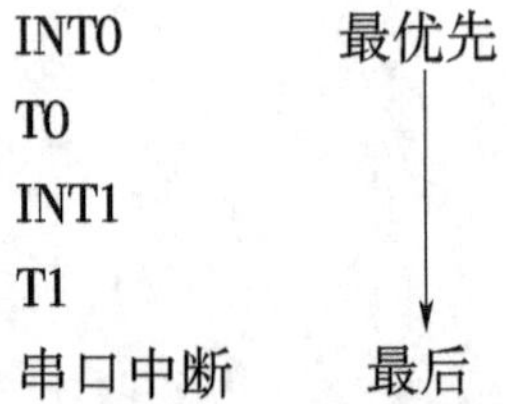

但要注意,中断优先级是可编程的,可通过对 IP 赋值决定高低。而中断优先权则不可编程的,它是由内部硬件逻辑的查询顺序所决定,并且只对两个中断优先级相同的情况下,用中断优先权决定先后。两个不同的中断优先级,肯定要先执行高中断优先级的中断,与优先权无关。

（三）定时器控制寄存器 TCON

TCON 是定时器 T0、T1 的控制寄存器，同时也是中断请求寄存器，TCON 共 8 位，与中断有关的是其中 6 位。TCON 各位定义如表 5-3 所示。

表 5-3　TCON 各位定义

D7	D6	D5	D4	D3	D2	D1	D0
TF1	TR1	TF0	TR0	IE1	IT1	IE0	IT0

TF0、TF1 是 T0、T1 的中断请求标志，T0、T1 被允许计数后，从初值开始加 1 计数，到溢出时一方面计数器加 1 回 0。一方面通过硬件使 TF0 或 TF1 自动置 1，并向 CPU 请求中断，一直保持到 CPU 响应中断后，由硬件自动将 TF0、TF1 清 0。

IE0、IE1 是外部中断源 $\overline{INT0}$ 和 $\overline{INT1}$ 请求中断的标志，外部中断源申请中断时由硬件置 1，到 CPU 响应中断时由硬件自动将 IE0、IE1 清 0。

IT0、IT1 是外部中断源触发方式控制位。

IT0、IT1 =0 定义为低电平触发方式。采用低电平触发方式 $\overline{INT0}$、$\overline{INT1}$ 必须保持低电平，直至该中断为 CPU 响应为止。

IT0、IT1 =1，定义为下降沿触发方式，采用下降沿触发方式，输入的触发脉冲从下降沿到上升沿的时间，至少要保持 12 个振荡周期。

以上 6 个位中，需要用户通过初始化程序进行定义的，只有 IT0、IT1 两位，其他 4 位都是由硬件置 0 或置 1，一般不要用户的软件参与。(TR1、TR0 作用见第六章第四节)

(四) 串口控制寄存器 SCON

SCON 是串口控制寄存器，但其中的 D0 和 D1 位是作为串口中断请求标志，所以也是串口中断请求寄存器。SCON 各位定义如表 5-4 所示。

表 5-4　SCON 各位定义

D7	D6	D5	D4	D3	D2	D1	D0
SM0	SM1	SM2	REN	TB8	RB8	TI	RI

RI：接收中断请求标志

TI：发送中断请求标志

TI 是在串口 SBUF 内数据，全部发送完毕，由内部硬件逻辑置 1，RI 是在接收数据全部放到 SBUF 后，由内部硬件逻辑置 1，无需软件参与。但本次中断处理完毕，又必须用软件置 0，否则不能进行新的中断。关于这两个位及其他各个位的使用，还要在第七章中介绍。

三、8051 单片机的中断响应过程

(一) 采样中断请求

CPU 在每一个机器周期，都要对中断源的中断请求进行采样，并在下一个周期对采样信号进行查询。采样是通过硬件进行的，如果有中断请求，TCON 寄存器中的 TF0、TF1、IE0、IE1，以及 SCON 寄存器中的 TI、RI 将置 1，作为中断标志。

(二) 对采样到的中断标志进行查询

在第一机器周期采样后，下一个机器周期即对采样信号进行查询，如果有下列三种情况，CPU 将不去响应：①正在处理同级或高一级的中断；②当前正在执行的指令尚未完成；③当前正在执行的指令是 RETI，或是正在对中断允许寄存器 IE 优先级寄存器 IP 进行设置，在这种情况下，至少要在 RETI 指令或访问 IE、IP 的指令执行完，并再执行下一条指令后，才能响应新的中断请求。

中断采样、中断查询是在每个机器周期中反复执行，如果中断标志被查询到，但被上述各条件之一所阻止，则会丢弃中断查询结果，若阻止条件撤除后，中断标志不复存在，则按无中断请求处理，原来请求是不被记忆的。所以中断请求信号要注意保持足够的时间。

（三）CPU 响应中断

CPU 响应中断后，首先要把相应的优先状态触发器置位，相当于报告自己的优先级级别，作为判断是否响应其他中断源的标准。其次要将当前的程序计数器(PC)值，即下一条指令的地址推入堆栈，接着将中断服务程序入口地址装入程序计数器(PC)，入口地址又称为中断矢量，5 个中断源的入口地址分别为

中断源	入口地址
INT0	0003H
T0	000BH
INT1	0013H
T1	001BH
串行口	0023H

以上入口地址相隔空间只有 8B，一般容纳不下中断服务程序，所以中断服务程序通常都放在另外一个地方，而在入口地址处仅仅安排一条跳转指令，通过跳转指令再转到中断服务程序所在的地址。

（四）执行中断服务程序

中断服务程序应包括保护现场、中断后必须完成的操作、恢复现场和中断返回等几项内容。要不要保护现场，决定于中断服务程序中是否使用了主程序中曾经使用过的寄存器，如果主程序使用过这些寄存器，而且中断返回后还需要使用其中保存的数据，就要在中断服务程序开头把这些寄存器的状态保护起来。直到返回时重新恢复。若为电平触发的外部中断，还要有撤除中断的操作。

从中断采样、查询、保护断点、转向中断入口地址，大约需要三个机器周期，考虑到正在执行的指令最长的执行时间为 4 个机器周期，则等待其执行完毕，还需增加 4 个机器周期。如果正在执行 RETI 指令，则等待该指令连同其下一条指令执行完毕，需增加 5 个机器周期。综上所述，从中断源发出中断请求信号，到 CPU 转至执行中断服务程序为止，需要时间最长可达 8 个机器周期。这个时间在使用中断时应该加以考虑。

（五）中断返回

中断服务程序的最后一条指令必须是 RETI，执行这条指令后，先把响应中断时被置位的优先状态触发器清零，然后从堆栈中弹出原先存入的断点，将它重新装入程序计数器(PC)，从而返回到主程序原来被中断处，继续执行被中断的主程序。

（六）中断请求的撤除

在中断返回前还要注意撤除中断请求，否则将在返回后会引起新的中断。因为中断与否取决于 TCON 和 SCON 中的中断请求标志位，所以撤除中断实际上就是将中断请求标志位清零，在寄存器 TCON 和 SCON 的定义中已做过说明。

1）对于定时/计数器 T0、T1 中断，在 CPU 响应中断后，已通过硬件电路自动将中断请求标志 TF0 和 TF1，清零，所以无需人工撤除。

2）对于串口中断，其中断请求标志是 TI 和 RI，一般在进入中断程序之后，必须在程序中用 CLR　TI 或 CLR　RI 指令将中断请求标志 TI 和 RI 清零。

3）对外部中断源，若为边沿触发方式，在 CPU 响应中断后，也会通过硬件电路自动将中断请求标志 IE0 和 IE1 清零，也无需人工撤除。若为低电平触发方式，在 CPU 响应中断

后，虽然也会通过硬件电路自动将中断请求标志 IE0 和 IE1 清零，但引脚 INT0 和 INT1 的低电位会再次将 IE0、IE1 置位，引起新的中断。因此外部中断源采用低电平触发方式时，在 CPU 响应中断后，应通过外部电路将 INT0 和 INT1 恢复为高电平。

第五节　中断程序举例

例 5-3　在 8051 单片机的 INT0 引脚外接脉冲信号，要求每送来一个脉冲，把内存单元 30H 的值加 1，若计满则进位 31H 单元。试利用中断结构，编制一个脉冲计数程序。

采用中断方法编制的程序，一般要包括以下几个内容：

1）主程序中，必须有一个初始化部分，用于设置堆栈位置、定义中断的触发方式以及对中断优先寄存器 IP、中断允许控制寄存器 IE 进行赋值，在本例中，因为只需要编写一个脉冲计数的中断程序，IP、IE 各个位并没有全部用上，所以可用位操作指令，只对用到的有关位进行赋值。

2）在中断服务程序的入口地址(中断矢量)，填写一条转移指令，使得中断后能立即执行中断服务程序。

3）中断服务程序的首地址，应是中断矢量中调用指令所标明的地址。在中断服务程序中应包括保护现场、中断返回的指令。

主程序部分：

```
        ORG     0000H
        AJMP    MAIN        ;设置主程序入口
        ORG     0003H       ;外部中断入口
        AJMP    SUBG        ;设置中断服务程序入口
        ORG     0100H
MAIN:   MOV     A,#00H      ;30H、31H 清零
        MOV     30H,A
        MOV     31H,A
        MOV     SP,#70H     ;设置堆栈指针
        SETB    IT0         ;设 INT0 为边沿触发
        SETB    EA          ;开中断
        SETB    EX0         ;允许 INT0 中断
        AJMP    $           ;等待中断
```

中断程序部分：

```
        ORG     0200H       ;中断服务子程序
SUBG:   PUSH    ACC         ;保护现场
        INC     30H
        MOV     A,30H
        JNZ     BACK
        INC     31H
BACK:   POP     ACC         ;恢复现场
```

```
        RETI                ;返回
```

例 5-4 设计一个比赛抢答器，电路如图 5-4 所示，P1.0 ~ P1.3 分别接按钮 S_1 ~ S_4，当其中任何一个按钮按下时，都能立即从 P3.3 发出铃声信号，并点亮相应的发光二极管。即 S_1 点亮 VL1，S_2 点亮 VL2，S_3 点亮 VL3，S_4 点亮 VL4。

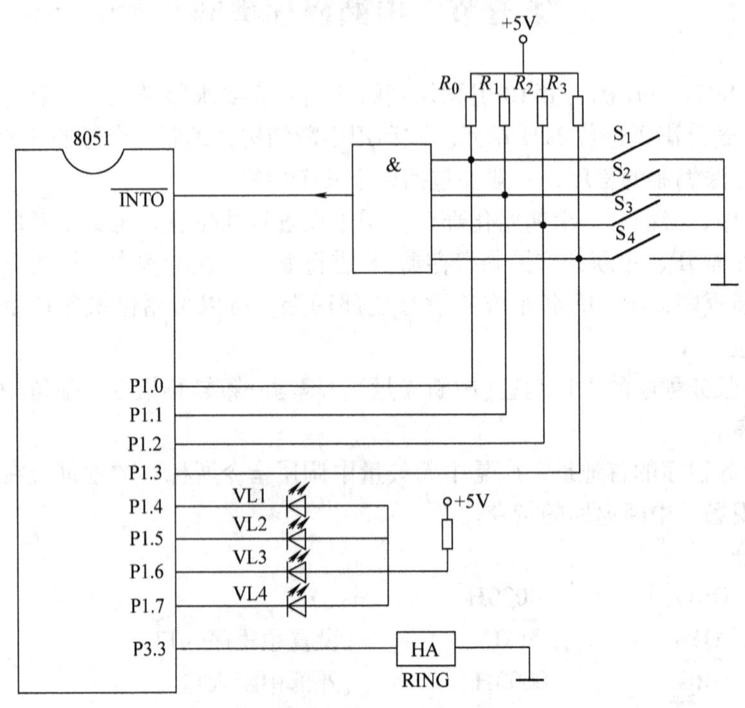

图 5-4 例 5-4 电路图

主程序部分：

```
          ORG     0000H
          LJMP    START
          ORG     0003H
          LJMP    ZDP
          ORG     0100H
START:    MOV     SP,#70H
          SETB    IT0
WAITOFF:  SETB    P3.3
          SETB    EA
          SETB    EX0
          SJMP    $
DELAY:    MOV     R6,#0FFH
DE2:      MOV     R7,#0FFH
DE1:      DJNZ    R7,DE1
          DJNZ    R6,DE2
```

```
                RET
RING:           MOV         R5,#20H
RIN0:           MOV         R6,#60H
RIN1:           MOV         R7,#0F0H
RIN2:           DJNZ        R7,RIN2
                CPL         P3.3
                DJNZ        R6,RIN1
                DJNZ        R5,RIN0
                RET
```

中断程序部分：

```
ZDP:    MOV     A,P1        ;中断服务程序查哪个按钮按下
        ANL     A,#0FH
        SWAP    A           ; 转换为点亮发光管信号
        ORL     A,#0FH
        MOV     P1,A
        LCALL   RING        ;响铃
        LCALL   DELAY
        RETI
```

第六节　中断的扩展

一、外部中断的扩展

8051 单片机的 INT0、INT1 引脚，允许接入两个外部中断，如果超过两个，可以用 I/O 口替代，然后通过软件查询，决定中断入口。图 5-5 表示用一个外部中断引脚扩展成 4 个中断源的接线图。

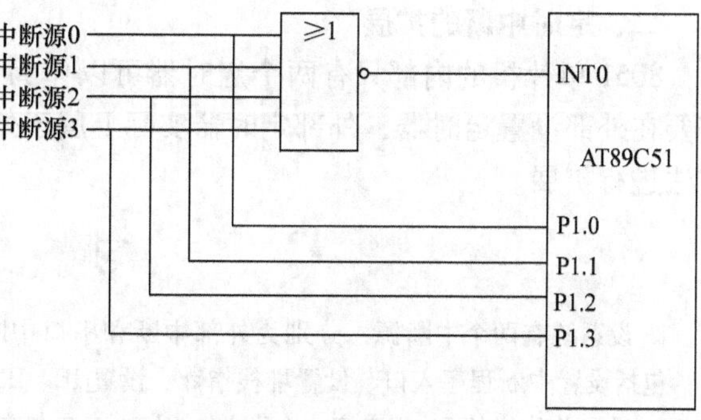

图 5-5　外部中断的扩展

图中 P1.0 ~ P1.3 任何一个令 INT0 为低电平都可以引起中断，然后用查询方法寻找中断源，并根据查询先后决定 4 个中断源的优先次序，最先查到的为最优。

相应的程序为：

```
        ORG     0000H
        LJMP    START
        ORG     0003H
        LJMP    ZDINT0          ;INT0 中断入口地址
        ORG     1000H
START:  MOV     SP,60H          ;设置堆栈指针
```

```
        ORL     TCON,#01H      ;INT0 设置为边沿触发方式
        SETB    PX0            ;INT0 设置为高优先级
        MOV     IE,0FFH        ;开放所有中断
        ……                     ;执行主程序
        ORG     1500H
ZDINT0: CLR     EA             ;禁中断
        PUSH    ACC            ;保护现场
        JB      P1.0,ZD0       ;判断是否中断源 0 申请中断
        JB      P1.1,ZD1       ;判断是否中断源 1 申请中断
        JB      P1.2,ZD2       ;判断是否中断源 2 申请中断
        JB      P1.3,ZD3       ;判断是否中断源 3 申请中断
BACK:   POP     ACC            ;恢复现场
        SETB    EA             ;开中断
        RETI
ZD0:    ……                     ;执行中断 0 的任务
        LJMP    BACK
ZD1:    ……                     ;执行中断 1 的任务
        LJMP    BACK
ZD2:    ……                     ;执行中断 2 的任务
        LJMP    BACK
ZD3:    ……                     ;执行中断 3 的任务
        LJMP    BACK
```

二、定时中断的扩展

8051 单片机的内部只有两个定时器可以作为中断源，如果系统需要多个定时中端，则需要在外部设置定时器，外部定时器实际上属于外部中断源，因此可以按扩展外部中断源的方法进行扩展。

习　题

1. 设系统有两个中断源，分别为外部中断和串口中断，要求串口中断为优先，试编制它的初始化程序，包括设置中断程序入口、设置堆栈指针、设置 IE、IP 寄存器有关位的值。

2. 设在单片机的 P1.0 口接一个开关，用 P1.1 口控制一个发光二极管。要求当开关按下时 P1.1 口能输出低电平，控制发光二极管发亮，编制一个查询方式的控制程序。如果开关改接在 INT0 口，改用中断方式，编一个中断方式的控制程序。

3. 用两个开关控制一盏楼梯路灯，不论路灯处于亮状态还是暗状态，任何一个开关都可以使它状态发生改变，即原来路灯为亮，按下任一开关可以变暗，原来为暗，按下任一开关可以变亮，拟用单片机控制，两个开关分别接 INT0 和 INT1，采用中断方式编制一个控制程序。如果用接在 P1 口的 4 个开关控制这盏楼梯灯，并采用查询方式编一个 4 开关的控制程序。

第六章 并行接口与定时/计数器

第一节 8051 单片机的片内并行接口

一、片内并行接口的结构

8051 单片机的片内有 P0、P1、P2、P3 共 4 个并行接口，8051 的接口是和存储器统一编址的，所以四个并行接口都是以特殊功能寄存器的形式出现，把地址设在特殊功能寄存器区内，即 80H、90H、AOH 和 BOH。

（一）P0 口

P0 口是一个 8 位三态双向口，图 6-1 是其中一个位的结构，其他位相同。图中有一个用来锁存写入 P0 口数据的写锁存器、一个选择 I/O 口或地址/数据总线的多路开关 MUX、两个输出驱动管 V1 和 V2 和两个可控的门电路等。当 MUX 接 B 时可以作为通用的 I/O 口使用，扩充片外器件时，MUX 接 A 时，作为地址/数据总线复用口。

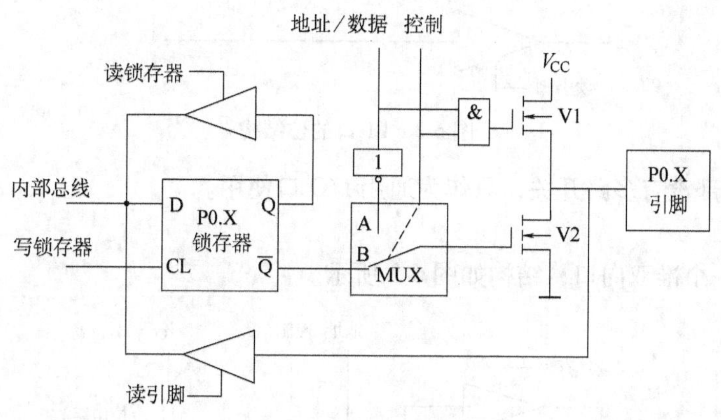

图 6-1 P0 口的位结构

1. 作为通用 I/O 口使用

多路开关 MUX 指向锁存器的 $\overline{Q}$ 端，P0 口将作为通用 I/O 口使用。CPU 发控制电平“0”，封锁与门使 V1 截止。如果是作为输出口，向 P0 口写入“1”时，$\overline{Q}$ 为 0，V2 截止，输出引脚浮空，呈高阻态，需要外接上拉电阻才能输出高电平。写入“0”时，$\overline{Q}$ 为 1，V2 导通，输出低电平。

如果作为输入口使用，应先向锁存器写“1”，否则 V2 导通，不论引脚输入状态如何，都会视之为低电平。写“1”之后，引脚成为高阻抗输入端，然后通过读引脚控制信号，将引脚信号读入内部总线。

2. 作为地址/数据总线使用

如果在片外扩充了并行器件，P0 只能作为地址/数据的复用口。在执行访问片外器件的指令时，多路开关 MUX 指向地址/数据总线，分时输出低 8 位地址和数据。低 8 位地址来自内部的工作寄存器 R0 或 R1，或来自 PCL 或 DPL，P0 口出现低 8 位地址时，要用 ALE 信号的负跳变把它锁存在外部地址锁存器，而后引脚转作输出数据，构成地址/数据复用总线。

（二）P1 口

P1 口是一个准双向口，结构如图 6-2 所示，它与 P0 相比，有如下差别。

1）没有上拉场效应晶体管 V1，而改用上拉电阻 R，因此在 P1 作为输出口使用时，不要再外接上拉电阻，写入 1，输出驱动场效应晶体管 V2 截止，引脚由内部上拉电阻拉成高电平。写入 0，驱动场效应晶体管 V2 导通，输出低电平。

P1 作为输入口时，也要先写入“1”，将驱动场效应晶体管 V2 截止，但因为有了内部上拉电阻，引脚电位可能会被外电路阻抗拉低，为此 P1 口只能称为准双向口。

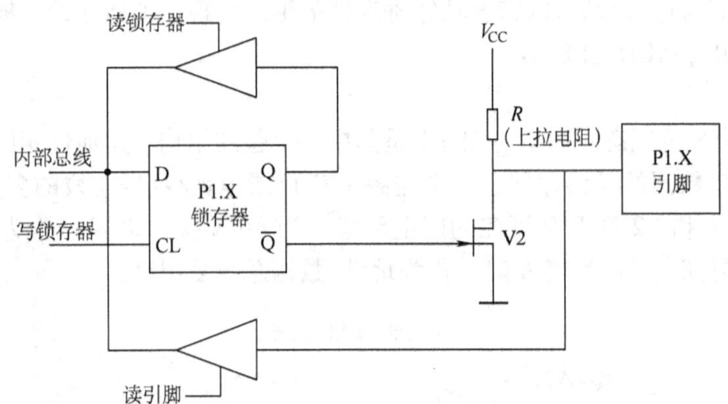

图 6-2　P1 口的位结构

2）P1 口内部没有多路开关，只作为通用 I/O 口使用。

（三）P2 口

P2 口也是一个准双向口，结构如图 6-3 所示。

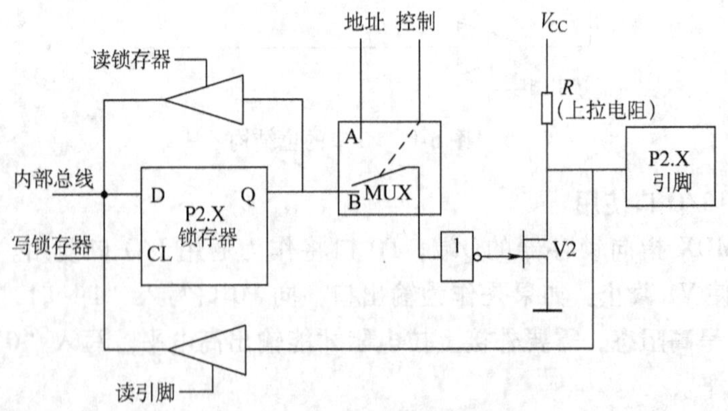

图 6-3　P2 口的位结构

作为通用 I/O 口使用时。内部控制线将多路开关 MUX 指向锁存器 Q 端。如果作为输出口，写入“1”时，Q 为 1，V2 截止，上拉电阻使引脚输出高电平。写入“0”时，Q 为 0，V2 导通，输出低电平。如果作为输入口，也应先向锁存器写“1”工作过程和 P1 口相同。

与 P1 不同的是有一个多路开关，当系统扩展时，内部控制线将多路开关 MUX 指向地址总线，作为高 8 位地址的输出口，用于输出来自 PCH、DPH 或 P2 本身输出锁存器中的高 8 位地址。

（四）P3 口

P3 口也是一个准双向口，其结构如图 6-4 所示。它有两个功能：

1. 第一功能

P3 口的第一功能是作为通用 I/O 口使用，当第二功能输出控制线为高电平时，与非门 A 的输出完全取决于锁存器的状态，这时的工作过程和 P1 口完全一样。

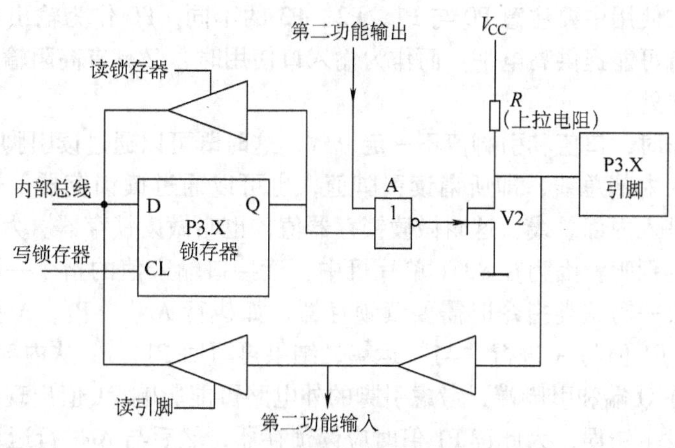

图 6-4 P3 口的位结构

2. 第二功能

P3 口作为第二功能时各脚定义如下：

P3. 0	RXD	（串口输入）
P3. 1	TXD	（串口输出）
P3. 2	$\overline{\text{INT0}}$	（外部中断输入）
P3. 3	$\overline{\text{INT1}}$	（外部中断输入）
P3. 4	T0	（定时器 0 外部输入）
P3. 5	T1	（定时器 1 外部输入）
P3. 6	$\overline{\text{WR}}$	（片外数据存储器写控制信号输出）
P3. 7	$\overline{\text{RD}}$	（片外数据存储器读控制信号输出）

从各脚定义可看出，第二功能有的是输出，有的是输入，如是输出，相应的口锁存器必须为“1”状态，此时，与非门 A 的输出完全取决于第二功能输出线的状态。这个状态经与非门 A、输出驱动管 V2 送到该位的引脚。

如用于输入，相应的口锁存器和第二功能输出端都必须为“1”状态，引脚的输入信号，经缓冲器接至第二功能输入线。

二、片内并行接口的使用

（一）作为通用 I/O 口使用

因为 MCS-51 指令系统中没有专用的输入输出指令，P0、P1、P2、P3 作为通用 I/O 口使用时；可以像对存储单元一样，使用传送指令，向它传送数据，例如要把 R1 值送 P1 口输出，可用指令

```
MOV   P1,R1
```

要从 P1 口输人数据到累加器,可使用指令

```
MOV   P1,#0FFH        ;作为输入口使用应先向锁存器写“1”
MOV   A,P1
```

为什么输出只要用一条指令，而输入要用两条指令呢？上面已提到，如果接口的输出驱动管 V2 处于导通状态，这时不论并口输入脚是 0 还是 1，其信号都将被 V2 接地，输入都将为 0。为此作输入时，应先向并口写“1”，让 V2 管处于截止状态，才能从引脚读入真实的输入值。另外，在使用中要注意 P0 与 P1、P2、P3 的不同，P0 作为输出口使用时，必须外接上拉电阻，才有可能提供高电平，而作为输入口使用时，又具有高阻输入特性。这也是双向和准双向不同之处。

在执行读操作时，口值和引脚值不一定一致，这时既可以通过读引脚信号，使引脚数据经下方控制门进入内部总线，即所谓读引脚值，也可以通过读锁存器信号，使锁存器的 Q 端经上方控制门进入内部总线，这叫做读锁存器值，也叫做读锁存器。为什么在并口中存在读引脚和读口的区别呢？因为在 8051 单片机中，读接口输入值的指令一般都是读引脚，只有在执行读—修改—写这类指令时需要读锁存器，如执行 ANL P1，A 指令，CPU 要先读入 P1 值；然后把 P1 值与 A 进行“与”运算，结果再写回 P1，P1 从内部总线加到 D 端时，数据会同时出现在 Q 端和引脚端，考虑引脚的外电路可能影响 P1 值出现的时间，如果从引脚读入，可能会发生错误，为此读 P1 值时应读锁存器，然后与 A 进行运算，再写入 P1。

（二）作为地址/数据总线使用

当系统扩展时，P0 口改作低 8 位地址/数据的复用总线，P2 口改作地址高 8 位地址的总线。很显然，这时 P0 口和 P2 口都不能作为通用 I/O 口。

片内没有程序存储器时(例如 8031)就一定要在外部扩展程序存储器，这时 P0 和 P2 也要被数据和地址总线所占用，不能再作一般通用的 I/O 口使用。不过片内没有程序存储器的单片机已被淘汰。

（三）对并口进行位操作

我们已经知道 P0 ~ P3 的 4 个并口的字节地址为 80H、90H、AOH、BOH。这 4 个地址值都能被 8 整除，所以它们都能位寻址，都能实施位操作。利用位操作指令，可以对 P0 ~ P3 口的每一位分别进行传送，置位、查询或逻辑运算。

例如要使 P1.0 = 1，当然可以用 MOV P1，#01H 这个指令；但使用这个指令会牵涉到 P1 另外 7 位，倘若原来 P1.2 已等于 1，而且不允许在改变 P1.0 时，影响 P1.2 的值；那么上面这条指令就要改为 MOV P1，#05H，或用 ORL P1，#01H。可见，使用传送指令改变一个位的状态的同时，要考虑到其他位的状态，不能因传送一个位而影响其他位。

如果使用位操作指令对 P1.0 置 1，因为执行这个指令时只对一个位操作，肯定不会影响别的位，可以避免因考虑不周，造成不良后果。例如要 P1.0 置 1，可以用指令 SETB P1.0，特别是对位进行逻辑运算时，如果把其他位牵扯在一起，后果更难预测，使用位操作指令，则没有这个问题。

（四）P3 口作第二功能使用

只有 P3 口除了可以作通用 I/O 口外，还可以提供第二功能，P3 口的各个位，是作为通用口使用；还是作第二功能使用，这取决于对有关特殊功能寄存器初始化情况，即取决于是

否启用第二功能。

另外在使用中要注意它们的负载能力，P0 口的负载能力为 8 个 LSTTL(1 个 LSTTL 的低电平驱动电流为 0.36mA，高电平的驱动电流为 20μA)，P1、P2、P3 的负载能力为 4 个 LSTTL 电路。

第二节　并行接口扩展与 8255A 并行接口芯片

51 系列单片机把片内并行 I/O 口作为片内 RAM 对待，传送数据时也是使用片内寄存器传送指令。在片外扩展并行 I/O 口，也可视之为在片外扩展存储器，不但连接方法与连接片外存储器方法相似，而且在安排地址空间时，也要跟片外存储器统一安排，不使重叠。向片外扩展的并行 I/O 口传送数据也跟向片外存储器传送数据一样，使用 MOVX 类的指令。由于扩展接口，和确定片外存储器地址一样，可以用线选法除选通线为 0 外其他一律为 1。例如使用三态门电路 74LS244 扩展输入口，74LS244 内部有 8 位三态门电路，如图 6-5 所示。可以从高位地址线 P2 中选出一根与控制线 RD 相与后接 74LS244 的 G 引脚，选通三态门电路。若选用 P2.7，则接口地址可选定为 07FFFH，选用 P2.6，则接口地址可选定为 0BFFFH。当然要注意不与其他的 I/O 口或片外存储器所占用的区间相重叠。即没有被其他接口或片外存储器所占用。

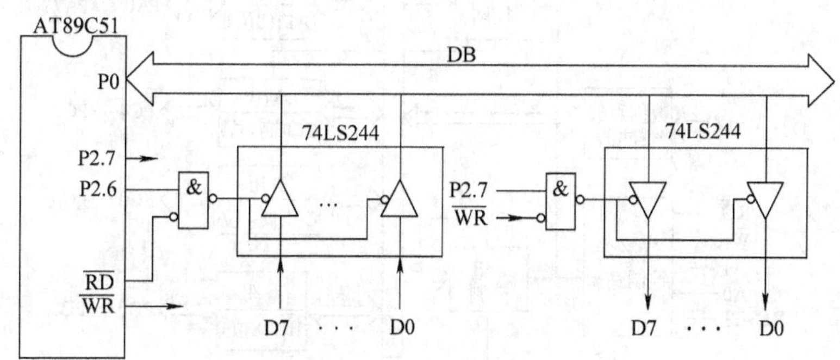

图 6-5　用三态门扩展 I/O 口

要把累加器 A 中的内容传送给 74LS244，可使用以下程序：

```
MOV     DPTR,#07FFFH
MOVX    @DPTR,A
```

或

```
MOV     DPTR,#0BFFFH
MOVX    A,@DPTR
```

也可以用 D 触发器电路 74LS373 扩展输出口，如图 6-6 所示，传送数据时可使用以下程序：

```
MOV     DPTR,#07FFFH
MOVX    @DPTR,A
```

或

```
MOV     DPTR,#0BFFFH
```

MOVX A,@DPTR

用三态门或触发器扩展I/O口，传送方向是不能更改的。如果要想能通过程序改变端口的传送方向，就必须选用可编程的接口芯片，例如接口芯片8255A。

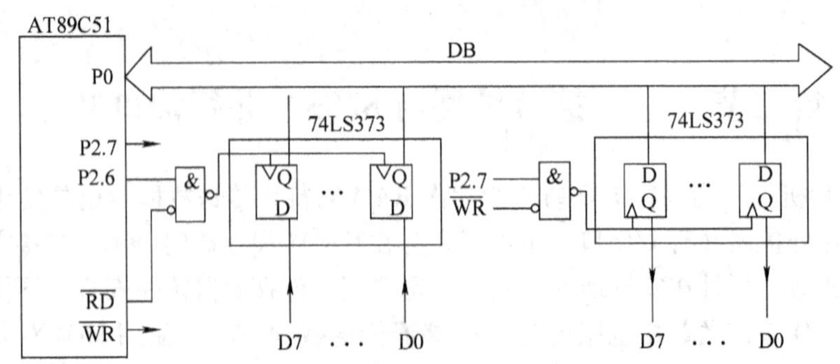

图6-6 用D触发器扩展I/O口

一、8255A的结构与工作方式

8255A属于可编程的并行接口芯片，它有A、B、C三个并行I/O口，每个口可以通过初始化，使之工作在以下三种方式，它的内部结构如图6-7所示。

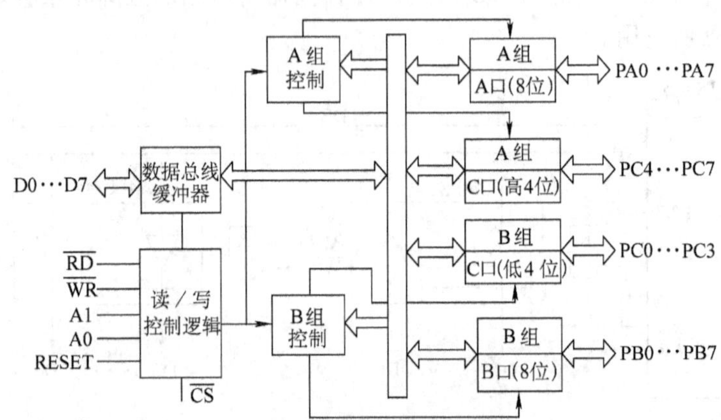

图6-7 8255A内部结构框图

(一) 方式0(即基本的输入输出方式)

方式0没有提供选通和应答信号或其他联络信号，所以又称为简单的输入输出方式，或称为基本的输入输出方式。工作于这种方式时，可以通过编程把各个通道指定为输入口或输出口，其中A、B两通道可以指定为8位口，C通道可指定为两个4位口，作输出时有锁存器，输入时无锁存器。

(二) 方式1(选通输入输出方式)

这种工作方式可以通过联络信号，选通动态数据。可以通过编程分别定A、B两通道为输入口或输出口。C通道则分成两组，分别作为A通道和B通道的联络应答信号口，C通道剩下的两位仍可作为基本输入或输出口，在方式1工作时，输入输出均可锁存。

(三) 方式2(双向传送方式)

在数据传输中，通常既需要输入，也需要输出。如果外设只有8条数据线，若要求这8条线既要承担输入任务，又要承担输出任务，即称为双向传送。双向传送时必须有输入的联络信号，包括选通与应答，还要有输出的联络信号。在8255A中只有A通道可以工作于这种方式，当A通道工作于方式2时，指定C通道中的高5位作为A通道的联络信号，C通道剩余的低3位，既可以指定它作为B通道工作于方式1时的联络信号，也可在B通道工作于方式0时指定它为基本的输入或输出口。

二、8255A的引脚功能

8255A采用40脚双列直插式管壳封装，引脚如图6-8所示。

（一）数据线D0～D7

是一组双向数据总线，可与CPU的数据总线相连。

（二）I/O线PA0～PA7、PB0～PB7、PC0～PC7

8255A有A、B、C三个通道，每个通道有8根I/O线可以与其他外设相连。

（三）地址选择线A0、A1和片选线$\overline{CS}$

A0、A1用于8255A芯片的片内寻址，A1、A0的不同组合，指向片内不同的寄存器。

A1	A0	选中的寄存器
0	0	A口的数据寄存器
0	1	B口的数据寄存器
1	0	C口的数据寄存器
1	1	控制字寄存器

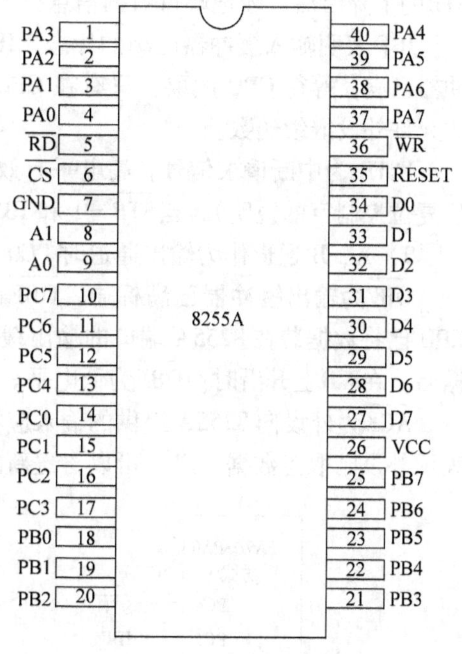

图6-8 8255A引脚图

一般情况下，A1、A0与CPU的地址总线的最低位A1、A0相连，CPU的高位地址线可以闲置也可以通过译码器接8255A的$\overline{CS}$，它与A0、A1一起决定8255A的地址，例如8051单片机的地址总线与8255A按图6-9连接，设未用的地址线取1，则8255A的地址为7FFCH(A口)、7FFDH(B口)、7FFEH(C口)、7FFFH(控制口)，按图6-9连接，实际上占用从0000H～7FFFH全部空间。

（四）控制线

$\overline{RD}$为读信号，当$\overline{RD}$为低电平时，CPU从8255A读进数据。$\overline{WR}$为写信号，当$\overline{WR}$为低电平时，CPU将信息或数据送到8255A。

RESET为复位信号，高电平有效，8255A复位后，A口、B口、C口均置为输入方式(高阻状态)。

三、不同工作方式时PC口的功能

8255A与单片机的连接在不同工作方式时，C口的PC0～PC7有不同的功能，图6-10表示在不同工作方式，且A、B口分别设定为输入或输出时，PC0～PC7各

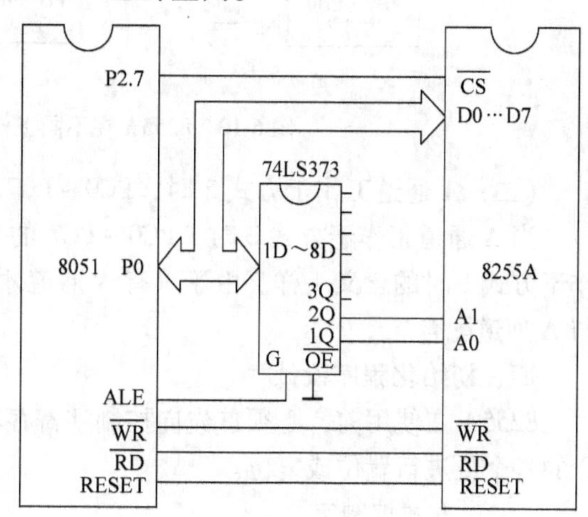

图6-9 8255A与单片机的连接

个位所承担的功能。

（一）A、B 通道工作于方式 1 时 PC0 ~ PC7 功能

1）A、B 通道作为输入通道时 PC0 ~ PC7 的分配如图 6-10a 所示。$\overline{STB}$为外设向 8255A 提供的输入选通信号，当外设数据稳定在数据线后，向$\overline{STB}$输入低电平，8255A 必须在收到$\overline{STB}$的下降沿后，才把端口数据信息打入端口锁存器。

IBF 表明输入缓冲器已满的标志，IBF 是 8255A 向外设输出的信号，高电平表示端口缓冲器已满，等待 CPU 读取，只有在 CPU 读取之后，上升沿使 IBF 为低电平，表示已读完，才允许外设继续送数。

INTR 为中断请求信号。高电平有效，由 8255A 发出。在中断允许的条件下（见 C 口置位复位控制字的说明），当$\overline{STB}$ = 1 和 IBF = 1 时，INTR 被置 1。

2）A、B 通道作为输出通道时 PC0 ~ PC7 分配如图 6-10b 所示。

$\overline{OBF}$为输出缓冲器已满标志，$\overline{OBF}$也是 8255A 向外设输出的信号，低电平有效，表示 CPU 已将数据装在 8255A 端口的输出缓冲器中，通知外设可以取数。CPU 向 8255A 写入数据后，在$\overline{WR}$上升沿时使$\overline{OBF}$为低电平。

$\overline{ACK}$为外设向 8255A 提供的输入应答信号，外设把端口数据取走之后，$\overline{ACK}$为低电平，表示外设已取走数据，CPU 可以再送新的数据。

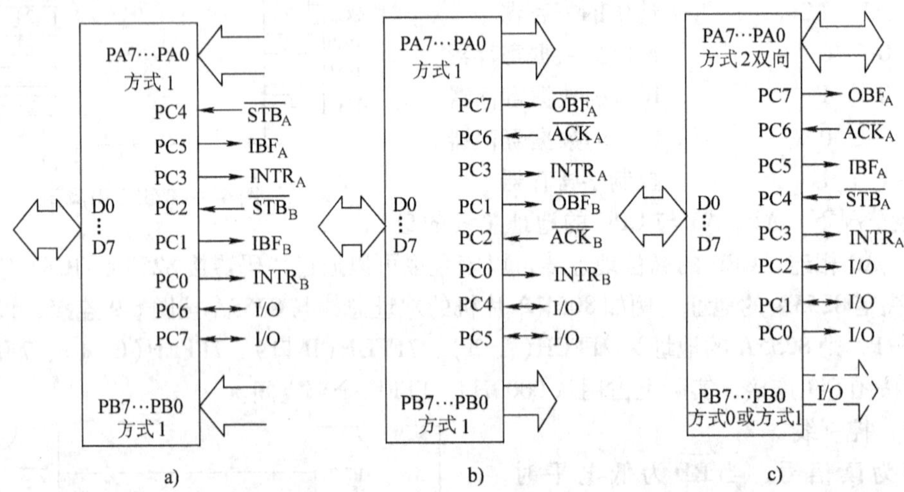

图 6-10　8255A 在不同工作方式时 PC0 ~ PC7 的功能

（二）A 通道工作于方式 2 时，PC0 ~ PC7 的使用分配

当 A 通道工作于方式 2 时，PC0 ~ PC7 的分配如图 6-10c 所示。图中各功能的含义与工作于方式 1 时的含义一样。由于只有 A 通道才能工作于方式 2，所以所有的应答联络线都是与 A 通道配合。

四、初始化程序设计

8255A 在使用前，必须首先向控制字寄存器写入控制字，说明各口的工作方式，或对口 C 的各个位进行置位或复位。

（一）方式控制字

方式控制字定义如表 6-1 所示。

表 6-1　方式控制字定义

D7	D6　D5	D4	D3	D2	D1	D0
标志位	A 口 方式	A 口 I/O 选择	C 口 高 4 位 I/O	B 口 方式	B 口 I/O 选择	C 口 低 4 位 I/O

D7 必须为 1，它是方式控制字标志；

D6、D5 =00，A 口工作于方式 0；D6、D5 =01，A 口工作于方式 1；D6、D5 =10，A 口工作于方式 2；

D4 =0 选择 A 口为输出；D4 =1 选择 A 口为输入；

D3 =0 选择 C 口的高 4 位为输出，D3 =1 为输入；

D2 =0 选择 B 口工作于方式 0，D2 =1 选择 B 口工作于方式 1；

D1 =0 选择 B 口为输出，D1 =1 选择 B 为输入；

D0 =0 选择 C 口的低 4 位为输出，D0 =1 为输入。

以下列初始化程序为例，设控制字寄存器地址为 7FFF，向该寄存器输入#95H，程序如下：

```
MOV     DPTR,#7FFFH
MOV     A,#95H
MOVX    @DPTR,A              ;设控制字寄存器地址为 7FFFH
```

这段初始化程序表示，8255A 的 A 口工作于方式 0、输入。B 口工作于方式 1、输出，C 口的高 4 位作为输出，低 4 位作为输入。

（二）C 口置位复位控制字

8255A 的 C 口具有位操作功能，将一个置位复位控制字写入 8255A 的控制口，就可以对 C 口的某个位置 1 或置 0。置位复位控制字定义如表 6-2 所示。

表 6-2　C 口置位复位控制字定义

D7	D6　D5　D4	D3　D2　D1	D0
标志位	无效位	PC0 =000　PC4 =100 PC1 =001　PC5 =101 PC2 =010　PC6 =110 PC3 =011　PC7 =111	置位 =1 复位 =0

表中 D7 必须为 0，它是 C 口置位复位控制字的标志，表示它是置位复位控制字，而不是方式控制字。D6、D5、D4 为无定义位，可以全部置 0。D3、D2、D1 是操作位的选择字，表示要对哪个位进行置位或复位，例如要对 PC2 进行置位，D3、D2、D1 的值应为 010。D0 是表示操作内容，即对 D3、D2、D1 所指定的位进行置位或复位，置位操作 D0 =1，复位操作 D0 =0。例如要使 PC7 置 1，初始化程序应为

```
MOV     DPTR,#7FFFH          ;送控制口地址
MOV     A,#0FH
MOVX    @DPTR,A              ;控制字为 00001111
```

C 口的置位复位控制字可对 A、B 口进行开放中断或禁止中断的操作；表 6-3 标出不同工作方式时，开中断时应予以置 1 的位。例如 A 口工作于方式 1，输入方式，开中断时应将 D3、D2、D1 置 100(PC4)，置 1 操作应将 D0 置 1，对应控制字应为 09H。

表 6-3　中断允许置 1 位

端口	工作方式	开中断应置 1 位	端口	工作方式	开中断应置 1 位
A 口	方式 1、输入 方式 1、输出	PC4 PC6	A 口	方式 2、输入 方式 2、输出	PC4 PC4
B 口	方式 1、输入 方式 1、输出	PC2 PC2			

五、应用实例

例 6-1　用 8255A 作为打印机接口，电路连接如图 6-11 所示。图中的打印机$\overline{\text{STB}}$是 CPU 要求打印机选通的信号(这里的 STB 是打印机的,不是 8255A 的)。BUSY 为打印机是否就绪的应答信号，DB0 ~ DB7 为字符数据输入端，接 8255A 的 A 口。送字符数据前 8255A 可以先向打印机的$\overline{\text{STB}}$送出一个负脉冲，表示准备送字符数据，若打印机的应答信号 BUSY = 1，表示打印机正忙，必须继续等待，若，BUSY = 0，表示打印机就绪，可通过 8255A 的 A 口向打印机送数据。

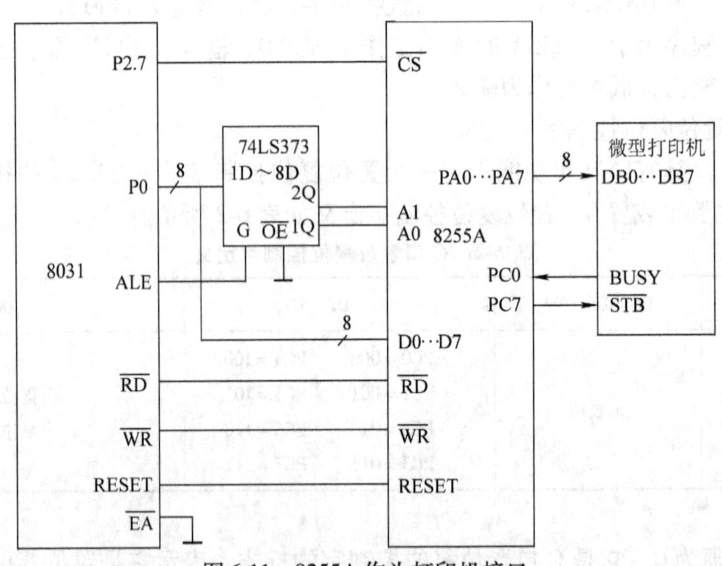

图 6-11　8255A 作为打印机接口

设 8255A 的端口地址为 7FFCH ~ 7FFFH，欲打印的数据存放在片内 RAM 中，首地址为 20H，数据长度为 50H，各个口的工作状态分别为

A 口：地址为 7FFCH　采用方式 0、输出 AT89C51 将数据送 A 口，A 口直接连打印机

B 口：地址为 7FFDH　无关

C 口：地址为 7FFEH　高 4 位(PC7 ~ PC4)为输出，低 4 位(PC3 ~ PC0)为输入，用于传送 8255A 与打印机的联络信号，其中 PC7 接打印机的$\overline{\text{STB}}$，PC0 接打印机的 BUSY。由于 A

口设定为方式0，无联络应答信号，所以在图中指定 PC7　PC0 作为8255A 与打印机的连络信号口

控制口：地址为7FFFH

先将 PC7 置高电平，然后查询 BUSY 状态，只有当 BUSY 为低电平时，向打印机送一个字符，其程序如下：

```
        MOV     DPTR,#7FFFH
        MOV     A,#81H:             ;各口皆工作于方式0
        MOVX    @DPTR,A
        MOV     A,#0FH              ;通过C口置位复位控制字令PC7为高
        MOVX    @DPTR,A
        MOV     R1,#20H
        MOV     R7,#50H
LOOP:   MOV     DPTR,#7FFEH
LOOP1:  MOVX    A,@DPTR             ;检查打印机是否准备就绪
        JB      ACC.0,LOOP1
        MOV     DPTR,#7FFCH
        MOV     A,@RI
        MOVX    @DPTR,A             ;送一个字符给打印机
        INC     R1
        MOV     DPTR,#7FFFH
        MOV     A,#0EH              ;通过C口置位复位控制字令PC7为低
        MOVX    @DPTR,A
        NOP
        NOP
        MOV     A,#0FH              ;通过C口置位复位控制字令PC7为高
        MOVX    @DPTR,A
        DJNZ    R7,LOOP
        SJMP    $
```

第三节　控制系统常用的外设接口

一、显示器接口

单片机控制系统，常用 LED 数码管作为字符显示器。LED 字符显示器的 8 个字段由 8 个发光二极管组成，如图 6-12a 所示，其电路如图 6-12b、c 所示，其中图 b 为共阴极结构，图 c 为共阳极结构。图中的二极管经引脚 a ~ g 及 dp 可与 I/O 口的输出线相连，公共端则接 +5V 电源或接地，当 I/O 接口的各个位，输出不同电平时，就会使不同字段的二极管发光，显示出不同的字符。表 6-4 表示要显示各种不同字符，口线需要输出的对应数码，这个数码称为七段码(若增加小数点显示,则为八段码)。

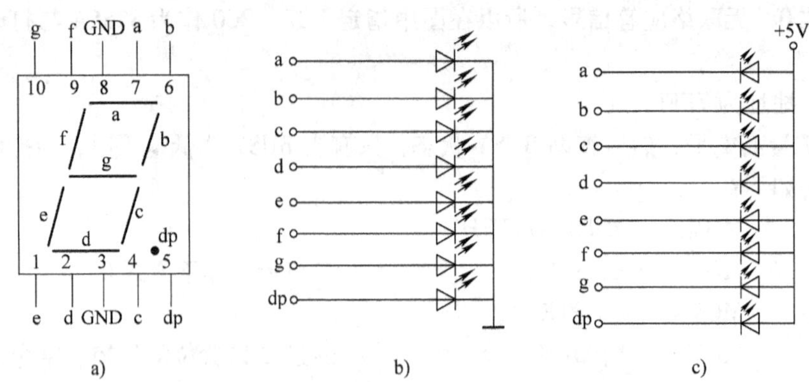

图 6-12　LED 显示器

a）外形与引脚　b）共阴极结构　c）共阳极结构

对字段的控制方式如表 6-4 所示。

表 6-4　七段码表

显示字符	共阴极段码	共阳极段码	显示字符	共阴极段码	共阳极段码
0	3FH	C0H	A	77H	88H
1	06H	F9H	B	7CH	83H
2	5BH	A4H	C	39H	C6H
3	4FH	B0H	D	5EH	A1H
4	66H	99H	E	79H	86H
5	6DH	92H	P	71H	8EH
6	7DH	82H	熄灭	00H	FFH
7	07H	F8H			
8	7FH	80H			
9	6FH	90H			

（一）静态显示方式

一个 LED 数码管只能显示一位的字符，如果字符位数不止一位，可以用几个显示器组成，但要控制多位的显示电路，需要有字段控制和字位控制，字段控制是指控制所要显示的字符是什么，控制电路应将该字符的七段码通过输出口连接到 LED 的 a ~ g 引脚。使某些段点亮，某些段处于熄灭状态。字位控制则是指控制在多位的显示器中，哪几位发光或哪几位不发光，字位控制则需要通过字位码，作用于 LED 数码管的公共引脚，使某一位或某几位的数码管处于发光状态。静态显示方式；指每一个数码管的字段控制是独立的，每一个数码管需要配置一个 8 位输出口来输出该字位的七段码。因此需要显示多位时，需要多个输出口，通常片内并口不够用，要在片外扩展，下面举例说明。

例 6-2　用三个 LED 字符显示器，组成一个 3 位的静态显示的电路，显示数据放在片内 RAM 的 79H；7AH、7BH 单元，编写其显示程序。

因为只要求显示 3 位，用一片 8255A 提供的三个 8 位口，完全可以满足需要，静态显示电路如图 6-13 所示。

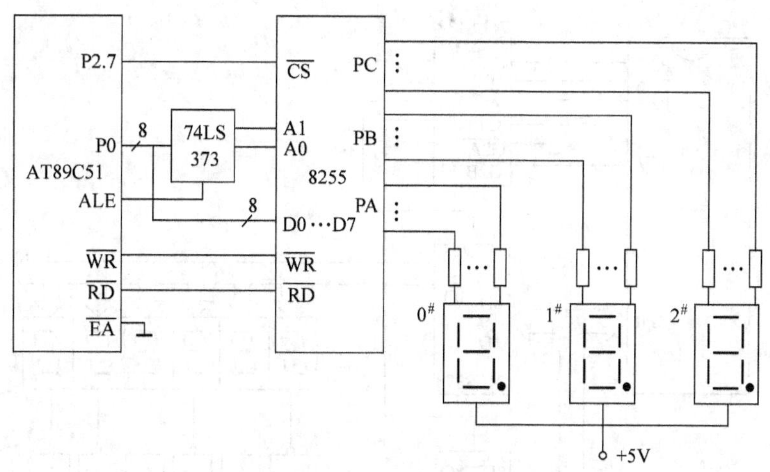

图 6-13　静态显示电路

图中 3 位字符显示器，分别由 8255A 的 A 口、B 口、C 口驱动，三个口的地址设定为

A 口地址　7F00H

B 口地址　7F01H

C 口地址　7F02H

控制口地址　7F03H

显示内容存放于片内 RAM　79H、7AH、7BH

显示程序为

```
DISPLAY:  MOV    DPTR,#7F03H          ;8255A 初始化
          MOV    A,#80H
          MOVX   @DPTR,A
          MOV    R7,#03H              ;三个 LED
          MOV    R0,#79H              ;取缓冲器首址
          MOV    P2,#7FH
          MOV    R1,#00H
LOOP:     MOV    DPTR,#TABLE
          MOV    A,@R0                ;取出要显示的数
          MOVC   A,@A+DPTR            ;加表头地址,取出七段码
          MOVX   @R1,A                ;送段码至 A 口地址为 7F00H
          INC    R1                   ;调整输出口地址的低 8 位
          INC    R0                   ;调整缓冲器地址
          DJNZ   R7,LOOP
          RET
TABLE:    DB   0C0H,0F9H,0A4H,0B0H,99H     ;七段码
          DB   92H,82H,0F8H,80H,90H
```

（二）动态显示方式

这是小型控制系统常用的一种方式，如图 6-14 所示。

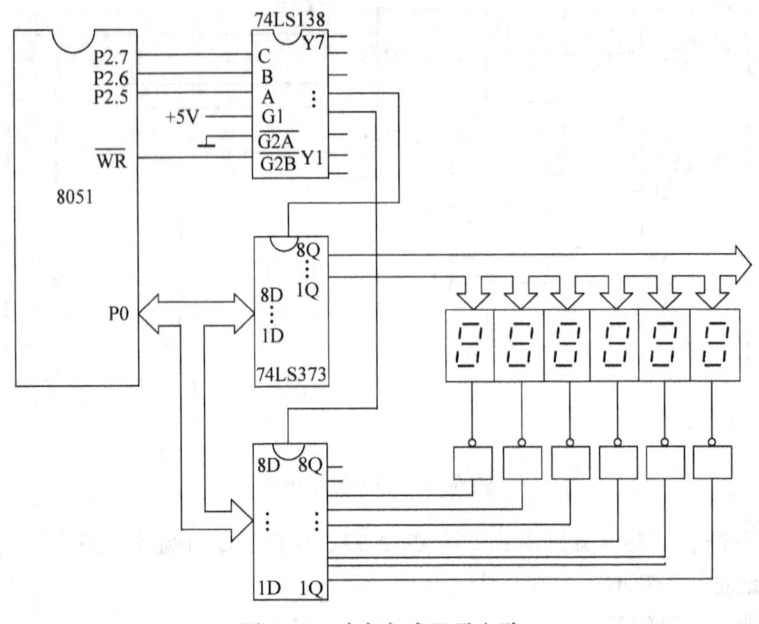

图 6-14 动态方式显示电路

图中各数码管的对应字段的引脚都并联在一起，用一个 8 位锁存器例如 74LS373 驱动，另一个 74LS373 控制各个数码管的公共端。

动态显示又称为扫描显示方式，也就是在某一时刻只让一个字位处于选通状态，其他字位一律断开，同时在字段线上发出该位要显示的字段码，这样在某一时刻，某一位数码管就被点亮，并显示出相应的字符。下一个时刻改变所显示的字位和相应的字符段码，点亮第二个数码管，显示出第二个字符。然后依次扫描轮流点亮，只要扫描速度快，利用人眼的视觉残留效应，会使人感觉到几个位数码管都在稳定地显示。

例 6-3 设要显示的位数为 6 位，字符存于 69H ~ 6EH，七段控制码锁存器 373 的选通地址为 8000H，字位控制码锁存器的 373 选通地址为 6000H，如图 6-14 所示，数码管为共阴极，试设计一个显示子程序。

程序如下：

```
DISPLAY:  MOV     R0,#69H
          MOV     R3,#01H         ;从右边开始
DIS1:     MOV     DPTR,#6000H
          MOV     A,R3
          MOVX    @DPTR,A         ;送位码
          MOV     A,@R0           ;取缓冲器内容
          ADD     A,#10           ;加表头地址与当前地址距离
          MOVC    A,@A+PC         ;取段码
          MOV     DPTR,#8000H
          MOVX    @DPTR,A
          ACALL   DELAY           ;延时
```

```
          INC     R0
          MOV     A,R3
          RL      A                    ;未到调整显示的位
          MOV     R3,A
          JNB     ACC.6,DIS1           ;显示到6位否
          RET
TABLE:    DB      3FH,06H,5BH,4FH,66H        ;七段码
          DB      6DH,7DH,07H,7FH,6FH
DELAY:    MOV     R7,#02H
DELAY1:   MOV     R6,#0FFH
DELAY2:   DJNZ    R6,DELAY2
          DJNZ    R7,DELAY1
          RET
```

二、键盘接口

(一) 独立式键盘

在单片机系统中，操作者要跟主机交换信息，有时并不需要复杂的键盘，只要几个简单的开关就可以了。例如紧急停机按钮、部件到位的行程开关、变速开关等。如果系统装备的开关数量不多，可以直接将一个开关装在接口上，这种连接的键盘称为独立式键盘。

独立式键盘可以用查询指令检查某接口上的开关是否按下。例如要检查图6-15接在P1.0的开关是否按下，可使用以下指令：

```
SETB    P1.0
JNB     P1.0,TOONE
```

也可以用以下指令：

```
ORL     P1,#01H
MOV     A,P1
ANL     A,#01H
JZ      TOONE
```

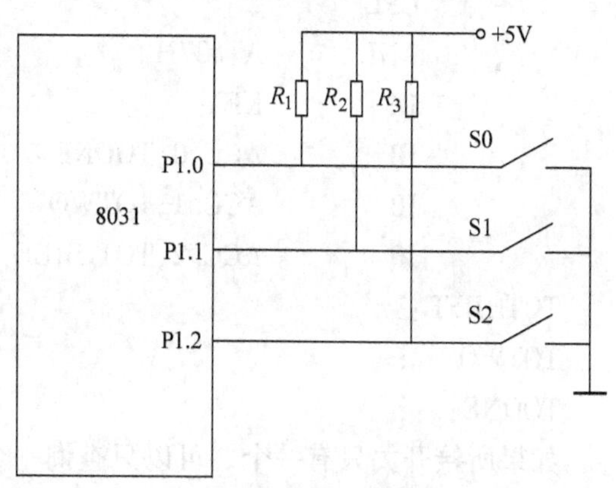

图6-15 独立式键盘

但要注意，在开关闭合或断开时刻由于触点接触不稳定，使检测点电压发生抖动，会造成被查询的开关状态无法准确读到。例如开关刚刚打开，只是因为抖动误认为开关又发生第二次闭合，这显然是不允许的。为此必须采取一些反抖动的措施，以免误读。硬件去抖动的办法，就是不把开关直接连到接口，而是如图6-16那样，加接一个RS触发器，只有开关脱离A而接到B时，触发器才能翻转，才能输出一个稳定的电平。

也可以通过软件，在检测到有键按下时，执行一个10~20ms的延时程序，避开抖动信号，然后再次检测该键是否确实闭合，如再次检测时，查不到有键按下，说明并非有效按键信号，应放弃初测结果，以免误动作。

以下是图6-15独立式键盘检查哪个键按下，并转向执行相应操作的程序。

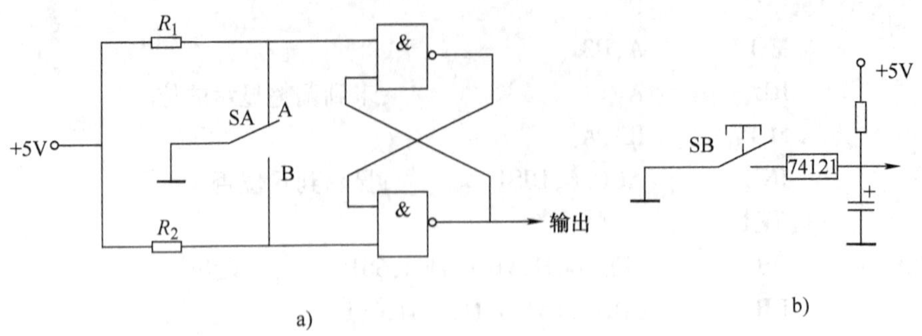

图 6-16 去抖动电路

a）利用 RS 触发器 b）利用单稳态电路

```
KEY:     ORL      P1,#07H
         MOV      A,P1
         CPL      A
         ANL      A,#07H              ;屏蔽高位
         JZ       KEY                 ;无键按下再查
         ACLLL    MS20                ;有键下延时
         MOV      A,P1                ;再查
         CPL      A
         ANL      A,#07H
         JZ       KEY
         JB       ACC.0,TOONE
         JB       ACC.1,TOTWO
         JB       ACC.2,TOTHREE
TOTHREE: ⋮                            ;执行 3 号子程序
TOTWO:   ⋮                            ;执行 2 号子程序
TOONE:   ⋮                            ;执行 1 号子程序
```

如果所接开关只有一个，可以只查询一个位，判定该键是否按下，判定指令如下：

```
SETB   P1.0
JNB    P1.0,TOONE
```

（二）矩阵式键盘

如果键的数目比较多，例如要向主机传送数据 0 ~ 9，至少要 10 个按键，以表示 10 个数字，如果再加上其他功能开关，往往在 10 个以上，显然这将占用大量的 I/O 口。为了减少键盘所占用的口线，遇到需要较多数量的按键时，一般采用图 6-17 的矩阵式键盘。

矩阵式键盘的按键与接口输入线不是一对一的关系，所以使用中，除了要检查矩阵式键盘中是否有键按下外，同时还要检查按下的键是哪一个键，这两个工作可以由键盘扫描程序完成。每执行一次键盘扫描程序大约为几十到几百个微秒，一般操作者按下键的持续时间通常在几十个毫秒，只要在这个持续时间内，能执行一次键盘扫描程序，从操作者来看，好像主机是立即响应一样。

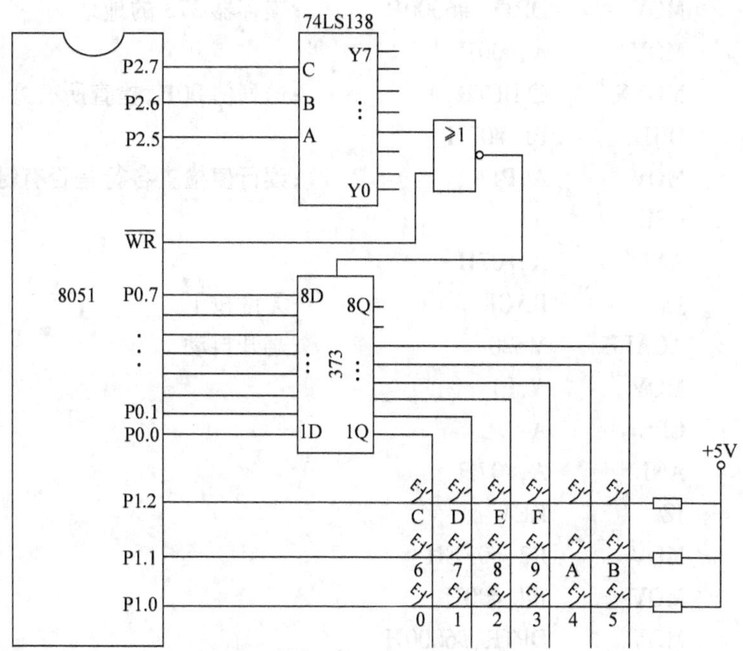

图 6-17　矩阵式键盘

在图 6-17 中，矩阵式键盘用了一个锁存器，锁存从 P0 口输出的列数据，用 P1 口的低 3 位输入行的数据。键盘扫描的顺序为

1）从第一列开始，逐列检查该列是否有键按下。

2）如有键按下，记下列号，再查按下的键是在该列的哪一行。

3）避开抖动，并确定按下键的列号和行号。

4）根据列、行号计算出键值，键值计算方法不是唯一的，可以由用户自行定义，但应尽量选择简单的方法，例如图 6-17 的键盘，可以按表 6-5 定义。

表 6-5　键值表

行　值	列　值	键　值	行　值	列　值	键　值	行　值	列　值	键　值
0	0	00H	1	0	06H	2	0	0CH
0	1	01H	1	1	07H	2	1	0DH
0	2	02H	1	2	08H	2	2	0EH
0	3	03H	1	3	09H	2	3	0FH
0	4	04H	1	4	0AH	2	4	另定义
0	5	05H	1	5	0BH	2	5	另定义

定义时可按下式计算键值：

$$键值 = 行值 * 6 + 列值$$

5）根据键值转移到相应的程序。

下面是按照上述顺序以及表的键值编的键盘扫描程序：

```
KEY:     MOV    DPTR,#6000H     ;锁存器 373 的地址
         MOV    A,#00H
         MOVX   @DPTR,A         ;送列值 00H,检查所有列
         ORL    P1,#07H
         MOV    A,P1            ;读行值检查各行是否有键按下
         CPL    A
         ANL    A,#07H
         JZ     BACK            ;无键按下
KEYGET:  ACALL  MS20            ;避开抖动
         MOV    A,P1
         CPL    A
         ANL    A,#07H
         JZ     KEY
KEYG2:   MOV    R2,#0FEH
         MOV    R4,#00H
KEYG3:   MOV    DPTR,#6000H
         MOV    A,R2
         MOVX   @DPTR,A         ;送列值
         MOV    A,P1
         JB     ACC.0,LINE1     ;该列第一行有键按下否
         MOV    A,#00H          ;有,行值取 00H
         AJMP   KEYEND
LINE1    JB     ACC.1,LINE2     ;第一行无第二行有否
         MOV    A,#06H          ;有,行值取 06H
         AJMP   KEYEND
LINE2:   JB     ACC.2,NEXTCL    ;第二行无第三行有否
         MOV    A,#0CH          ;有,行值取 0CH
KEYEND:  ADD    A,R4            ;键值=行值+列值
         MOV    30H,A           ;存键值
KEYFRE:  MOV    A,P1            ;等待键释放
         CPL    A
         ANL    A,#07H
         JNZ    KEYFRE
         ACALL  MS20
BACK:    RET
NEXTCL:  INC    R4              ;调整列值
         MOV    A,R2
         RL     A               ;未完调整列值
```

```
        MOV     R2,A
        JNB     ACC.6,KEYG3     ;扫描完 6 列否
        RET
MS20:   MOV     R5,#20H
MS1:    MOV     R6,#0C8H
        DJNZ    R6,$
        DJNZ    R5,MS1
        RET
```

三、A/D 与 D/A 转换接口

由于单片机系统只能处理数字量，如果遇到被检测的输入量是一种模拟量，则需要通过 A/D 转换接口将它转换为数字量，才能输入到单片机。同样，如果遇到只能处理模拟量的外设，单片机系统就要把待输出的数字量转换为模拟量，才能输出给外设。

有的单片机片内本身就有 A/D、D/A 接口，可以直接从单片机引脚输入或输出模拟量，无需增加任何硬件。如果片内没有这种接口，就必须在片外扩充，现在具有 A/D、D/A 功能的器件，也有并行和串行两种。采用并行方式的 A/D 接口有 ADC0809、AD574，D/A 接口有 DAC0832、DAC1210 等芯片，采用串行方式的 A/D 接口有 TLC549。D/A 接口有 TLC5615、MAX518 等芯片。

下面介绍两种常用的 A/D 和 D/A 转换芯片，其他型号使用方法大体类似，详细可参看有关产品的说明。

(一) A/D 转换接口 ADC0809

常用的 A/D 转换法有计数式、双积分式和逐次逼近式等几种。逐次逼近式是通过逐次比较使产生出的等价数字量，最接近于被测模拟量。由于这种方法的转换速度高，因此应用最广。ADC0809 就是一种采用逐次逼近式的芯片。

1. ADC0809 芯片的结构

ADC0809 的结构框图如图 6-18 所示。

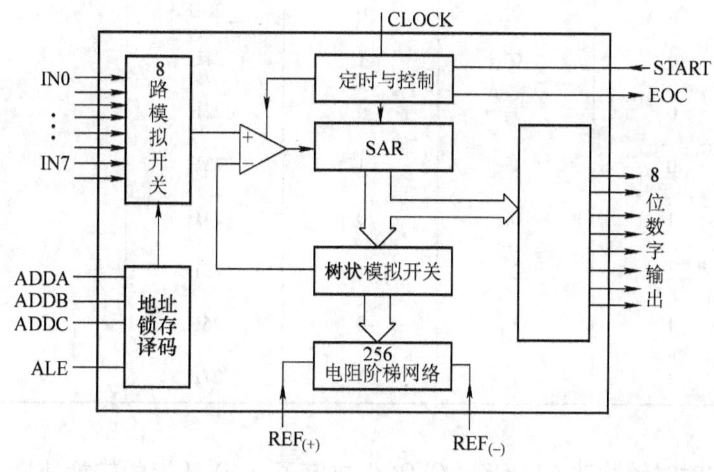

图 6-18　ADC0809 的结构框图

图中模拟量经 8 路模拟开关把数据送到比较器，模拟开关由地址信号经译码后选通。一

个地址对应接一路的输入，在定时逻辑回路控制下，由定时电路逐次产生一个二进制数，每一次产生的二进制数先送到逐次逼近寄存器 SAR，经由树状模拟开关与电阻阶梯网络组成的 D/A 转换器转换为模拟量，再送到比较器与输入的模拟量 X 进行比较，根据比较结果，如 SAR 的值还没有达到该路模拟量的值，则将 SAR 的值加大后再进行比较，经 n 次比较，使得 SAR 的值逐渐靠近模拟量 X，直至相等为止，这时 SAR 的值即为转换后的数字量。关于逐次逼近法的基本原理，可参看数字电子技术的有关资料。

2. ADC0809 芯片的引脚

ADC0809 采用双列直插式 28 脚管壳封装，图 6-19 为它的引脚图，各引脚功能如下：

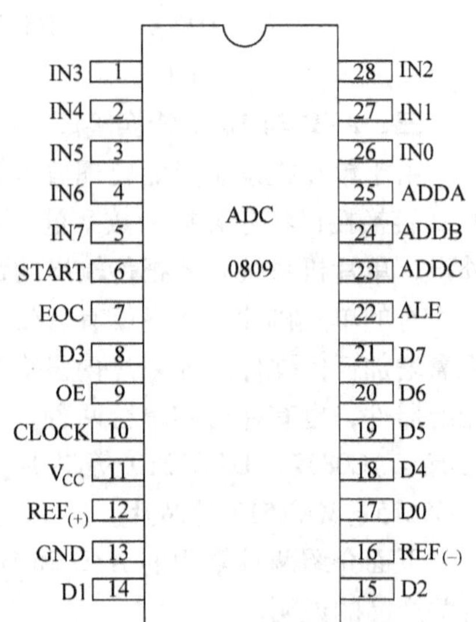

图 6-19 ADC0809 的引脚图

（1）模拟量输入 IN0 ~ IN7 ADC0809 允许有 8 路模拟量输入，但一次只能接通一路进行转换，接通哪一路必须通过程序中的指令，指定某一路的地址，然后开通相应的 8 路模拟开关。

（2）地址选择线 ADDA、ADDB、ADDC 通常将这三根地址线与 CPU 的 A0、A1、A2 相连，用来选择 8 路模拟量输入中的一路。

（3）地址锁存允许线 ALE ALE 有效时，可将地址 ADDA、ADDB、ADDC 锁存于地址锁存器，从而从 8 路摸拟量输入中选中一路。一般利用 CPU 的地址线经译码器选通，如果在地址线 A7 ~ A3 为 00100 时 ALE 有效，则所选的通道与对应地址总线值的关系如表 6-6 所示，也可以用线选法，只用一根高位地址线，如例 6-4 所示。

表 6-6 通道与对应地址总线值的关系

A7 ~ A3 ALE	A2 ADDC	A1 ADDB	A0 ADD0	通道地址	选中模拟通道
00100	0	0	0	20H	IN0
00100	0	0	1	21H	IN1
00100	0	1	0	22H	IN2
00100	0	1	1	23H	IN3
00100	1	0	0	24H	IN4
00100	1	0	1	25H	IN5
00100	1	1	0	26H	IN6
00100	1	1	1	27H	IN7

（4）转换定时时钟脉冲 CLOCK CLOCK 决定了 A/D 转换的转换速度，对于 ADC0809 而言，其频率的典型值为 640kHz，对应的转换速度为 100μs，若 CPU 的 ALE 为 2MHz，可将其 4 分频后得到 500kHz 的信号，作为 CLOCK 的输入。

（5）启动转换信号 START　START 的上升沿用于清除 ADC 内部寄存器，其下降沿用于启动内部控制逻辑电路，使 A/D 转换器开始工作。START 有效输入信号为正脉冲。

（6）转换结束信号 EOC　EOC 为输出信号，作为转换结束标志，转换一开始此引脚变低电平，转换结束即返回高电平。

（7）允许输出信号 OE　当外部输入到 OE 的信号为高电平时，打开三态门，将 8 位数据送数据线输出，也是通知 ADC0809 向 CPU 送数的信号。

（8）数据线 D0 ~ D7　变换后的数字量，经三态门由 D0 ~ D7 输出，可以与 CPU 的数据总线相接。

（9）参考电压 $V_{ref(+)}$、$V_{ref(-)}$　一般可用本机电源(+5V)作为参考电压，当不采用本机电源时，应注意：①一般 $V_{ref(-)}$ 取 0V 不取负值。②$V_{ref(+)}$ 不可高于 V_{CC}。③$\frac{1}{2}(V_{ref(+)}+V_{ref(-)})-\frac{1}{2}V_{CC}$ 不得超过 0.1V。

输出的数字量决定于模拟量输入口的电压和参考电压 $V_{ref(+)}$、$V_{ref(-)}$ 即

$$N=\frac{V_{IN}-V_{ref(-)}}{V_{ref(+)}-V_{ref(-)}}\times 256 \qquad (6\text{-}1)$$

式中，V_{IN} 为输入的模拟电压，例如 $V_{ref(+)}$ 为 5V，$V_{ref(-)}$ 为 0，则输出的数字量为

$$N=\frac{V_{IN}}{5}\times 256$$

3. 应用实例

例 6-4　在一个 AT89C51 单片机系统中，选用 ADC0809 作为接口芯片，用于测量炉温，温度传感器信号接 IN3，设计一个能实现 A/D 转换的接口及相应的转换程序。

解：设单片机与接口的连接采用图 6-20 的电路连接。

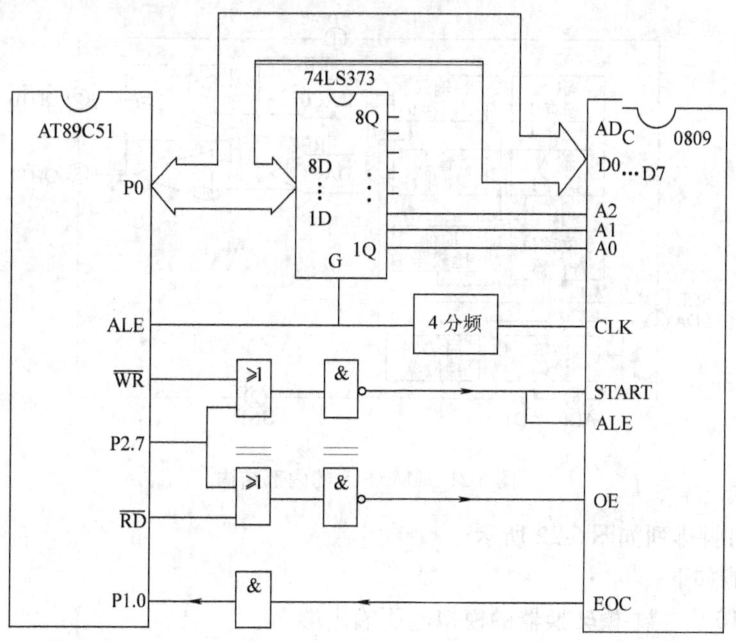

图 6-20　例 6-4 电路连接

1）用 P2.7 控制 ADC0809 的 ALE，ADC0809 的三根通道地址线分别为 A0、A1、A2 模拟量输入通道的地址定在 7FF0H ~ 7FF7H，实际使用 7FF3H。

2）启动信号和读信号也由 P2.7 控制，送入地址 7FF0H ~ 7FF7H 后，P2.7 = 0。

3）时钟由 AT89C51 的 ALE 提供，设 AT89C51 的主振频率为 12MHz，ALE 频率为 2MHz，经 4 分频后为 0.5MHz，并以此作为 AD0809 的时钟。

其 A/D 转换程序为

```
        MOV     R0,#30H
        MOV     DPTR,#7FF3
        MOVX    @DPTR,A          ;启动 A/D 转换,选中通道 IN3
        SETB    P1.0
LOOP:   JNB     P1.0,LOOP        ;读转换结束标志,EOC 为 0,继续测试
        MOVX    A,@DPTR
        MOV     R0,A
        RET
```

上述程序采用不断查询 EOC 电平的方法来判断 A/D 转换是否结束，只有在 EOC 为高电平后，执行输入指令 MOVX　A，@DPTR 打开 OE 允许端，将数据读入 CPU，事实上也可以用延时一个足够长的时间（大于 100μs）或者用中断方式读入转换后的数据。

（二）8 位串行 D/A 转换接口 MAX518

1. MAX518 的内部结构

MAX518 是两线串行的 8 位数-模转换器接口，其结构如图 6-21 所示，有两路转换器，可以分别将两个 8 位数字量转换为两路模拟量从 OUT0、OUT1 输出。电源电压同时作为参考电压，当数字量为 FFH 时，最大的输出模拟电压约等于 5V。

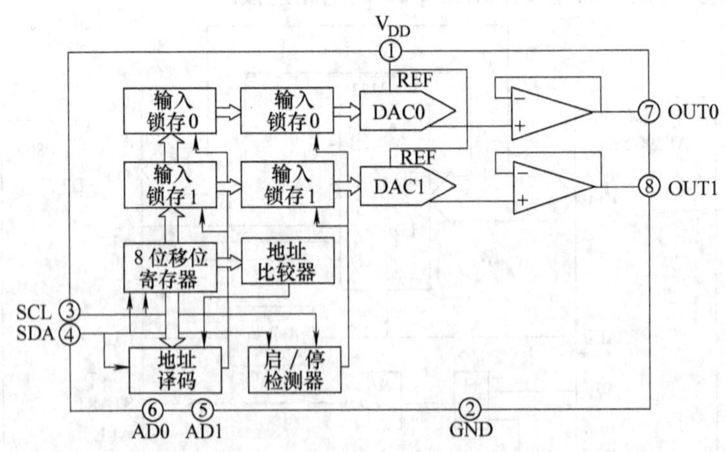

图 6-21　MAX518 的内部结构

MAX518 引脚排列如图 6-22 所示。

各引脚功能如下：

OUT1、OUT0　　数-模转换器的模拟电压输出端

AD1、AD0　　用于设置器件的从地址

SDA　　串行数据输入
SCL　　串行时钟输入
V_{DD}　　电源电压 +5V，同时作为参考电压
GND　　地

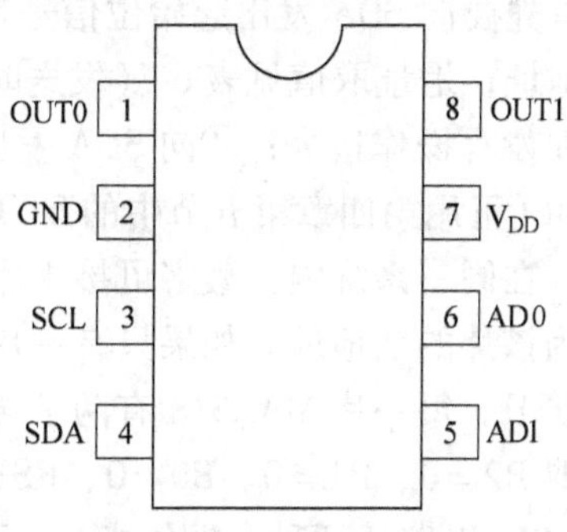

图 6-22　MAX518 引脚排列

MAX518 器件从地址的控制字共 8 位，如表 6-7 所示。其中 D7、D6、D5、D4、D3 是由 Philips 公司的 I^2C 规程统一规定的，用户不能改变，D2、D1 是可以由用户通过引脚 AD0、AD1 接地或接 +5V 使之置 0 或置 1，不同的 AD0、AD1 可组成 4 个不同地址，D0 是读写控制，也作为从地址的一位。

表 6-7　MAX518 从地址控制字组成

D7	D6	D5	D4	D3	D2	D1	D0
0	1	0	1	1	AD1	AD0	R/W

要进行 A/D 转换时，必须向 MAX518 输入写操作指令，写操作指令的组成如表 6-8 所示。

表 6-8　MAX518 写操作指令组成

D7	D6	D5	D4	D3	D2	D1	D0
R2	R1	R0	RST	PD	—	—	A0

注：表中 R2、R1、R0 为保留位，可以设置为 0。

RST 为复位位。输入地址或数据时必须将 RST 置 0，只有进行复位操作，要将 MAX518 片内的所有输入锁存器置 0 时，才将 RST 置 1。

PD 为电源控制位，正常工作状态时 PD = 0，若 PD = 1MAX518 将工作于低功耗状态，电源电流为 4μA。

A0 为地址位，MAX518 有两路转换器，当 A0 = 0，转换后由 DAC0 输出（对应 OUT0），A0 = 1，转换后由 DAC1（对应 OUT1）输出，如果需要两路同时输出，必须写两段程序，一段为 A0 = 0 送第一路待转换的数据。另一段 A0 = 1 再送另一路待转换的数据。

2. MAX518 与 AT89C51 的连接

MAX518 与 AT89C51 的连接图如图 6-23 所示，由于 AT89C51 不带 I^2C 总线，所以连接时要用两个 I/O 口模拟，图中使用的 I/O 口中的 P1.6 和 P1.7，它们分别虚拟 SCL 和 SDA。R1、R2 为上拉电阻。

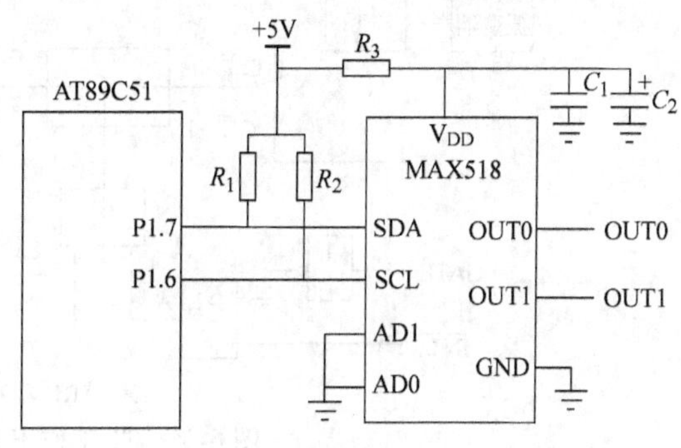

图 6-23　MAX518 与 AT89C51 的连接图

3. 转换程序

MAX518 属于 I^2C 总线的器件，编制 D/A 转换程序，可以直接调用第四章第五节中的模拟 I^2C 总线子程序，转换程序的操作步骤也跟其他 I^2C 总线的器件相类似，即

①首先要向 SDA 发出起始位信号 START(可用第四章第五节中的 START 子程序)；②向 SDA 送地址，地址取值见表 6-7(发送时可用第四章第五节中的 WRB 单字节发送子程序)；③向 SDA 发写操作指令；④向 SDA 发出要转换成模拟电压的数字值；⑤向 SDA 发出终止位信号 STOP(可用第四章第五节中的 STOP 子程序)。

在同一系统内，最多可接 4 片 MAX518，每片的 AD1、AD1 引脚可接地或接 +5V，以此作为该片的从地址。如果只有一片，可取 AD1 =0、AD0 =0、R/W =0 则从地址控制字的值为 58H。每一片 MAX518 有两个转换通道，写操作指令用于选择通道，如果用 0 通道转换，可取 R2 =0、R1 =0、R0 =0、RST =0、PD =0、A0 =0 则写操作指令为 00H。同一从地址可用 00H 和 01H 两种写操作指令。下面是用 00H 写操作指令编写的 A/D 转换子程序。

入口条件：将待转换模拟量的数据置于 B

```
ADDR    EQU     58H         ;从地址值
DAC0    EQU     00H         :写操作指令
OUT0:   LCALL   START
        MOV     A,#ADDR
        LCALL   WRB
        MOV     A,#DAC0
        LCALL   WRB
        MOV     A,B         ;取出待转换模拟量的数据
        LCALL   WRB         :完成转换
        LCALL   STOP
        RET
```

第四节　8051 单片机的定时/计数器

一、定时/计数器的工作方式

8051 单片机片内有两个 16 位的定时/计数器，即 T0 和 T1。每个定时/计数器都有 4 种工作方式(T1 不能工作于方式 3)。

(一) 方式 0

图 6-24 是定时器工作于方式 0 时的框图，图中只画出 T1 通道，T0 和 T1 相同。

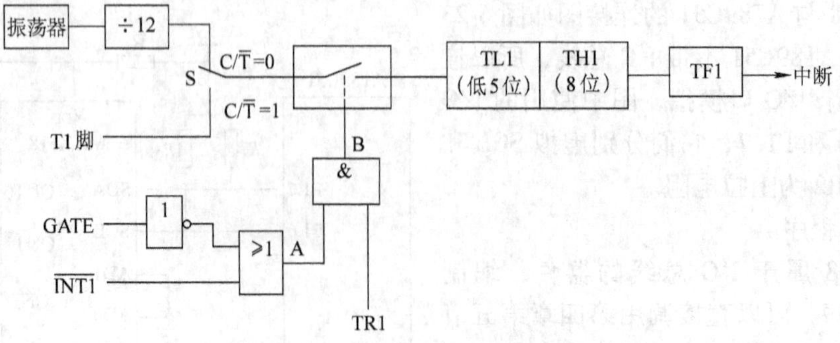

图 6-24　T1 工作于方式 0 的功能框图

图中的计数器只有 13 位，并规定只用 TL1 的低 5 位，TH1 仍为 8 位，因此 TL1 的第 5 位溢出时即向 TH1 进位(而不是在第 8 位溢出时)。TF1 作为溢出标志。

计数器的计数信号，取决于 $C/\overline{T}$开关的位置，$C/\overline{T}=0$ 输入的计数信号是定时脉冲，这时 T1 是作为定时器使用，$C/\overline{T}=1$ 时，输入的计数信号是外部计数脉冲，这时 T1 则作为计数器。

TR1 为控制信号，控制计数开关的通或断，TR1 = 1 时，开关闭合开始计数。但在 GATE = 1 时，计数开关还要受 INT1 控制。若不要这种控制，可在初始化时把 GATE 置零。

(二) 方式 1

图 6-25 是 T1 工作于方式 1 时的框图，T0 与 T1 相同。方式 0 与方式 1 的区别，仅仅是两者计数器的位数不同，方式 0 为 13 位，而方式 1 为 16 位。工作于方式 1 时，TL1 和 TH1 都要计满 8 位后才产生溢出，因此方式 1 可以完全取代方式 0，实际上方式 0 也基本不用了。TF1 作为溢出标志。

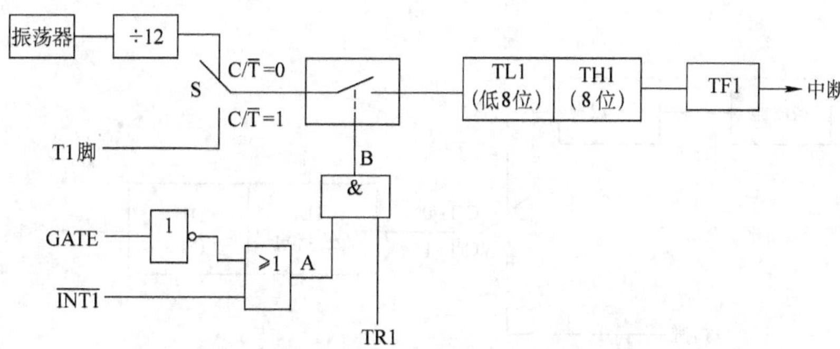

图 6-25 T1 工作于方式 1 的功能框图

(三) 方式 2

图 6-26 是 T1 工作于方式 2 时的框图，方式 2 的计数器只有 8 位，图中 TH1 用来作为时间常数的后备寄存器。在方式 0 和方式 1 中，计数器计满溢出时，TH1 和 TL1 将全部复零，如果还要继续使用，必须在程序中加上一条重装时间常数的指令，方式 2 则无须重装，方式 2 在溢出后，会自动把后备寄存器 TH1 中的时间常数，重装到 TL1 中，不要程序中的指令参与，但只剩下 TL1 作为 8 位计数器。

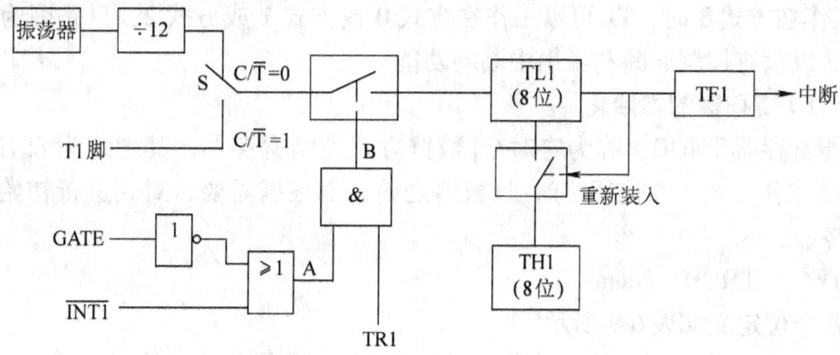

图 6-26 T1 工作于方式 2 的功能框图

（四）方式3

只有T0能选择方式3，图6-27是T0工作于方式3时的功能框图。

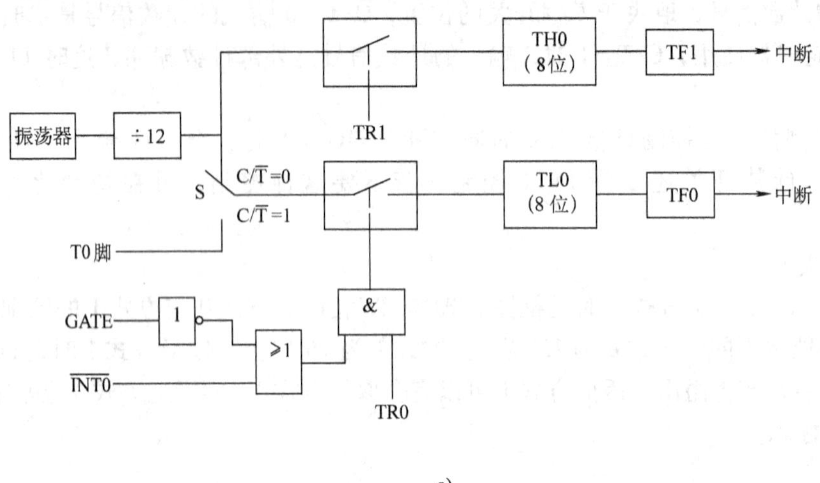

a)

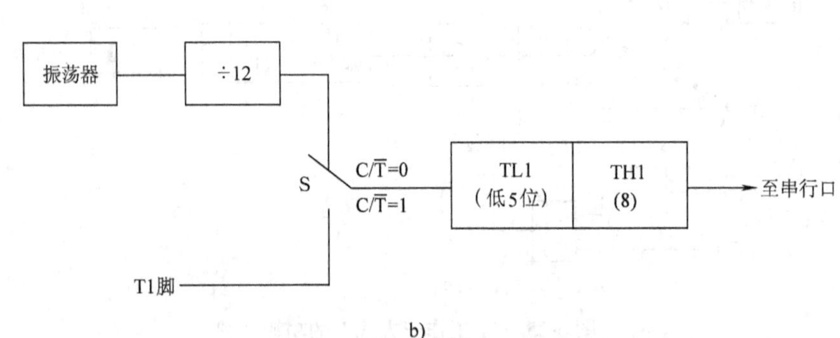

b)

图6-27　T0工作于方式3的功能框图
a）T0工作于方式3的框图　b）T0方式3下T1方式0的框图

T0工作于方式3时，将TH0和TL0分开，由TH0组成一个独立的8位计数器，借用TRI作为控制通断的信号，借用TF1作为溢出标志，但TH0只能用于定时。

TL0组成另一个8位计数器，可以由C/$\overline{T}$位选择作为定时还是作为计数，当C/$\overline{T}$=0时，选择定时，C/$\overline{T}$=1，选择计数。TR0作为控制通断的信号，TF0作为溢出标志。

当T0工作在方式3时，T1可以工作在方式0或方式1或方式2，只是因为TR1和TF1已被借用，所以没有控制通断和溢出中断的功能。

二、TMOD寄存器的初始化

特殊功能寄存器TMOD，称为定时/计数器方式控制寄存器，其地址为89H，它用来决定T0和T1的工作方式，在使用定时/计数器之前，要根据需要，对它进行初始化，例如可以用以下指令：

```
MOV　　TMOD，#data
```

TMOD各个位定义如表6-9所示。

1）M1、M0为工作方式选择位，根据M1、M0不同值，可以使T0、T1工作在前面所

表 6-9　TMOD 各位定义

D7	D6	D5	D4	D3	D2	D1	D0
GATE	$C/\overline{T}$	M1	M0	GATE	$C/\overline{T}$	M1	M0
T1				T0			

说的 4 种方式：

M1	M0	工作方式	计数器位数
0	0	方式 0	计数器为 13 位
0	1	方式 1	计数器为 16 位
1	0	方式 2	一个 8 位计数器，初值能自动重装
1	1	方式 3	两个 8 位计数器，仅限 T0 使用

2）$C/\overline{T}$为定时或计数选择位。$C/\overline{T}=0$ 选择定时方式，$C/\overline{T}=1$ 选择计数方式。

作为定时器使用时，计数脉冲来自系统时钟，计数脉冲频率为主振频率的 1/12。即一个机器周期可将 TL 内容加 1，若时钟频率为 12MHz，则定时器为每 1μs 加 1。

作为计数器使用时，计数脉冲来自引脚 T0 或 T1 的外部输入，只有当某个机器周期采样 T0 的电平为“1”，且下一个机器周期采样 T0 的电平为“0”时，TL 的内容才加 1。因此最小的计数周期为两个机器周期，相当于 24 个时钟周期。若时钟脉冲为 12MHz，则外部计数脉冲的最高频率只能为 0.5MHz。

3）GATE 为门控位，当 GATE =1，计数器的启动受 INT 脚控制，以 T0 为例，当 GATE =1、$\overline{INT0}$为高电平，TR0 =1（TR0 为 TCON 运行控制位）时，T0 开始计数，而在$\overline{INT0}$为低电平时，T0 停止计数，因此可以利用 GATE 门控制测量$\overline{INT0}$的输入脉冲宽度等。

GATE 为 0 时，定时/计数器运行不受外部输入引脚$\overline{INT0}$的影响。可参看图 6-24。

三、TCON 寄存器的初始化

特殊寄存器 TCON，称为定时/计数器控制寄存器，其地址为 88H，用于控制 T0 和 T1 的启动和中断，初始化时，可以根据需要向 TCON 传送相应的控制字 TCON 各位定义如表 6-10所示。

表 6-10　TCON 各位定义

D7	D6	D5	D4	D3	D2	D1	D0
TF1	TR1	TF0	TR0	IE1	IT1	IE0	IT0

1）TR0 和 TR1 分别为 T0 和 T1 的运行控制位（后缀 0、1 分别表示属于 T0 或 T1，下同）。从图 6-24 可看出，当 TMOD 的 GATE =0 时只要 TR0 =1，T0 就开始计数。TR0 =0，禁止 T0 计数。当 GATE =1，仅当 TR0 和 INT0 同时为 1，T0 才开始计数。只要 TR0 和 INT0 任意一个为低电平，T0 都停止计数。可见 TR0、TR1 相当于一个计数开关，只要开关闭合，计数就开始。

2）TF0 和 TF1 分别为 T0 与 T1 的溢出标志位。以 TF0 为例，当 T0 被允许计数之后，即从初值开始加 1 计数，至最高位溢出时将 TF0 置 1，并向 CPU 请求中断，CPU 响应后由硬件自动清零，TF0也可在程序中作为检查是否溢出的标志。

3）IE0、IE1分别为外部中断源$\overline{INT0}$、$\overline{INT1}$向CPU请求中断标志位，请求中断时，IE0或IE1自动置1，CPU响应中断后，由硬件自动清零。

4）IT0、IT1分别为T0、T1中断触发方式控制位。

IT0=0表示T0中断为电平控制方式，要求$\overline{INT0}$须保持低电平到CPU响应为止。

IT0=1表示T0中断为边沿触发方式，但$\overline{INT0}$从高到低的负跳变必须保持12个时钟周期。

从以上说明可以看出，在TCON的4位控制字中，只有两位需要用户用软件设置，TF0、TF1和IE0、IE1都是向CPU请求中断或CPU响应中断时由硬件自动设置的。由于TCON可以位寻址，设置时可以用位操作指令，例如：

```
CLR     TR0      ；对TR0置0
SETB    TR0      ；对TR0置1
```

也可以用传送指令例如：

```
MOV     TCON，#50H
```

上述指令可使TR0、TR1同时置1，即同时启动T0、T1。同时使用电平触发方式，至于IE0、IE1、IF0、IF1可以在初始化时置0，待中断源请求中断后由硬件置位。

四、装载时间常数

8051单片机的定时/计数器采用加1计数，若时间常数为3，却需在输入0FDH个计数脉冲，计数器到达FF值之后，才产生溢出，因此已知计数值或定时时间值后，可按以下方法计算时间常数。

（一）定时方式0的时间常数计算

从图6-24可知，定时方式是利用时钟脉冲经12分频后作为计数信号的。当时钟脉冲频率为f_c经12分频后的频率为$f_c/12$，计数信号的周期为$12/f_c$，由于方式0的最大计数值为2^{13}(13位)，超过2^{13}产生溢出，则可推出

$$t=(2^{13}-x)12/f_c \tag{6-2}$$

式中，x为定时器时间常数初值；t为计满到溢出时的时间；f_c为单片机晶振频率。

将式(6-2)移项，可根据需要定时的时间，反过来求时间常数的初值为

$$x=2^{13}-t(f_c/12) \tag{6-3}$$

（二）定时方式1的时间常数计算

方式1和方式0区别是计数器的位数不同，也就是说，计满溢出的最大计数值不同，因此只要将式(6-3)的计满溢出最大值2^{13}改为2^{16}即可：

$$x=2^{16}-t(f_c/12)$$

（三）定时方式2、方式3的时间常数计算

方式2和方式3的计数器位数为8位，同样可推出

$$x=2^{8}-t(f_c/12)$$

（四）计数方式的时间常数的计算

和定时器一样，因为是加1计数，如果要输入记数脉冲为S时产生溢出，则计数器的时间常数初值不能用S，而应该用最大计数值减S，即在工作方式0时，时间常数初值为

$$x=2^{13}-S$$

式中，S 为输入记数脉冲数。

工作在方式 1 时

$$x=2^{16}-S$$

工作在方式 2 或方式 3 时

$$x=2^{8}-S$$

求出时间常数初值以后；还要编写一段初始化程序，将初值送给 TH0、TL0 或 TH1、TL1。但应注意，在方式 0 时间常数为 13 位，因此只能将低 5 位送 TL0 或 TL1，高 8 位送 TH0 或 TH1，例如时间常数初值为 00001011 01011111，则高低位区分按下式方法进行：

01011010　11111

高 8 位　低 5 位

五、应用实例

例 6-5　试利用 AT89C2051 单片机产生一个方波信号，已知晶振频率为 6MHz，要求用 T0 定时，并通过并行口 P1.0 输出频率为 1kHz 的方波。

（一）计算时间常数初值

计算时间常数之前，要先选择工作方式：设 T0 工作于方式 1（注意在晶振频率为 6MHz 时选用方式 1，定时时间最长为 131ms 左右，即时间常数初值为 0000H 时，所对应的定时时间）最大计满溢出值为 2^{16}。要求输出的方波周期为 1ms，半周期为 0.5ms。也就是 T0 的定时时间 $t=0.5$ms，$f_c=6\times10^6$Hz，代入式(6-2)得

$$x=2^{16}-0.5\times10^{-3}\times6\times10^{6}/12=65286$$

将 65286 写成十六进制为 0FF06H，即为时间常数初值。

（二）程序清单

```
        ORG   2000H
START:  MOV;  TMOD,#01H     ;T0 工作于方式 1
        MOV   TL0,#06H      ;送初值的低 8 位
        MOV   TH0,#0FFH     ;送初值的高 8 位
        SETB  TR0           ;启动 T0
LOOP:   JBC   TF0,DONE      ;检查 T0 溢出否
        SJMP  LOOP          ;未计满再查
DONE:   MOV   TL0,#06H      ;计满重装初值
        MOV   TH0,#0FFH
        CPL   P1.0          ;将 P1.0 输出电平反相;
        SJMP  LOOP
```

TCON 寄存器复位后自动置 0，本题只要求对 TCON 中的 TR0 位置 1，其他位也仍然为 0，因此在初始化过程中也不必向 TCON 送数，而只要在启动时，使用 SETB TR0 对 TR0 置 1 就可以了。

例 6-6　试设计一程序，使 AT89C51 的 P1.0 和 P1.1 分别能输出频率为 2kHz 和 1kHz 的方波。设晶振为 6MHz，要求用 T0 定时。

（一）计算时间常数初值

选择 T0 工作于方式 3，可组成两个独立定时器，最大计满溢出值为 2^8，两个定时器的

时间常数分别为

$$x_1 = 2^8 - (t_1 \times 10^{-6}) \times 6 \times 10^6/12 = 256 - 125 = 131(83H)$$

$$x_2 = 2^8 - (t_2 \times 10^{-6}) \times 6 \times 10^6/12 = 256 - 250 = 6(06H)$$

式中，$t_1 = 250\mu s$(2kHz 的半周期)；$t_2 = 500\mu s$(1kHz 的半周期)。

（二）TMOD 方式字和 TCON 控制字

由于选择方式 3，M1、M0 位为 11，$C/\overline{T}$位为 0，GATE 位为 0，T1 没有使用置 0，故 TMOD 方式字为 00000011。

在 TCON 中选择电平控制方式 IT0 = 0，启动时 TR0 = 1，在方式 3 中，T0 作为两个独立的定时器分别由 TR0、TR1 启动，故 TR1 = 1，溢出标志位和中断标志位在初始化时置 0，故控制字 TCON 为 01010000。

（三）程序清单

```
          ORG     0000H
          LJMP    START
          ORG     2000H
START:    MOV     TMOD,#03H      ;送方式字
          MOV     TL0,#83H       ;送 T0-1 时间常数
          MOV     TH0,#06H       ;送 T0-2 时间常数
          MOV     TCON,#50H
LOOP:     JBC     TF0,DONE1
          JBC     TF1,DONE2
          AJMP    LOOP
DONE1:    MOV     TL0,#83H       ;重装时间常数
          CPL     P1.0           ;控制方波倒相
          SJMP    LOOP
DONE2:    MOV     TH0,#06H       ;重装时间常数
          CPL     P1.1           ;控制方波倒相
          SJMPP   LOOP
```

程序中对定时时间采用了查询方式，由于两个定时器同时启动，同时工作，在查询第一个计数器时，可能第二个计数器刚好产生溢出，这时由于来不及查询而被漏过，该周期可能被延长，但延长后两个波形上升沿被穿插开，不会再次产生同时溢出，以后的波形都会较稳定。

上述例子，也可以采用中断方式，如果为中断方式，其程序如下：

```
          ORG          0000H
          LJMP         START
          ORG          000BH
          LJMP         DONE1
          ORG          001BH
          LJMP         DONE2
          ORG          2000H
START:    MOV          SP,#60H
```

```
        MOV     TMOD,#03H       ;送方式字
        MOV     TL0,#83H        ;送时间常数
        MOV     TH0,#06H        ;送时间常数
        MOV     TCON,#50H       ;送控制字
        MOV     IE,#8AH         ;送中断控制字
LOOP:   AJMP    LOOP            ;等待中断
        ORG     2100H           ;中断服务子程序
DONE1:  MOV     TL0,#83H        ;重装时间常数
        CPL     P1.0            ;控制方波倒相
        RETI
DONE2:  MOV     TH0,#06H        ;重装时间常数
        CPL     P1.1            ;控制方波倒相
        RETI
```

上面的程序因为采用中断方式，所以在程序中还需对中断允许寄存器 IE、IP 进行初始化，初始化时 IE、IP 寄存器的各位可参看第五章第四节。

在上述程序中并没有对 IP 初始化的指令，也是因为系统复位时，已经被全部置 0。

*第五节　实 时 时 钟

有些单片机控制系统，要求能在某一确定时刻，进行某种检测与操作，例如作息时间控制系统要在指定时刻响铃。某个控制系统，要求某台设备在某一时刻准时起动等。有的控制系统，要求在进行某种操作的时候，要记下进行操作的具体时间，例如用于员工上下班考勤的刷卡机，要记录刷卡的时间、无人值守测控设备出现异常数据时，要记录发生异常数据的时刻。要达到这个目的，就要求系统配置实时时钟，以便根据时钟所提供的时间，按时操作或按时记录。当然产生实时时间也可以用软件实现，但最方便的还是用时钟芯片，常用的时钟芯片有并行和串行两种形式。

一、并行实时时钟

（一）硬件结构

常用的并行实时时钟芯片有 MC146818、DS12887、DS12887A 等，它们都具有完备的时钟、闹钟及万年历功能，并带有 50B 有掉电保护的 RAM 供用户使用。能实时提供年、月、日、时、分、秒，且可任意调节成 12 或 24 小时制。图 6-28 是 DS12887A 的引脚图。图 6-29 是 DS12887A 与单片机的连接电路。

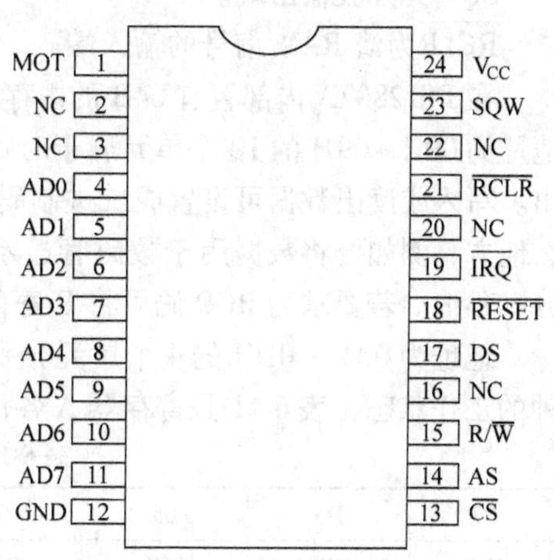

图 6-28　DS12887A 的引脚图

图 6-28 各引脚的作用分别为

MOT 用于选择 Motorola 或 Intel 总线，与 8051 系列单片机接口，选 Intel 总线方式，应将 MOT 接地。

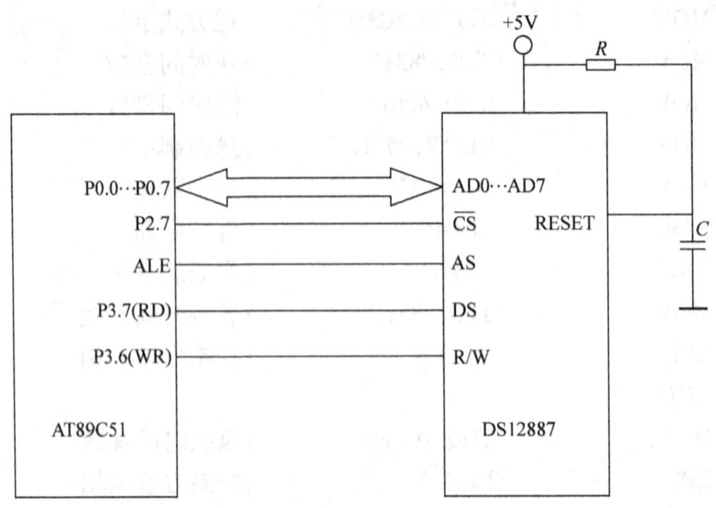

图 6-29 DS12887A 与单片机的连接方法

AD0 ~ AD7 作为低 8 位地址与数据分时复用总线，刚好跟 8051 系列单片机的 P0 口对接。同时将单片机的 ALE 接 DS12887A 的 AS 引脚，当 P0 口输出地址低 8 位时，ALE 为高电平，AS 有效，AD0 ~ AD7 作为地址选通，当 P0 口输出数据时，AS 无效，AD0 ~ AD7 作为数据线。

$\overline{CS}$片选端，输入信号，低电平有效。用于决定时钟芯片的地址，可以用第四章介绍的线选寻址法，将 CS 接到 51 系列单片机 P2 口的某一位，以决定时钟芯片的高 8 位地址。

AS 为地址选通线，输入信号，可连接 51 系列单片机的 ALE 端，当 ALE 为高电平时，接收低 8 位地址。

DS 为数据选通或读控制输入信号，接 8051 系列单片机的 RD 端。

R/$\overline{W}$为写控制输入信号，接 51 系列单片机的 WR 端。

$\overline{RESET}$复位端，低电平有效。一般采用上电时复位，要求上电时保持低电平。

$\overline{IRQ}$为中断请求的输出信号，低电平有效。

SQW为方波输出端。

$\overline{RCLR}$为清 RAM 信号的输入端。

在 DS12887A 内部置有 64B 的内存单元，其地址分配如图 6-30 所示。从图中可以看出，地址为 00H ~ 09H 的 10 个单元属于时钟、日历和闹钟的寄存器，其值可以由程序写入或读出。写入或读出数据可设置成二进制码或 BCD 码。使用哪一种码取决于读出的数据用在什么地方，例如要将数据用于数码管显示，一般要设置为 BCD 码，以便能按十进制显示时、分、秒值。若要求为 BCD 码可将 B 寄存器的 DM 置 0。

地址为 0AH ~ 0DH 的 4 个单元分别称为 A、B、C、D 寄存器，可以用来设置或检测时钟的工作状态，表 6-11 是寄存器 A 各位定义。

表 6-11 寄存器 A 各位定义

D7	D6	D5	D4	D3	D2	D1	D0
UIP	DV2	DV1	DV0	RS3	RS2	RS1	RS0

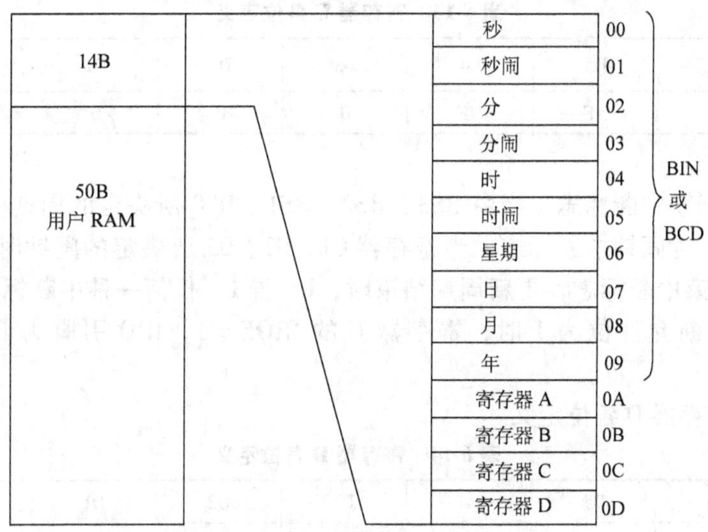

图 6-30　DS12887A 内存单元的地址分配

UIP 用来检测时间更新是否正在进行，UIP=1 表示正在更新，UIP=0 表示不在更新。要读出时间或日历字节，必须在 UIP=0 时进行。所以读出时应先检查 UIP 的状态。

DV2、DV1、DV0 为分频器控制位，开始应使之为 111，令分频器复位，一般运行时可使之为 010，以选择时基频率为 32.768kHz。时基频率是内部定时器的输入信号，所以它的大小直接影响由 RS3、RS2、RS1、RS0 所决定的周期中断速率。

RS3、RS2、RS1、RS0 为速率选择位，用于选择周期中断速率和输入方波频率，设定为 0000，分频器无输出，无周期中断。设定为有周期中断时，内部定时器能按 RS3、RS2、RS1、RS0 所确定的定时时间，到时请求中断。

表 6-12 是寄存器 B 各位定义。

表 6-12　寄存器 B 各位定义

D7	D6	D5	D4	D3	D2	D1	D0
SET	PIE	AIE	UIE	SQWE	DM	$24/\overline{12}$	DSE

SET 为设置位，当 SET=1，时钟停止走时，寄存器值不更新，所以初始化时，应令 SET=1，初始化完成后再令 SET=0，时钟开始走时，寄存器值每秒更新一次。

PIE 为周期中断允许位，RESET 使 PIE=0，禁中断。

AIE 为闹钟中断允许位，RESET 使 AIE=0，禁中断。

UIE 为更新结束期中断允许位，RESET 使 UIE=0，禁中断。

SQWE 为方波输出允许位，RESET 使 SQWR=0。

DM 为数据模式位 DM=1 时间码为二进制，DM=0 时间码为 BCD 码。

$24/\overline{12}$为 24 小时或 12 小时模式，$24/\overline{12}=1$ 为 24 小时制，$24/\overline{12}=0$ 为 12 小时制。

DSE 为夏令时制允许位 DSE=1 选用夏令时制，DSE=0 为非夏令时制。

表 6-13 是寄存器 C 各位定义。

表 6-13 寄存器 C 各位定义

D7	D6	D5	D4	D3	D2	D1	D0
IRQF	PF	AF	UF	0	0	0	0

其中 PF 为周期中断标志，当由 RS3、RS2、RS1、RS0 所决定的周期中断速率时间到时，PF 置 1。AF 为闹钟中断标志，当寄存器 01、03、05 所决定的闹钟时间到时，AF 置 1。UF 为更新结束中断标志，更新周期结束时，UF 置 1。任何一种中断标志为 1，且其在寄存器 B 中的中断允许位为 1 时，寄存器 C 的 IRQF = 1，IRQ 引脚为低电平，发出中断请求。

表 6-14 是寄存器 D 各位定义。

表 6-14 寄存器 D 各位定义

D7	D6	D5	D4	D3	D2	D1	D0
VRT0	0	0	0	0	0	0	0

寄存器 D 的 D7 位即 VRT，作为 RAM 和时间寄存器单元的有效位，其他位为 0，当自含电池 V_{BATT}≥2. 2V 时，VRT = 1RAM 和时间单元有效，否则 VRT = 0，RAM 和时间单元无效。寄存器 D 为只读寄存器，用户无需设置。

另外，在图 6-30 中，还有地址为 0EH ~ 3FH 的 60 个单元作为用户 RAM。

（二）初始化及写入程序

使用前，一般要按使用要求先对寄存器 A、B 进行初始化，以决定时钟、日历的工作制式，如是否选用 BCD 码输出，是否选用夏令时制，选用 24 小时制还是 12 小时制等。然后通过程序对时钟、日历和闹钟进行初始化。俗称拨钟，拨钟时可执行下面程序，将实时的秒、分、时和年、月、日值赋予 00H ~ 09H 的 10 个时间单元，其初始化程序如下：

```
        MOV     DPTR,#7F0AH      ;按图 6-30,7F0AH 为寄存器 A 的地址
        MOV     A,#70H           ;设置分频器复位
        MOVX    @ DPTR,A
        INC     DPTR             ;指向寄存器 B 的地址
        MOV     A,#82H           ;开始 SET = 1,钟暂停,选 BCD24 小时制
        MOVX    @ DPTR,A
        MOV     DPTR,#7F00H      ;指向秒单元地址
        MOV     A,#00H           ;拨成 0 秒
        MOVX    @ DPTR,A
        MOV     DPTR,#7F02H      ;指向分单元地址
        MOV     A,#00H           ;拨成 0 分
        MOVX    @ DPTR,A
        MOV     DPTR,#7F04H      ;指向时单元地址
        MOV     A,#08H           ;拨成 8 时
        MOVX    @ DPTR,A
```

```
        MOV     DPTR,#7F07H         ;指向日单元地址
        MOV     A,#01H              ;1 日
        MOVX    @DPTR,A
        INC     DPTR                ;指向月单元地址
        MOV     A,#01H              ;1 月
        MOVX    @DPTR,A
        INC     DPTR                ;指向年单元地址
        MOV     A,#08H              ;2008 年
        MOVX    @DPTR,A
        INC     DPTR                ;寄存器 A 的地址
        MOV     A,#20H              ;频率为 32.768kHz
        MOVX    @DPTR,A
        INC     DPTR                ;寄存器 B 的地址
        MOV     A,#02H              ;SET=0
        MOVX    @DPTR,A             ;开始走钟
; 以下为实时时间读出程序，读出值存入 31H~33H
        MOV     DPTR,#7F0AH         ;指向寄存器 A 的地址
TEST:   MOV     A,@DPTR
        JB      ACC.7,TEST          ;等待更新结束
        MOV     DPL,#00H            ;取秒
        MOVX    A,@DPTR
        MOV     31H,A
        MOV     DPTR,#7F02H         ;取分
        MOVX    A,@DPTR
        MOV     32H,A
        MOV     DPTR,#7F04H         ;取小时
        MOVX    A,@DPTR
        MOV     33H,A
```

二、串行实时时钟

为避免使用地址总线和数据总线，和存储器一样，现在多采用串行时钟。串行时钟只需要一根数据线（I/O）就可以读出或写入数据。常用的串行实时时钟芯片有 DS1302、PCF8563、X1203 等，其中 DS1302 可实时提供年、月、日、时、分、秒，且可任意调节 12 小时或 24 小时制。内部有 7 个存放日历、时钟的寄存器。此外还有 31×8 个用于临时存放数据的 RAM。图 6-31 是它的引脚图，图 6-32 是与单片机的连接方法。

图中 X1、X2 引脚接频率为 32.768kHz 的晶振，V_{CC1} 接 +5V 电源，V_{CC2} 接 +3.6V 备用电池，当 V_{CC1} 小于 V_{CC2} 时，由电池供电。SCLK、I/O、$\overline{RST}$ 分别为时钟、数据和复位引脚，可以由单片机 P1.0、P1.1、P1.2 控制。使用时可以根据 DS1302 的产品说明，编写读写程序，读出秒、分、时、日、月、周日、年，或修改时钟的当前实时时间。

图 6-31 DS1302 的引脚图

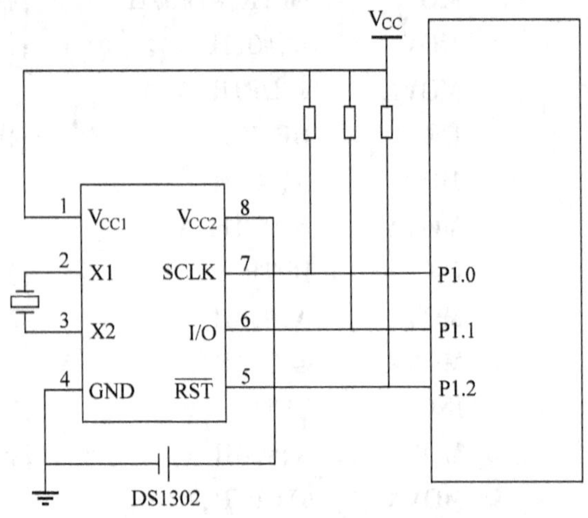

图 6-32 DS1302 与单片机的连接方法

习 题

1. 某 AT89C51 单片机系统，拟扩充一个 8255A 芯片；A 口作为输入口接 8 个乒乓开关。B 口作为输出口接 8 个发光二极管。另在 AT89C51 的 P1.0 口，接一个按钮，每当按钮按下时，即读入 A 口的开关状态，然后根据开关状态使 B 口相应的发光管点亮，即哪几个开关闭合，对应哪几个发光管发亮。试编写程序并画出电路连接。

2. 按以下要求编写 AT89C51 单片机定时器的初始化程序。

（1）T0 作为定时，定时时间为 10ms。

（2）T1 作为计数，计满 100 溢出。

3. 编写一个利用 AT89C51 单片机片内定时器 T0 实现延时 10ms 的子程序，以及一个延时 100ms 的子程序。

4. 设计一个秒信号发生器，用 T1 定时，由 P1.1 发出宽度为 2.5ms，周期为 5ms 的方波脉冲。然后由 T0 计数，计满 200 个脉冲即 1s 后，由 P1.0 发出宽度为 5ms 的方波秒信号。试编写它的程序。（注：脉冲宽度可用软件延时也可以用定时器延时）

5. 设计展览馆入口控制系统，每 10min 令“允许入馆”的指示灯亮一次，通知入口放入 30 名参观者，每进入一个参观者，传感器送一个脉冲给 T0 计数，计满 30 个，发一声“嘟”，表示入馆人数已满，试编写该控制系统的程序。

6. 设计一个三行三列的键盘，分别表示 1 ~ 9，在 P1 口接 8 个发光二极管，要求按下 1 ~ 8 任意一个按键时，有一个相应的发光二极管点亮，若按下按键 9，则 8 个二极管同时发亮。

7. 设计具有三个按键的电路，当第一个按键按下时，将 40H 单元置 1，第二个按键按下时，40H 单元置 2，第三个按键按下时，40H 单元置 0，并编写它的程序。

8. 用 AT89C51 单片机的 P1 口，设计一个连接单个 LED 数码管的静态显示电路。

9. 图 6-20 电路中，若要把 A/D 转换芯片 0809 的 8 个通道地址改为 0EFF8H ~ 0EFFFH，电路应如何更改？

10. 用图 6-20 电路的 2 通道检测某点电压，要求每 100ms 检测一次，并分别存于 30H ~ 39H 单元，然后计算出平均值存 40H 单元。

第七章　串 行 接 口

第一节　概　　述

单片机应用系统之间，或者单片机系统与外围设备、PC 之间进行信息交换都称之为通信。实现通信的方式有两种：一种是并行方式；一种是串行方式。

并行方式是指一组需要交换的数据，用多根传输线同时传送，例如一组 8 位的数据，用 8 条传输线和一条公共线通过并行接口同时进行传送。这种通信方式，传送速度快，但由于需要多条传输线，所以一般只在近距离通信中使用。

串行方式只用一条传输线，通过串行接口将数据各个位按先后顺序逐位地沿单条传输线传送，在位数多且传输距离较远时，这种方式可以节省大量导线，其优点尤为突出。但串行方式的传输速度慢，不适合于快速通信。近年来由于硬件技术的进步，串行方式传输速度有了很大提高，能够满足现代通信的要求，所以现在远距离通信中，如果对传送速度要求不是很高，大都采用串行方式。这种方式在单片机应用系统中显得越来越重要。

一、串行通信的工作方式

（一）异步方式

异步方式是指收发双方未引入同步脉冲，为保证正确收发，规定双方以帧作为一个传送单位，每一帧由起始位、数据位、校验位和停止位组成。起始位占 1 位、数据占 8 位或 9 位，字符所表示的数据一般为 8 位，为了校验传送过程是否正确，另加 1 位奇偶校验位共 9 位，如果是 7 位 ASCII 码，则加 1 位奇偶校验共 8 位。停止位占 1 位，一帧信息共 10 位或 11 位，如图 7-1 所示。接收方要根据对方发来的起始位为基准，然后按约定节奏，接收一帧的全部信息。虽然也有可能产生时间上的差异，但因为只有 10 位或 11 位，相差值不会很多。例如每一位时钟相差值为 3%，收到第八位时位置累积偏移量为 27%，如果在每位中间取样，仍然可以正确接收，不会超过允许范围。到了下一帧又会重新从起始位开始对齐，从而保证正确传输。

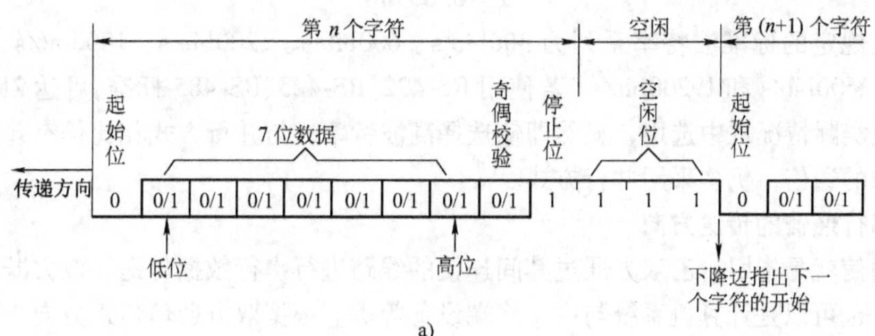

图 7-1　异步通信的格式

a）带空闲位

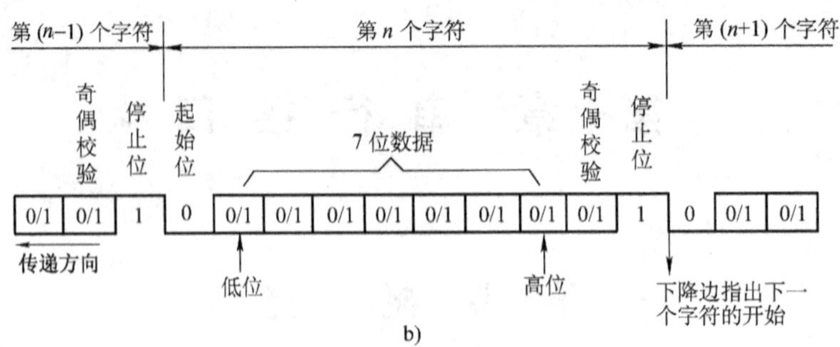

图 7-1 异步通信的格式(续)

b）不带空闲位

（二）同步方式

同步方式指收发双方使用同步时钟，依靠完全相等的时间标准，来实现收发双方的严格同步，在发送一组数据时，只在开始用若干个同步字符作为双方取得同步的号令，然后连续发送整组数据，不必像异步通信那样，一个字符一个字符地分开，如图 7-2 所示。

同步方式由于没有在每一个字符中，配一个起始位和一个停止位，所以结构紧凑，传输效率高、速度快。但要求收发双方要有相同时钟，依靠完全相等的时间标准，来实现收发双方的严格同步。因此对硬件设备要求较高。

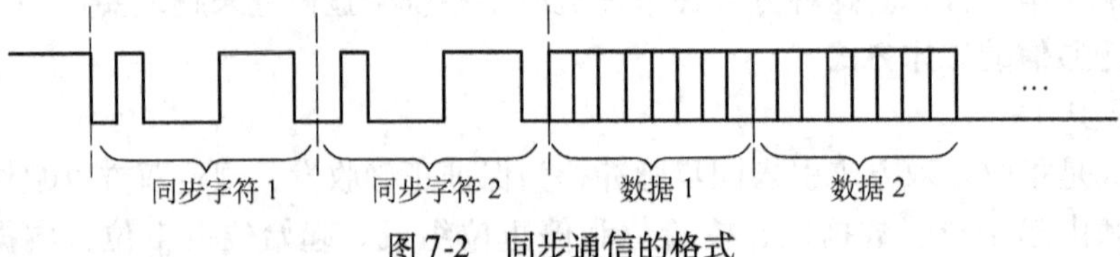

图 7-2 同步通信的格式

二、串行通信的工作速度

串行通信的数据传送是按位进行的，每秒所传送的位数称为波特率，如果数据传送的速度为每秒 120 帧，每个帧包含 10 位，则每秒传送 1200 位，即波特率为 1200bit/s。也可以 1200baut 表示。

$$10 \times 120\text{bit/s} = 1200\text{bit/s} = 1200\text{baut}$$

每位传送的时间 T 等于波特率的倒数，如上例波特率为 1200bit/s 则

$$T = 0.833\text{ms}$$

国际上规定的标准波特率系列为 300bit/s、600bit/s、1200bit/s、1800bit/s、2400bit/s、4800bit/s、9600bit/s 和 19200bit/s（若使用 RS-422、RS-423、RS-485 标准，可达 2Mbit/s），使用时可以视实际情况从中选用，显然即使选择高波特率，与并行方式相比仍有差距，所以与快速外设间的通信，仍多采用并行方式。

三、串行通信的传送方向

串行通信就是指甲、乙双方通过其间连接的线路进行串行数据传送，双方既可以同是计算机系统。也可以是计算机系统与一个终端设备等等。根据双方通信传送方向，可将串行通信分为以下三种方式：

（一）单工方式

单工传送方式是指通信双方，一方只能发送，另一方只能接收，传送方向是单一的，如图 7-3a 所示。

（二）半双工方式

半双工方式如图 7-3b 所示，通信双方和单工一样也只有一根传输线（共地），但任何一方都可以发送，当甲方向乙方发送时，数据的传送方向从甲方到乙方，这时乙方只能接收不能发送。相反当乙方向甲方发送时，这时甲方不能发送，只能接收，数据的传送方向改为从乙方到甲方。

（三）全双工方式

全双工方式需要通信双方连接两条传输线（共地），一条是将数据从甲方送到乙方，另一条是从乙方送到甲方。因此允许双向同时发送，故称为全双工。8051 单片机有一个全双工的串行接口，可以用两条传输线实现双向同时传送，如图 7-3c 所示。

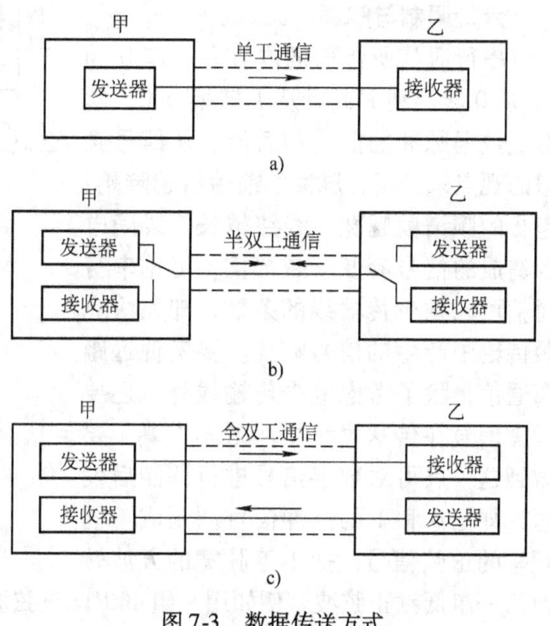

图 7-3 数据传送方式
a）单工 b）半双工 c）全双工

四、串行通信的校验方式

串行通信用于远距离传送时，由于受到各种干扰，收到数据可能与发出的数据不同，造成传送差错。对于异步通信，还可能由于收发双方时钟的差异，产生错位，因此最好每收一个字符都要进行一次校验，如果发现不正确，可以请对方重发。

异步通信中单个字符的校验方法通常用奇偶校验法，即在一个字符的各个位发完之后，附加一个校验位，若采用奇校验，则数据中 1 的个数与校验位 1 的个数之和应为奇数。例如原来有 4 个 1 则校验位应为 1，使其个数凑成奇数 5。若原来有 5 个 1，则校验位为 0，使 1 的总个数仍然保持为奇。如果是采用偶校验，则数据各位 1 的个数与校验位 1 的个数之和应为偶数。若接收的数据奇偶状态出错，表示传输错误。当然，也可能所收的的字符中，有两位同时发生错误，造成奇偶校验无误，但这种情况发生的几率，显然很小，其实通过校验并不等于可以完全避免错误，仅仅是降低错误出现的几率而已。

一组数据的校验方法通常用校验和，即将所发送的一组数据求代数和或求异或值，并附加在所发数据块的末尾。接收方收到数据后，同样求代数和或求异或值，并与收到的校验和或异或值进行比较，若不相等表示所收的数据有误。

五、异步接收/发送器

为了把一个字符，例如一个 8 位二进制数，组成异步串行信号的一帧进行发送，可以用软件方式将一帧数据逐位取出，在开头加起始位，末尾加校验位和停止位。然后进行发送。

接收端接收数据时，先读入起始位，以此为基准按照波特率所规定的时间间隔，逐位读入数据，读完一帧完整的数据后，滤除起始位和停止位，进行奇偶校验。如果奇偶校验正确，就得到一个字符，如图 7-4 所示。

以上发送、接收过程除了可以用软件完成外，通常多以硬件自动完成；这种具有异步通信功能的串行接口的硬件，称之为异步接收/发送器，简称为 UART。8051 单片机在片内就提供了一个 UART。

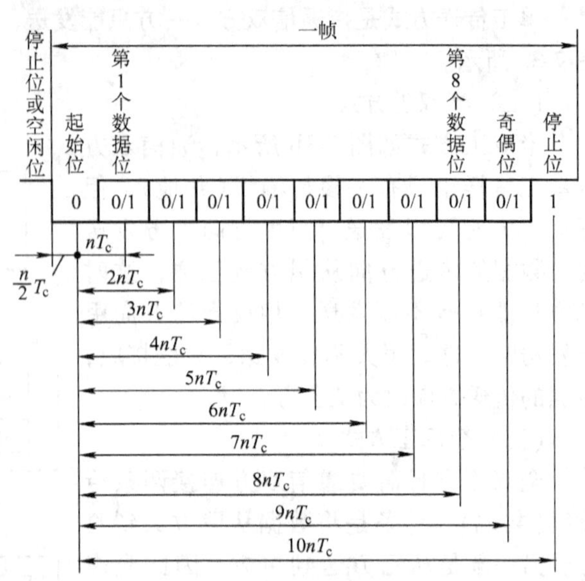

图 7-4 异步通信的定时采样

六、调制与解调

串行通信所传送的内容是一串 0 和 1。从 0 转换到 1 或者从 1 转换到 0，就形成数据脉冲的前沿和后沿。从信号频谱的观点来分析，脉冲的前后沿越陡峭，包含的频谱就越宽，线路越长，线间电容造成的信号畸变就越严重。可见串行通信可以减少传输线的条数，却无法克服传输中产生的信号畸变。要实现远距离通信，除了考虑减少传输线外，还要考虑信号在传送过程中尽量不失真。要做到这一点可对数字信号进行调制后发送，即把 0 和 1 的脉冲信号调制成不同频率的正弦信号，把不等脉宽的方波转换为一组低频正弦波。例如用一组 400Hz 正弦波代表 0，用一组 1200Hz 正弦波代表 1，以此压缩信号的频带宽度，使其可以用普通电话线上进行远距离传输，接收端收到模拟信号后再经过解调，使之还原为 0 和 1 两种数字信号。调制与解调通过专门的调制解调器（MODEM）实现，国内的人取英语谐音戏称之为猫。

第二节 8051 单片机串行接口

在 8051 单片机的并行接口中，P3.0 和 P3.1 两个引脚的第二功能是作为发送和接收数据全双工异步通信接口，可用它发送和接收数据。接收/发送器内部结构包括缓冲器（SBUF）、发送控制器、发送端口、接收控制器、接收端口，以及波特率控制和中断逻辑等部件。

使用 8051 单片机串行接口之前首先要对专用寄存器 SCON 和 PCON 以及波特率发生器 T1 进行初始化编程，以确定它的工作方式和波特率高低，然后才能通过 SBUF 实现发送和接收。

一、数据缓冲器 SBUF

8051 单片机有两个数据缓冲器，一个用于发送，一个用于接收。两个缓冲器在物理上是独立的，但共同使用一个地址标号 SBUF，其地址值为 99H。

当我们要发送数据时，可以通过指令 MOV SBUF，A 将数据送到缓冲器，然后串口自动将数据按事先设置的方式及速率从 TXD（P3.1）引脚输出，一帧数据各个位发送完毕后，串口向 CPU 请求中断，等待写入第二帧数据。对使用者来讲，只要用软件向数据缓冲器 SBUF 写入数据，就等于发送开始。等到串口请求中断且 TI = 1 表示发送已经结束。发送过程一律由硬件自动完成，无须使用者操心。

接收数据时，串口是自动地从 RXD(P3.0)引脚将数据接收到 SBUF，当一帧数据全部进入 SBUF 之后，串口使 RI=1，并发出中断请求，CPU 只要在软件中用一条指令 MOV A，SBUF 就可以将数据读入累加器。向串口发送或接收数据等于向 SBUF 寄存器存数或取数。

由于 SBUF 在物理上是两个，到底访问哪一个取决于指令，凡是写指令，必然是送到发送缓冲器，凡是读指令必然是从接收缓冲器读出。

二、控制寄存器 SCON

SCON 的地址为 98H，可位寻址，位地址为 98H～9FH。位地址也可以用表 7-1 中的符号表示，各个位的功能为

表 7-1 SCON 各位定义

D7	D6	D5	D4	D3	D2	D1	D0
SM0	SM1	SM2	REN	TB8	RB8	TI	RI

(一) 串行口工作方式选择位 SM0、SM1

串行口有 4 种工作方式，可以通过软件设定 SM0 和 SM1 的值来决定它的工作方式。SM0 和 SM1 与工作方式关系如表 7-2 所示。

表 7-2 SM0 和 SM1 与工作方式关系

SM0	SM1	工作方式	功能	波特率
0	0	0	作为移位寄存器输入/输出	$f_{osc}/12$
0	1	1	8 位 UART	可变由 T1 的时间常数定
1	0	2	9 位 UART	f_{osc}/n，$n=64$ 或 32
1	1	3	9 位 UART	可变，由 T1 的时间常数定

注：表中 f_{osc} 为主振频率。

(二) 多机通信控制位 SM2

串口工作于方式 2 和方式 3 时。适用于多机通信。选择多机通信时，要通过初始化程序将 SM2 置 1。

SM2=1，主机若发送地址帧，还要把 TB8 置 1，发送数据帧，将 TB8 置 0。不论是 0 或 1，都放在第 9 位与数据一起发送。

从机收到数据后将第九位存于 RB8，并首先判别 RB8 的值，如果是地址帧，即 RB8=1 则接收，如果是数据帧 RB8=0，将不接收。如果 RB8=1 所接收到地址帧与本机地址相同，则将 SM2 置 0，并准备接收以后的数据。若与本机地址不符，则不改变 SM2 值，也不接收之后的数据。

若 SM2=0 不论之后第 9 位是 1 还是 0，都要接收发来的数据。并置位 RI，发出中断请求。

串口工作于方式 0 时，应使 SM2=0。

串行口工作于方式 1 时，一般置 SM2=0。若 SM2=1 只有收到停止位为 1 时，才置位 RI。

(三) 允许接收控制位 REN

REN=1 允许接收，REN=0 禁止接收。REN 值也是由软件设定，当程序进入接收之前，

要先把 REN 置 1。

（四）TB8

当串口工作于方式 2 和方式 3 时，TB8 作为数据的第 9 位发送，供 UART 使用。通常前 8 位是作为数据，第 9 位是奇偶校验位。但在多机通信时，第 9 位作为数据/地址标志位，由软件设定，发送地址帧 TB8 置 1，发送数据帧 TB8 置 0，发送时连同数据一起送 SBUF。

（五）RB8

当串口工作于方式 2 和方式 3 时，每接收到一帧数据，前 8 位置于 SBUF，第 9 位就放在 RB8 中，作为数据/地址标志。在方式 0 和方式 1 中 RB8 无用。

（六）发送中断标志 TI

当串口将 SBUF 中数据全部发送结束，TI 被硬件置位，可以由 TI 来判断是否发送结束。TI 由软件清零后，才能进行下一次发送。

（七）接收中断标志 RI

当串口将接收数据全部放在 SBUF 之后，RI 被置位，可以用 RI 检查串行口是否收到一个字符，以便 CPU 取入，RI 应由软件清零，否则无法进行下一次接收。

三、电源控制寄存器 PCON

PCON 各位定义，见表 1-8，主要用于 CMOS 型芯片的低功耗操作，其中只有第 7 位 SMOD 用于串口。

当工作于方式 1、方式 2、方式 3 时，波特率与 SMOD 有关，当 SMOD = 1，波特率加倍，SMOD =0，则不加倍。可以用 MOV　PCON，#80H，或 SETB　SMOD 令波特率加倍。

第三节　8051 单片机串行接口的工作方式

从表 7-2 可知，8051 单片机串行接口工作方式有 4 种，分别为方式 0、方式 1、方式 2、方式 3。串行口工作方式由 SCON 寄存器的最高两位，即 SM0 和 SM1 的值来确定。表 7-2 已列出串口工作方式与 SM0、SM1 数值的对应关系。由于定时器 T0、T1 也有 4 种工作方式，为了避免混淆，本章所指的方式 0、1、2、3 都是指串口工作方式，如果讲定时器工作方式时，前面都加有定时器三字，例如定时器工作方式 0 等。

一、串行口工作方式 0

（一）方式 0 的工作性能

1）波特率固定为 $f_{osc}/12$，由于 12 个振荡周期等于一个机器周期，所以发送 1 位数据等于一个机器周期。

2）不论是发送还是接收，数据都是从 RXD(P3.0)引脚出入。TXD 不再用来发送数据，而作为同步移位脉冲输出端。

3）单片机串行接口工作于方式 0 时，TXD 端可以在串口发出或接收一位数据处理时，提供一个移位脉冲。利用移位脉冲和移位寄存器可组成图 7-7、图 7-8 电路，可将串行接口扩展为并行输入口或并行输出口。

（二）方式 0 的工作过程

发送过程：发送时只要将数据送到发送缓冲器 SBUF 之后，串行口就按 $f_{osc}/12$ 的波特率，将数据从 RXD(注意是 RXD 不是 TXD)发送出去。顺序为低位在前、高位在后，发送结束，由硬件使标志 TI 置 1。所以 TI = 1 也是发送结束的标志，并可向 CPU 申请中断，通过中断服务程序，执行发送一帧数据后需要做的工作或继续发送下一帧数据。如果再次发送数据，必须由软件将 TI 清零，否则以后无法判断发送何时结束。

接收过程：接收时必须具备两个条件：①REN = 1；②RI = 0。只有这两个条件满足，串口才启动一次接收过程，将数据从 RXD 端按 $f_{osc}/12$ 的波特率送到 SBUF，接收结束时由硬件将 RI 置 1，作为接收结束的标志。如果再接收，应由软件对 RI 清零，否则无法接收。图 7-5、图 7-6 为其时序图。

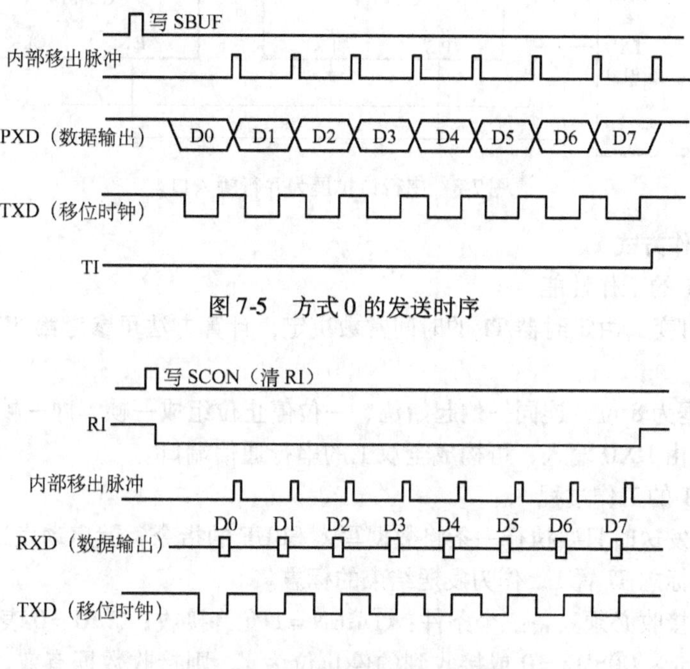

图 7-5 方式 0 的发送时序

图 7-6 方式 0 的接收时序

（三）方式 0 可用于将串行口扩展为并行 I/O 口

图 7-7 中的 CD4094 为串入并出移位寄存器，SI 为数据输入端，CLK 为移位脉冲输入端。两个 4094 级连后，组成一个 16 位移位寄存器，从 SI 端输入由串口 RXD 输出的数据，并通过移位脉冲 CLK，使之逐位右移，16 位数据全部移出后，再由程序令 P1.0 输出一个选通信号至移位寄存器的 STB 端，将 16 位数据锁存，且由 4094 并行输出端 Q1 ~ Q8 输出。这样用单片机的 3 位输出端口，可换得 16 位或更多位的并行输出口，通过这种变换，可以方便地增加 I/O 口的数量，其代价是数据输出速度的下降，等于用时间换来了空间。

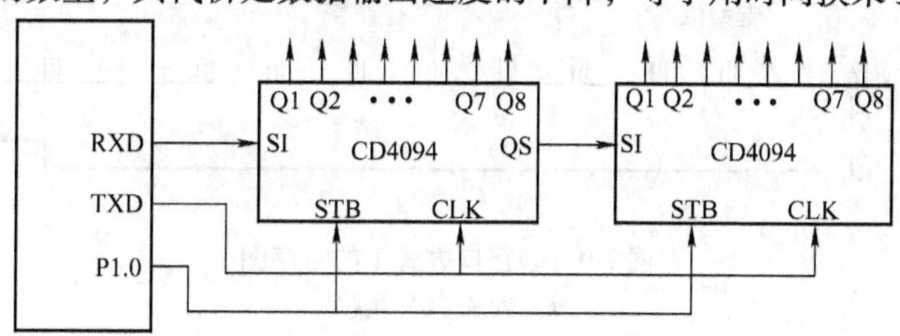

图 7-7 串行口扩展为并行输出口

图 7-8 中将并行数据通过并入串出位移寄存器芯片 CD4014 转换为串行信号，先利用程序令 P1.0 口输出高电平至 CD4014 的 P/S 端，将并行数据锁存于 CD4014 寄存器，然后将 P/S 置 0，让 CD4014 工作于串行移位状态。由 TXD 输出的同步移位脉冲，作用在 CD4014 的 CLK 端，将并行数据换成串行数据从 QS 端经 RXD 移入 SBUF。

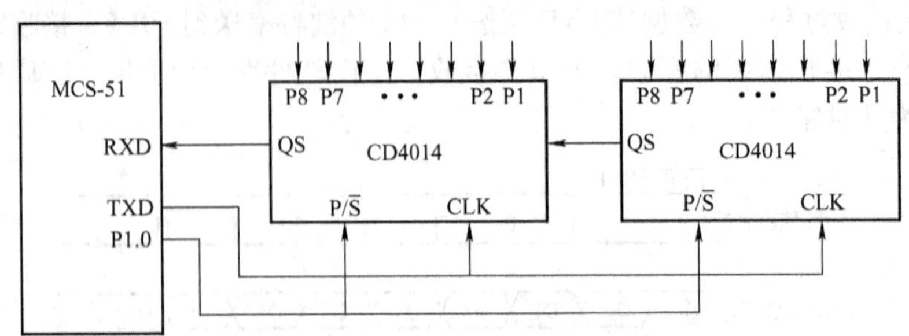

图 7-8 串行口扩展为并行输入口

二、串口工作方式 1

（一）方式 1 的工作性能

1）波特率可变，由定时器 T1 的时间常数决定，计算方法可参考第四节的式(7-4)和式(7-5)。

2）传送数据为 8 位，连同一位起始位、一位停止位组成一帧，即一帧为 10 位，发送由 TXD 输出，接收由 RXD 输入，可构成全双工的串行通信端口。

（二）方式 1 的工作过程

发送过程：发送时只要执行一条将数据写入 SBUF 的指令，就启动发送，发送完一帧数据后，硬件会将标志 TI 置 1，作为发送结束的标志。

接收过程：接收必须具备三个条件：①REN =1 允许接收；②RI =0 表示上一帧在 SBUF 中的数据已被取走；③SM2 =0 或接收到的停止位为 1，则接收数据有效，将 8 位数据送入 SBUF，停止位送 RB8，并将 RI 置 1。如果条件不满足，就无法收到数据或收到了将被抛弃。图 7-9 是串口工作于方式 1 的时序图。

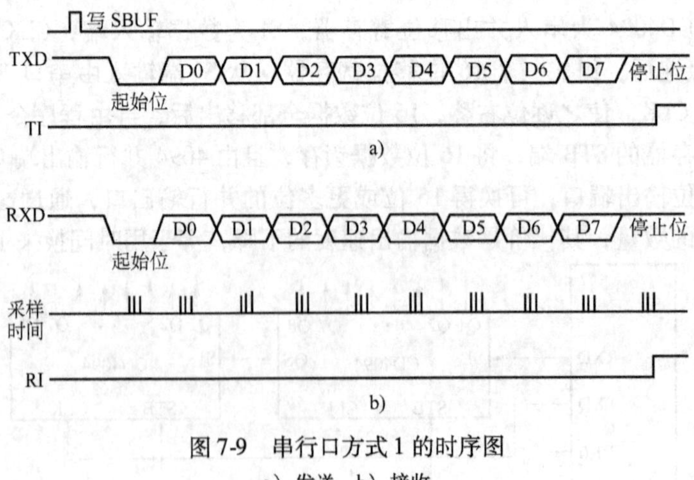

图 7-9 串行口方式 1 的时序图

a）发送 b）接收

三、串口工作方式 2 和 3

（一）方式 2、3 的工作性能

1）方式 2 波特率固定。方式 3 波特率可变，其值由定时器 T1 的时间常数决定，具体计算方法见式(7-5)。

2）一帧数据为 11 位，包括 1 位起始位、8 位数据位、1 位可编程位、1 位停止位。数据位低位在前高位在后，第 9 位可编程位发送时从 SCON 中的 TB8 取出，接收时第 9 位存 SCON 中的 RB8。

（二）工作过程

发送时，只要用一条将数据写入 SBUF 的指令就开始发送，8 位送完，再将 TR8 作为第 9 位发送，发送结束 TI 置 1。

接收时，同样必须具备 REN = 1、RI = 0 和 SM2 = 0 或接收到第 9 位数据为 1 等三个条件，接收一帧结束后，将 RI 置 1。如果 SM2 = 1 必须测得 RB8 = 1 才能作为地址帧接收。并判断是否本机地址，若地址帧与本机地址相同，则将 SM2 置 0 并接收。

第四节 串行接口初始化编程

要使用单片机的串行口，首先应对串口进行初始化，初始化程序应包括以下内容：

1）对 SCON 寄存器的初始化。

2）对 PCON 寄存器的初始化。

3）对串口波特率发生器 T1 定时器的初始化。

对 T1 的初始化，包括对 TMOD 寄存器的初始化，根据波特率计算公式求得的时间常数对 TH1、TL1 赋值。但应注意，串口工作方式不同时，波特率计算方法也是不同的。

一、波特率计算方法

（一）方式 0 的波特率计算方法

$$波特率 = \frac{f_{osc}}{12} \tag{7-1}$$

式中，f_{osc} 为主振频率。若 f_{osc} = 12MHz，则波特率为 1Mbit/s。

（二）方式 2 的波特率计算方法

$$波特率 = \frac{2^{SMOD}}{64} \times f_{osc} \tag{7-2}$$

若主振频率 f_{osc} = 12MHz PCON 寄存器第 7 位的 SMOD = 1，则波特率为 375Kbit/s。

（三）方式 1 和方式 3 的波特率的计算方法

$$波特率 = \frac{2^{SMOD}}{32} \times (\text{T1 的溢出率}) \tag{7-3}$$

式中定时器 T1 的溢出率等于溢出周期 T_c 的倒数，即 T1 的溢出率 = $1/T_c$，在串口工作于方式 1 和方式 3 时，波特率由定时器 T1 产生，在第六章中我们已经介绍了定时器 T1 有方式 0、方式 1 和方式 2 三种工作方式，其中定时器方式 2 定义为 8 位定时器，可以自动装入时间常数。初始化后，不再需要重装时间常数，是一种使用最方便的方法，在这种情况下定时器装入的时间常数(TH1 TL1)用 N 表示，定时器定时时间即溢出周期用 T_c 表示，可推出

$$T_c = (2^8 - N) \times \frac{12}{f_{osc}}$$

代入式(7-3)

$$波特率 = \frac{2^{SMOD}}{32} \times \frac{f_{osc}}{(256 - N) \times 12} \quad (7\text{-}4)$$

反过来若已知波特率，也可求出定时器装入的时间常数 N

$$N = 256 - \frac{f_{osc} \times 2^{SMOD}}{32 \times 12 \times 波特率} \quad (7\text{-}5)$$

从式(7-4)可知，当 $N = 255$ 时，波特率为最高，若 $f_{osc} = 12$MHz、SMOD = 0 波特率为 31.25Mbit/s，若 SMOD = 1 波特率为 62.5Mbit/s，这是 $f_{osc} = 12$MHz 时的波特率上限，若需要更高的波特率，就要提高主振频率 f_{osc}。

二、串口初始化举例

例 7-1 某 8051 单片机控制系统，主振频率为 12MHz，要求串行口发送数据为 8 位、波特率为 1200bit/s，编写它的初始化程序。

解：先按式(7-5)求 T1 的时间常数 N，设 SMOD = 1。

$$N = 256 - \frac{12 \times 10^6 \times 2^1}{32 \times 12 \times 1200} = 256 - 52.08 = 203.99 = 0CCH$$

初始化程序为

```
MOV   SCON,#50H     ;串行口工作于方式 1
MOV   PCON,#80H     ;SMOD = 1
MOV   TMOD,#20H     ;T1 工作于定时器方式 2,定时方式
MOV   TH1,#0CCH     ;设置时间常间为 N
MOV   TL1,#0CCH     ;自动装入时间常数
SETB  TR1           ;启动 T1
```

由于按上式根据波特率计算出的时间常数 N 不是整数，取其近似整数后，波特率也就不是准确地等于 1200bit/s。但在异步传送中；每收完一个字符实际上都要同步一次，因此在一个字符收发过程中，波特率的微小误差并不影响收发。从图 7-4 也可看出，传送一个位的时间为波特率倒数，若波特率为 1200bit/s，则一个位的传送时间为 0.833ms，取样在传送时间的中点，只要挪动比 0.833ms/2 少很多。取样值还是正确的。

常用波特率与对应的时间常数关系如表 7-3 所示。

表 7-3 波特率与对应的时间常数关系

	波特率/(Kbit·s^{-1})	主振频率/MHz	SMOD	定时器 T1		
				$C/\overline{T}$	方式	装入值
方式 0	1000	12	×	×	×	×
方式 2	375	12	1	×	×	×
方式 1，3	62，5	12	1	0	2	0FFH
	19.2	11.0592	1	0	2	0FDH
	9.6	11.0592	0	0	2	0FOH
	4.8	11.0592	0	0	2	0FAH
	2.4	11.0592	0	0	2	0F4H
	1.2	11.0592	0	0	2	0E8H

第五节　RS-232、RS-485 接口

一、RS-232

直接用单片机的串口进行通信，可以将两个串口直接相连，即一方的 TXD 引脚接另一方的 RXD 引脚，再把 RXD 引脚接到另一方的 TXD 引脚。双方的地线相连，如图 7-10 所示。但这种方式只适用通信距离很短的场合，例如在同一块印刷板上的两台单片机间的通信，其输出电平同属 TTL 或 CMOS 逻辑电平，当电源电压为 5V 时，串口输出电压大约只有 0.1 ~ 4V 左右，幅度小，防干扰能力差，为此在通信距离较大时，不能使用串口直接通信的办法，需要使用 RS-232 接口，通过它增加驱动能力，提高信号幅度，以增大传输距离。

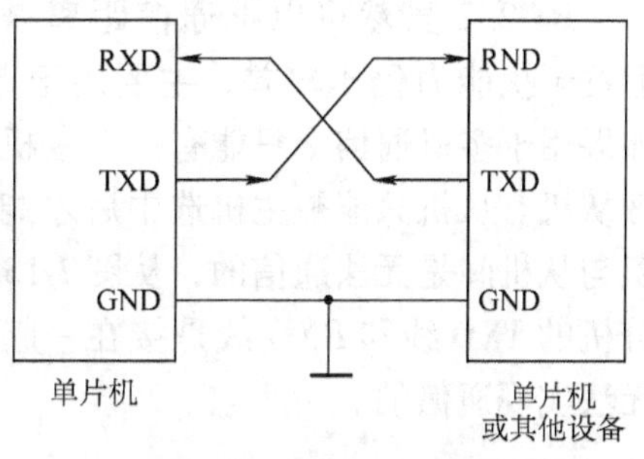

图 7-10　两个串口直接相连的使用方式

RS-232 是国际电子工业协会和通信工业协会制定的串行通信总线标准，它定义了 25 条信号线，包括 4 条数据线，11 条控制线，三条定时线和 7 条备用和未定义的线。其中常用的只有 9 条，所以大部分 RS-232 接口只用 9 根。一般单片机系统只用其中三根（TXD、RXD、地）。RS-232 规定逻辑 0 的电平为 +5V ~ +15V，逻辑 1 的电平为 -5V ~ -15V，所以它的通信距离可扩大到 15m 左右。在单片机系统中，要把 TTL 电平转换为 RS-232 电平或者把 RS-232 电平转换为 TTL 电平都需要使用专门的转换芯片。

MAX232 就是一种常用的转换芯片，它的发送端能将 TTL 电平转换为 RS-232 电平，接收端可以将 RS-232 电平转换为 TTL 电平，图 7-11 是 MAX232 的组成框图，图 7-12 是 MAX232 的引脚图，图 7-13 是 RS-232 端口连接方法。经过 MAX232 转换之后，虽然发送、接收线的名称，仍然使用 TXD、RXD，但与串口直接输出的 TXD、RXD 不同，已经转换为 RS-232 电平了。

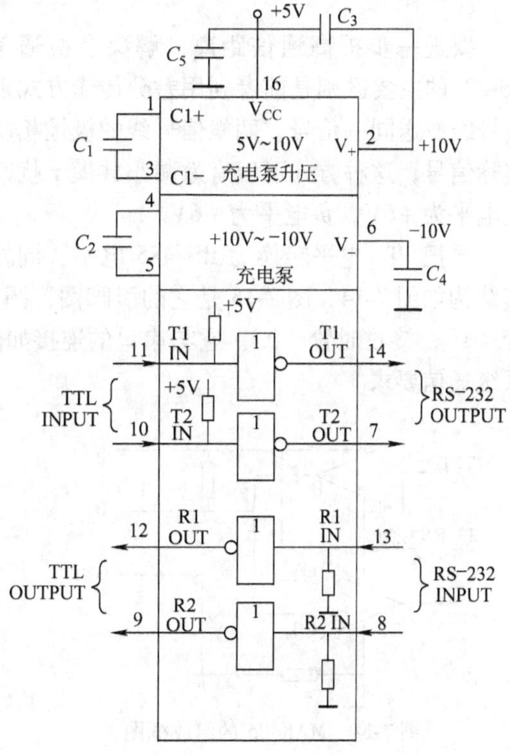

图 7-11　MAX232 的组成框图

从图 7-11 可以看到，MAX232 片内有 4 个反相器，可以实现两路 TTL/CMOS 电平与RS-232电平的互换。芯片只需一个 5V 的单电源供电。依靠内部的两个充电泵产生 ±10V 的电压，其中一个电泵变压电路是由片内开关和电容器 C_1、C_3 组成，当 C_3 充上 5V 电压与电源 V_{CC}叠加后，就能得到 +10V 输出。另一个则由片内开关和电容器 C_2、

C_4 组成，通过开关与 C_2 可以在 C_4 上产生 -10V 电压。使用 MAX232 芯片作为 RS-232 接口时，连接方式如图7-13所示。

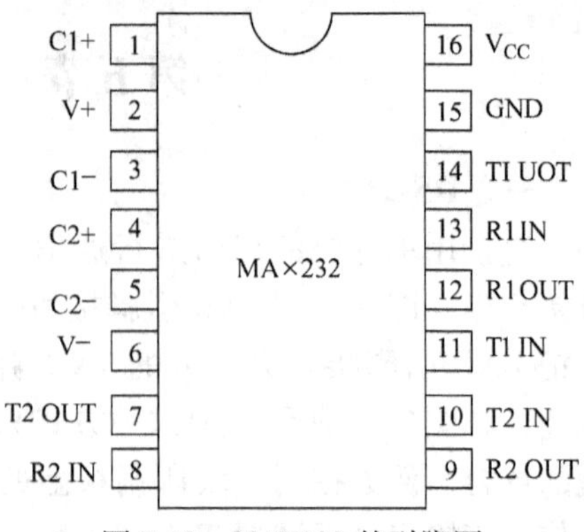

图 7-12　MAX232 的引脚图

二、RS-485

RS-232 虽然可以把通信距离增加到 15m 左右，但抗干扰能力仍比较差，主要用于点与点间的通信，如果用于多机通信，只能有一个主机，其他分机只能做从机。从机只能被主机选中后才能与主机通信，从机与从机间是无法通信的，从图 7-13 也可以看出，各分机的 TXD 线和 RXD 线是接在一起的，这种连接是无法实现通信的。

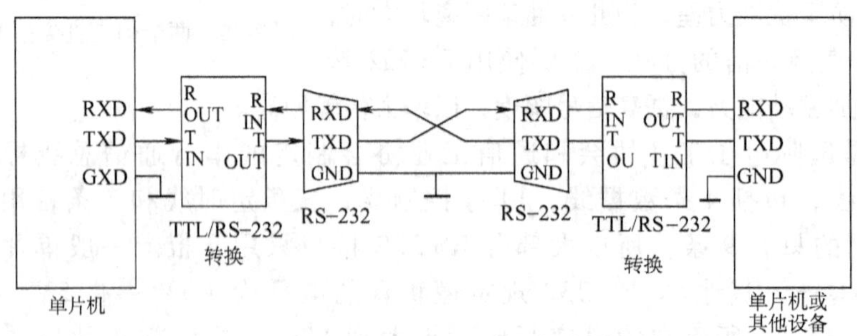

图 7-13　RS-232 的连接方式(多机连接)

要进一步提高通信距离，解决多机通信的问题，可以使用 RS-485 接口，RS-485 与 RS-232的主要区别是前者利用差分传输方式延长通信距离和提高可靠性，在发送端使用两根信号线发送同一信号，两根信号线的极性相反，在接收端对这两根线上的电压信号相减得到实际信号，这种方式可以有效减小共模干扰，提高通信距离，最远可以传送 1200m，传送的正电平为 +6V，负电平为 -6V。

要把 TTL 电平转换为 RS-485 电平，同样需要转换芯片，常用的转换芯片有 MAX485，其结构如图 7-14，图 7-15 是它的引脚图，图中有一个控制引脚，在发送时必须将控制引脚置“1”，接收时置“0”。它与串口的连接如图 7-16。使用 RS-485 接口可以满足一般单片机系统通信要求。

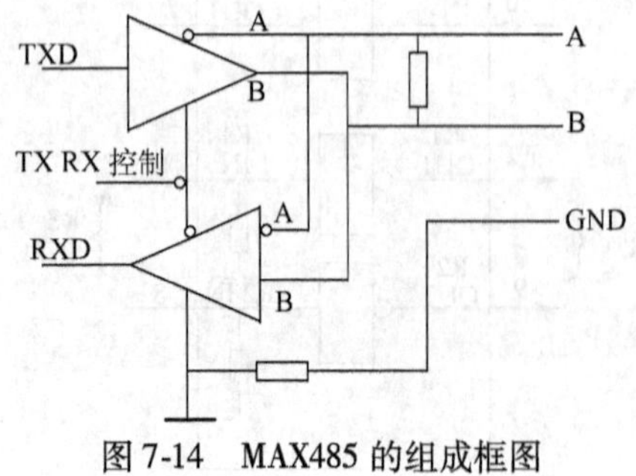

图 7-14　MAX485 的组成框图

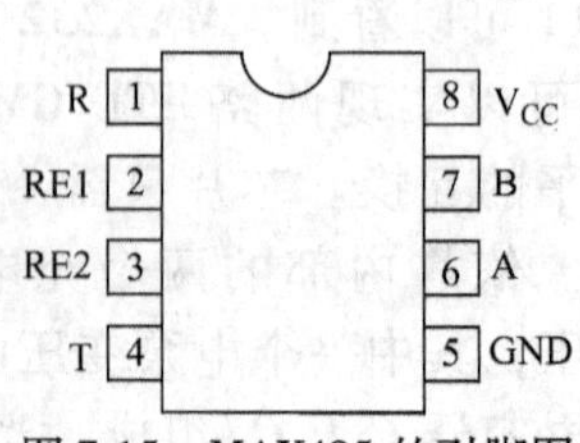

图 7-15　MAX485 的引脚图

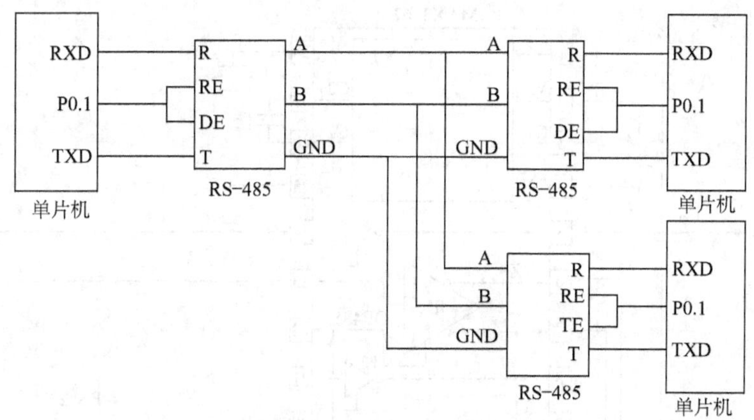

图 7-16　RS-485 的连接方式

三、RS-232 与 RS-485 的转换

如果一个串口使用 RS-232 接口，另一个串口使用 RS-485 接口，要在这两个串口间实现通信，就要将 RS-232 接口转换为 RS-485 接口。或者将 RS-485 接口转换为 RS-232 接口。PC 的串口（COM1、COM2）都是用 RS-232，要与具有 RS-485 接口的单片机系统进行通信，也要通过 RS-232/RS-485 的转换器。

要实现 RS-232/RS-485 的转换，可以通过两个步骤完成，即先用 MAX232 芯片，把 RS-232 电平转换成 TTL 逻辑，再用 MAX485 芯片把 TTL 逻辑转换为 RS-485 输出。如果反过来使用，也能将 RS-485 转换为 RS-232。现在 RS-232/RS-485 的转换有许多现成的产品，使用时只要把它插在串口的 9 芯插座上，即能实现变换，而且无需外接电源。图 7-17 是 RS-232/RS-485 的转换器的外形图。

图 7-17　RS-232/RS-485 转换器的外形图

这种转换器多采用 MAX3162，该芯片内部有两路 TTL 逻辑/RS-232 的转换，还有一路 TTL 逻辑/RS-485 的转换，图 7-18 是 MAX3162 的内部结构和接脚图，通过图中所示的接线，即可完成 RS-232/RS-485 的转换。

不论是 RS-232 还是 RS-485，实际上都只能在 2km 范围内进行可靠的通信，要实现真正的远距离传输，并且是使用电话电缆，就需要使用调制解调器对信号进行变换。

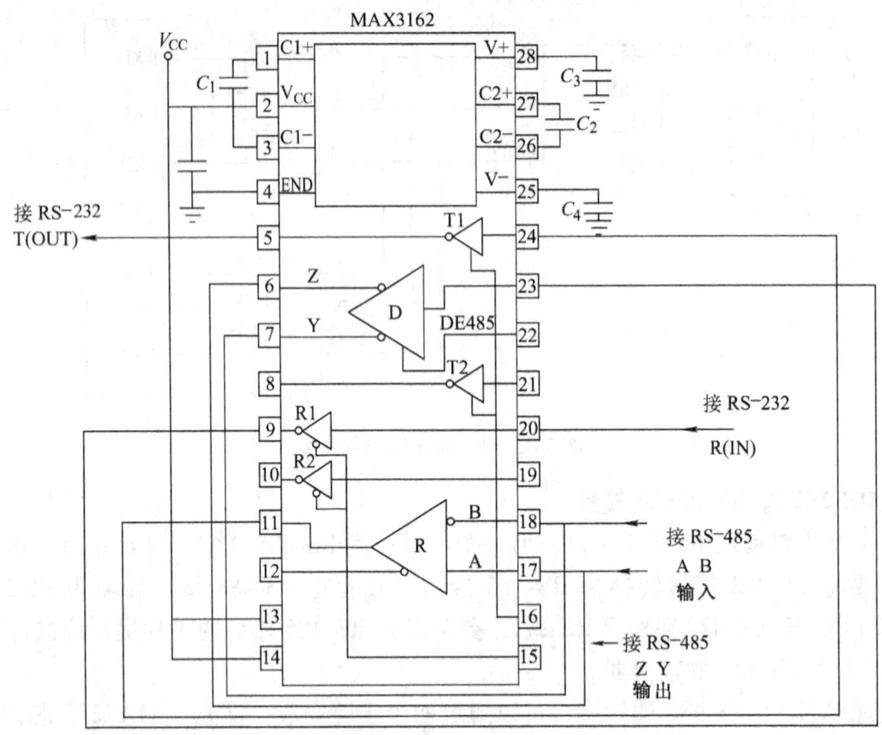

图 7-18 MAX3162 的接线图

*第六节 调制解调器

一、调制解调器工作原理

串口通信的传输距离受到很大限制，就是用了 RS-232、RS-485 接口，最大传输距离也只能达到 1200～1600m。究其原因，一是因为信号电平低，容易受到衰减和干扰。二是因为数据信号是一串由 0 和 1 的高、低电平脉冲所组成，虽然也是矩形波，但占空比不固定，随着数据不同，波形也跟着变化，这就使得信号频谱比较宽，线路稍长一些，就会因线间电容造成波形严重失真，所以要实现几千米以上的传输，需要使用调制解调器。

调制解调器的作用是将脉冲型的数据信号，调制在音频载波上，然后利用音频传输线将调制后的数据信号送到远方。由于调制后的信号是音频信号，频带窄，能与传输介质相容，因而可以进行远距离传送。接收方收到这种经过调制后的音频信号，通过解调，重新恢复成原来的数据信号。

对数字信号的调制方法，可以用幅移键控(ASK)、频移键控(FSK)和相移键控(PSK)三种方式，幅移键控是使音频载波信号的幅度随被传送的数据信号的变化而变化。而频移键控则是使音频载波信号的频率随被传送的数据信号的变化而变化。相移键控则是使音频载波信号的相位随被传送的数据信号的变化而变化。这三种方式中最常用的是频移键控。因为这种方式，抗干扰能力强，工作比较稳定，是单片机系统常用的调制方式。XR2206 和 XR2211 就是频移键控电路常用的一对芯片。

二、调制解调器芯片 XR2206 和 XR2211

现在有多种调制与解调的芯片，其中由 XR2206 和 XR2211 配对的调制解调器，电路比较简单，性能比较稳定。

XR2206 是一种单片函数发生器，可以产生高精度的正弦波，也可以用它实现频移键控（FSK）调制，图 7-19 是它的引脚和内部结构，图 7-20 是作为调制器使用的应用电路。

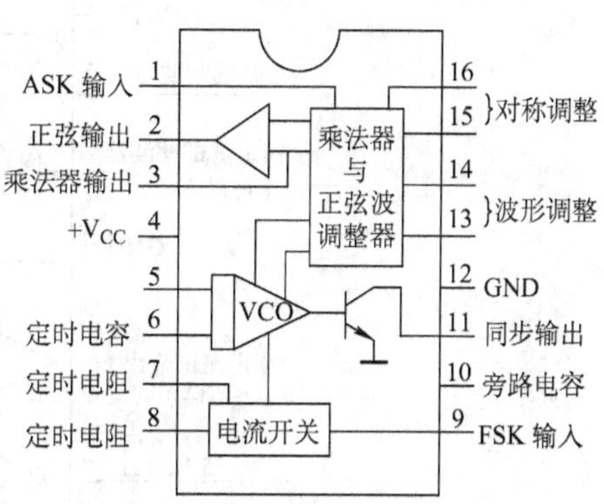

图 7-19　XR2206 的引脚和内部结构

调幅时，将数据信号作为调制信号，从第 1 脚输入，通过乘法器使第 2 脚输出调幅波。

调频时，将第 1 脚接地，调制用的数据信号从第 9 脚输入，利用它控制电流开关，选择接在第 7 脚或接在第 8 脚的电阻作为定时电阻，以控制压控振荡器，改变输出的音频载波频率，以达到调制频率的目的。第 9 脚输入低电平 0 时，接入压控振荡器的电阻为 R_4、R_6，调节 R_6，使得产生的频率 f_1 等于 1180Hz。当第 9 脚输入高电平 1 时，接入压控振荡器的电阻为 R_3、R_5，调节 R_5，使得产生的频率 f_2 等于 980Hz。这样，原来由低电平 0 和高电平 1 组成的脉冲信号，经 VCO 转换后，成为由 1180Hz 和 980Hz 组成的调频波，完成 FSK 的调制任务。调制后的调频波送到正弦波调整器，调整后的 FSK 调频波，从第 2 脚输出，接在 13 脚和 14 脚的电阻，用来调节正弦波的波形。接在 15 脚和 16 脚的电阻，用来调节正弦波的对称。3 脚是乘法器和正弦波调整器的输出端，可以接一个负载电阻，用来调节正弦波的幅度，经过这三个电阻的调整，可以从第 2 脚得到一个失真最小的调频波。

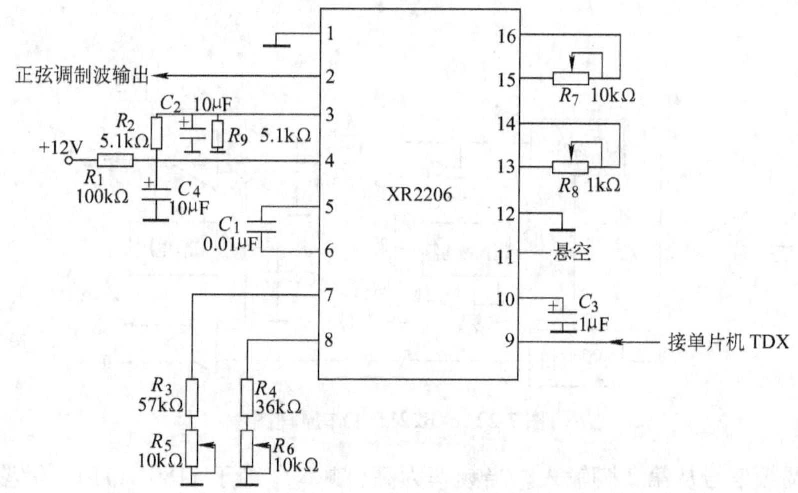

图 7-20　XR2206 作为 FSK 调制器使用的应用电路

XR2211 是专为数据通信设计的单片锁相环系统，可以作为 FSK 解调器。图 7-21 是它的引脚和应用时的外接元件图。图 7-22 是其工作原理图。

图中 R_{11}、C_6 是 0°鉴相器的外接环路滤波器，R_{12}、C_4 是数字滤波器，R_{14}是外接 FSK 比较器的正反馈电阻，R_{15}是集电极上拉电阻。C_7 是压控振荡器的定时电容。

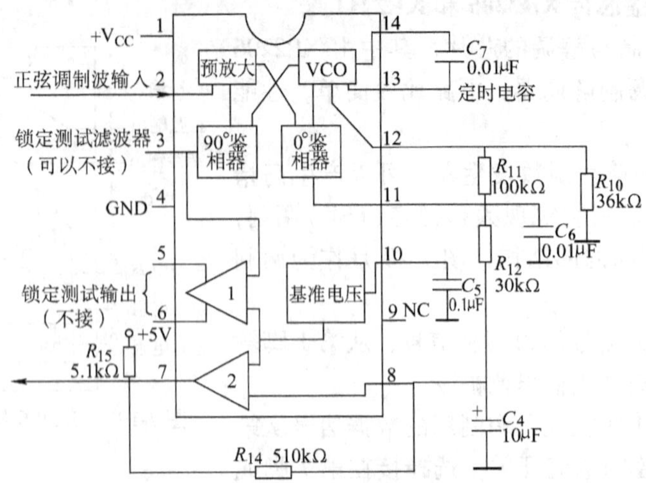

图 7-21　XR2211 的引脚和作为 FSK 解调的外接元件图

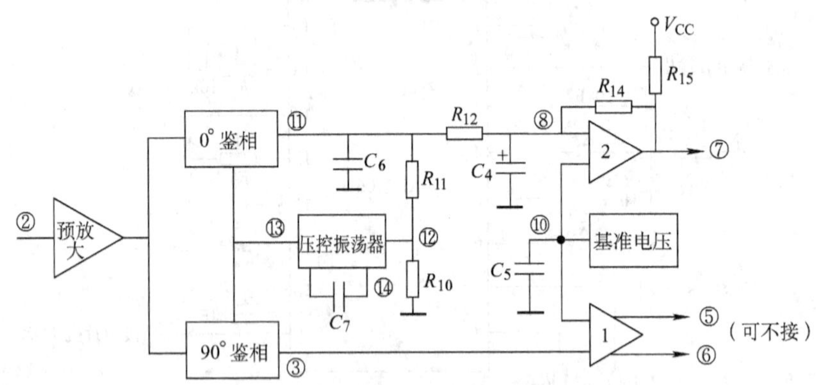

图 7-22　XR2211 工作原理图

解调时调频信号从第 2 脚输入，当频率为高(频率f_1 等于 1180Hz)时，0°鉴相器的输出电压小于基准电压，经 FSK 比较器比较，从第 7 脚输出的电压为低电平。

当第 2 脚输入频率为低(频率f_{12}等于 980Hz)时，0°鉴相器的输出电压大于基准电压，经 FSK 比较器比较，从第 7 脚输出的电压为高电平。

这样，调频电压就转换为由高低电平组成的数字信号，完成解调任务。

用 XR2206 和 XR2211 组成的调制解调器是工作于半双工方式，发送和接收不能同时进行，所以从 XR2206 输出的调频信号，还必须加一个控制电路，只有在发送时才打开，才允许 XR2206 把调频信号送出。平常控制电路关闭，只能进行接收。

第七节　串行接口的应用

一、单片机与单片机之间或单片机与外设之间的通信

单片机与单片机之间或单片机与外设之间的通信，可以直接利用串口，两个单片机的串口连接时，一方的 TXD 接另一方的 RXD，再把一方的 RXD 接另一方的 TXD，如图 7-10 所示。如果两者之间有一定距离，可以在两方串口各接一个 MAX232 或 MAX485 芯片，转换为

RS-232 或 RS-485 电平。电平转换是通过硬件完成的，对编程者来讲，数据送给 SBUF 就可以完成发送，从 SBUF 读入数据就能完成接收，但使用 RS-485 时，需要在发送前，对 RS-485的控制脚置“1”。

例 7-2　要在车间醒目位置设置一个生产进度显示板。显示当天已完成的产品数量，所需的产量数据，要从主单片机传送到显示板，试设计一个单片机系统和它的串口传送程序。

解：可以用一个单片机作为统计产量的主机，及时把已完成的合格产品数量，通过自动计数机构向主机外部中断输入端 INT0 送出一个计数脉冲，作为请求中断信号。响应中断后，在中断程序中，将产量计数存储单元 30H 加 1，并把 30H 单元的值，通过串口送给显示板。主机在这里作为发送方。

另外一个单片机用于控制显示板，并作为两机通信中的接收方，显示板的单片机平时运行显示程序，显示缓冲单元 79H 中的数据。只有在串口收到主单片机发来的产量数据时，才会因串口中断，转去执行中断服务程序，以便把新接收到的产量数据，置于显示缓冲单元 79H，再返回执行主程序中的显示程序，更新显示内容。

两个单片机的串口 TXD、RXD 可通过 9 芯插座相连，显示板的显示电路可参照图 6-14。若采用 RS-485 接口，其连接可参照图 7-16，但需在以下程序中加上一条对控制脚置“1”的指令。以下是按 RS-232 连接，没有加控制信号的程序。

（一）发送方

主单片机系统作为发送方。

1. 主程序

在发送端的主程序中，应做好两个初始化工作，一是对外部中断源 INT0 的初始化，二是对串口进行初始化，然后等待外部中断

```
        ORG     0000H
        LJMP    START
        ORG     0003H
        LIMP    SUBG            ;INT0 中断入口
        ORG     0100H
START:  MOV     30H,#00H
        MOV     SP,#60H
        SETB    IT0             ;设 INT0 为边沿触发方式
        MOV     SCON,#40H       ;串口工作方式 1 禁止接收
        MOV     PCON,#00H       ;波特率不加倍
        MOV     TMOD,#20H       ;T1 工作于定时器方式 2 定时
        MOV     TH1,#0E8H
        MOV     TL1,#0E8H       ;波特率为 1200bit/s
        SETB    EA              ;开中断
        SETB    EX0             ;允许中断源 INT0 中断
        SETB    TR1             ;打开波特率发生器
WAIT:   NOP                     ;等待中断
        SJMP    WAIT
```

2. 中断服务子程序

当外部中断 INT0 请求中断时，表示生产线上已完成一台成品，因此在中断程序中，要将产量计数单元 30H 加 1，并把加 1 后的值从串口输出，由于该车间一天的产量不会超过 256 台，所以 30H 不做进位处理。中断服务程序没有使用工作寄存器，所以无需保护现场。

```
        ORG：   0300H
SUBG：  MOV     60H,A          ;保护现场
        INC     30H            ;产量计数单元加 1
        MOV     SBUF,30H       ;送串口
DDF：   JNB     TI,DDF         ;等待发送
        CLR     TI
        MOV     A,60H
        RETI
```

（二）接收端——显示板的 CPU 作为接收端

1. 主程序

初始化部分与发送端基本相同，只在 SCON 初始化时改禁止接收为允许接收，并且一边执行显示程序，一边等待中断。显示程序这里从略，可参看第六章。

```
        ORG     0000H
        LJMP    START
        ORG     0023H
        AJMP    SUBG              ;中断入口
        ORG     0100H
START： MOV     30H,#00H
        MOV     SP,#60H
        MOV     SCON,#50H         ;串口工作方式 1 允许接收
        MOV     PCON,#00H         ;波特率不加倍
        MOV     TMOD,#20H         ;T1 工作于定时器方式 1 定时
        MOV     TH1,#0E8H
        MOV     TL1,#0E8H         ;波特率为 1200bit/s
        SETB    EA                ;开中断
        SETB    ES                ;允许串口中断
        SETB    TR1               ;打开波特率发生器
WAIT：  LCALL   DISPLAY           ;转显示子程序
        AJMP    WAIT
```

2. 中断服务子程序

当串口收到主单片机发来信号，串口请求中断时，转而执行中断服务子程序

```
        ORG     0300H
SUBG：  CLR     RI
        MOV     79H,SBUF          ;接收主机发来数据
        RETI
```

从以上例子可以看出，串口发送的条件是：①由软件对 TI 清零；②执行一条将数据写入 SBUF 的指令。当这两个条件满足时，UART 便立即启动发送，将 SBUF 的数据通过 TXD 端送出，送完一帧信息后，便将中断标志 TI 置 1，表示一帧发送已经完成。如果还要继续发送第二帧信息，同样要再用软件对 TI 置 0，再执行一条将数据写入 SBUF 指令。

这种发送方式，发送端在发送完数据之后，没有去检查接收端是否真正收到这个信息，这显然是不够可靠的。

再看接收方，串口接收的条件是：①REN = 1 允许接收；②RI 已经清零；③检测到 RXD 引脚从 1 到 0 的跳变，三个条件满足，就启动接收器接收。串行口有两个接收缓冲器，即在前一个字节从接收寄存器取出之前，它能着手接收第二个字节，但当第二个字节接收完，而第一个字节仍未读出，则将丢失一个字节。可见接收方如果接收得太慢(即第一个 MOV　A，SBUF 与第二个 MOV　A，SBUF 的指令相隔时间太长)，在发送端开始发出第三个字节时，接收端尚未执行第一个字节的接收指令 MOV　A，SBUF，就可能发生漏收故障。除此之外，干扰及波特率误差都可能造成接收失误。

为防止收发过程可能发生的错误，收发双方，可以采取必要的校验手段。下面举例说明。

例 7-3　有一个 IC 卡专用读写器，在 IC 卡插入后，读写器可以与控制中心的单片机实现通信，假定其通信协议为

1）读写器向控制中心的单片机发出呼叫信号 02H。

2）控制中心的单片机向读写器回送应答信号 10H 或无应答。

3）读写器如果没有收到应答则重新呼叫。读写器如果收到应答则向单片机发出数据，第一字节为数据长度，接着是若干字节的数据信息，最后为发出数据的校验和(可将全部数据求异或值)。在读写器发送信号的同时，控制中心的单片机接收所发来的数据，并统计长度、校验和，将结果与发来的长度、校验和进行比较。

4）读写器向单片机发出结束信号 03H。

5）如校验正确，单片机向读写器回送应答信号 10H，否则无应答。

6）读写器如果没有收到应答表示本次通信失败，则重新呼叫，重新发数据。读写器如果收到应答则表示本次通信成功，结束本次通信。

按以上要求编制一个单片机的通信程序。

解：在本例中，单片机仅仅作为接收方，平常可处于等待呼叫状态，遇到呼叫时，接收由读写器发来的数据，并存入从 30H 开始的片内单元。其中

30H：对方发来的数据长度，设数据长度不会大于 10 个字符

40H：实际收到的数据长度

41H：对方发来的数据校验和

42H：实际收到的数据校验和

```
        ORG     0000H
        AJMP    MAIN
        ORG     0100H
MAIN:   MOV     PCON,#00H
        MOV     SGON,#70H           ;串口工作于方式 1,REN = 1
```

```
        MOV   TMOD,#20H        ;T1 工作于定时器工作方式 2
        MOV   TH1,#0E8H        ;波特率为 1200bit/s
        MOV   TL1,#0E8H
        SETB  TR1              ;启动 T1
START:  MOV   R0,#30H
        CLR   A
        MOV   40H,A
        MOV   42H,A
WAIT:   JNB   RI,WAIT
        CIR   RI
        MOV   A,SBUF ;
        CJNE  A,#02H,WAIT
        LCALL DELAY            ;适当延时
        MOV   SBUF,#10H        ;收到呼叫后的应答
FAW:    JNB   TI,FAW
        CLR   TI
        NOP
SHOUW:  JNB   RI,SHOUW
        CIR   RI
        MOV   A,SBUF
        MOV   @R0,A
        INC   R0
        INC   40H              ;实际收到的数据长度
        CJNE  A,#03H,SHOUW
        DEC   R0
        DEC   R0               ;校验和位于结束信号前
        MOV   A,@R0
        MOV   41H,A            ;对方发来的数据校验和
        MOV   R7,40H
        MOV   R0,#30H
        CLR   A
ANGEN:  XRL   A,@R0
        INC   R0
        DJNZ  R7,ANGEN
        MOV   42H,A            ;实际收到的数据校验和
        CJNE  A,41H,START
        MOV   A,30H
        CJNE  A,40H,START
        MOV   SBUF,10H         ;校验无误后应答
```

```
FAW1:   JNB     TI,FAW1
        CLR     TI
        .
        .
        .                               ;处理收到的数据,略
        LJMP    START
DELAY:  MOV     R6,#30H
D1:     MOV     R7,#0F0H
D2:     DJNZ    R7,D2
        DJNZ    R6,D1
        RET
```

二、单片机与 PC 之间的通信

单片机作为控制部件，其体积小、功能强。但也有不足之处，首先，它在运行中缺乏能与用户沟通的友好界面，其次存储量小，如果要求运行中能够存储大量的运行数据，例如要每分钟或每小时记录一次现场数据，就显得力不从心。加上近年来，随着单片机的推广应用，联机运行的系统日益增多，这就需要用 PC 作为主控，利用 PC 的界面功能与存储能力，对系统进行统一调配，使得系统更加完善。

单片机与 PC 联机后，就存在传递信息的问题。现在联机传递信息多采用串口，但 PC 串口(包括 COM1、COM2 有的还有 COM3)输出都是 RS-232 电平，并用 9 针插座，所以单片机要与 PC 实现通信，就必须在单片机串口输出加接 RS-232 或 RS-485 转换芯片，以便与 PC 相连。且两者波特率必须一致。连接方法如图 7-23 所示。

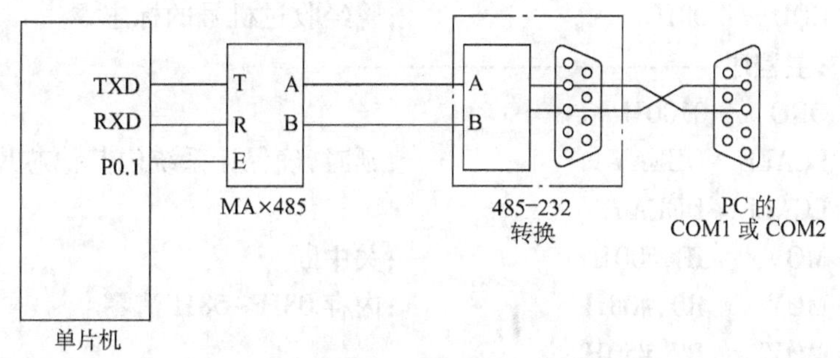

图 7-23　单片机与 PC 之间的通信连接

因为一般都是用 PC 为主控，所以通信时不论是由 PC 发送，还是由 PC 接收。一般情况下总是先由 PC 作为主叫方向某一单片机系统呼叫，单片机作为被叫方，接到呼叫后，或是把主叫方需要的信息发送给 PC。或是接收主叫方 PC 发来的信息。多机联机运行时，可以有两种解决办法。一种是通过软件选择，主叫方可以先发出机号，这个机号可以为所有串口所接收，但只有被叫机号相同者才作回答，其余作无效处理。另一种是利用串口方式 2 或方式 3，先发出地址帧，只有地址与被呼的机号相同者，才作回答，下面按软件选择机号的办法，作为实例，加以说明。

例 7-4　设计一个单片机与 PC 的通信程序，并以 PC 为主控，可以通过呼叫信号，向单片机发送数据，也可以要求单片机向 PC 传送数据。

解：为了使系统能够可靠地收发，设计前要先对收发双方收发信号的结构作出某些约定，这种约定可以是按某种标准约定，也可以自行约定，设本例的约定为

1）PC 要求单片机发送时，所发的呼叫信号约定为两字节，第一字节为机号，设被叫方的单片机的机号为 07H，第二字节为要求发送的标志，设约定为 0CCH。单片机收到 PC 呼叫信号后，将数据送给 PC，约定单片机发给 PC 的信号由 37B 组成，先用 C5H，C5H 打头，然后是 30H ~ 4FH 单元内的 32 个数据、最后是校验和、数据个数、结束符 0EEH。

2）PC 要求单片机接收时，所发的呼叫信号约定为 8B，第一字节为机号 07H，第二字节为要求接收的标志 0BBH，其余 6 个为要发送的数据，单片机收到数据后，要求将收到的数据返回给 PC，以便检查。返回的结构也是用 0C5H、0C5H 打头，其余 6 个为所收到的数据，例如 PC 发出 07H、0BBH、01H、02H、03H、04H、05H、06H，单片机回送 0C5H、0C5H、01H、02H、03H、04H、05H、06H。供 PC 辨认。

（一）单片机程序设计

主程序的工作，主要是对串口以及波特率发生器（定时器 T1）进行初始化。平时单片机处于等待中断状态，一旦 PC 呼叫信号送到串口，单片机立即中断，并进入中断程序以完成发送或接收任务。中断程序流程图如图 7-24 所示。

```
        ORG     0000H
        LJMP    ST
        ORG     0023H
        LJMP    CHINOUT
EESJ    EQU     10H                 ;是否已发出数据引头的标志
SDJ     EQU     12H                 ;待发送数据的首地址存 12H
SDBZ    EQU     08H                 ;曾经收过机号的标志
        ;主程序---------------------------------
        ORG     0100H
ST:     LCALL   DELAY               ;延时,确保让系统内其他芯片可靠复位
        LCALL   DELAY
MAIN:   MOV     IE,#00H             ;关中断
        MOV     R0,#08H             ;内存 08H ~ 58H 清零
        MOV     R7,#50H
QR:     MOV     @R0,#00H
        INC     R0
        DJNZ    R7,QR
        CLR     P0.1                ;接通 RS-485 控制口
        MOV     SDBZ,#00H           ;标志清零
        MOV     EESJ,#55H           ;EESJ 作为是否已发送打头信号的标志
        MOV     SP,#70H             ;置堆栈指针
        MOV     SCON,#050H          ;置串口方式 1
        MOV     PCON,#00H           ;波特率不加倍
        MOV     TMOD,#20H           ;CTC 初始化
```

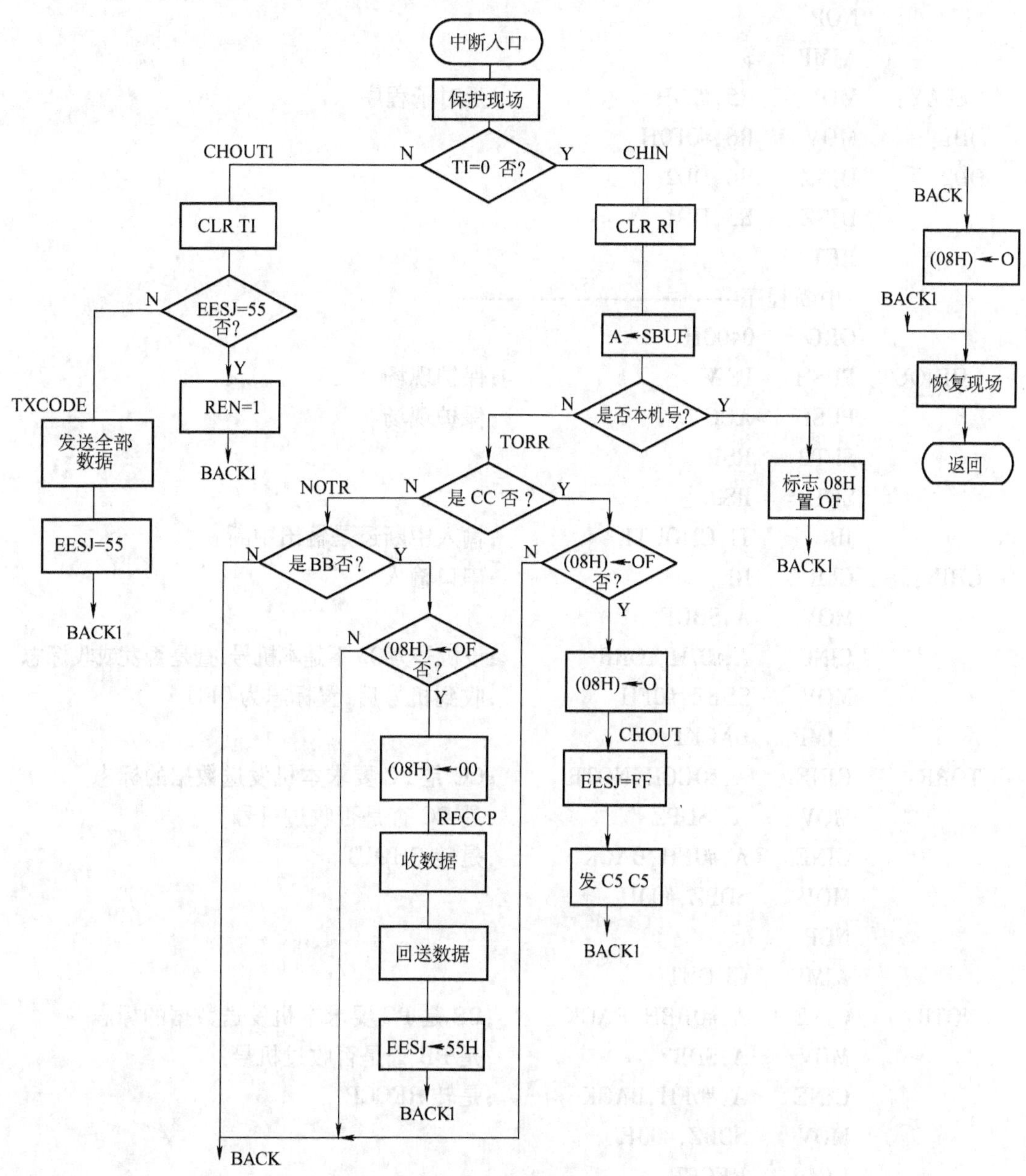

图 7-24 中断程序流程图

```
MOV     TH1,#0CCH               ;置波特率为 600bit/s
MOV     TL1,#0CCH
SETB    TR1                     ;启动定时器
MOV     P3,#0FFH                ;P3 口置高
MOV     SDJ,#30H                ;待发送数据的首地址定在 30H
MOV     0CH,#00H                ;校验和清零
CLR     P0.1
MOV     IE,#90H                 ;等待中断
```

```
          NOP
          AJMP    $
DELAY:    MOV     R5,#20H            ;延时子程序
DD1:      MOV     R6,#0F0H
DD2:      DJNZ    R6,DD2
          DJNZ    R5,DD1
          RET
          ;中断程序--------------------------------
          ORG     0400H
CHINOUT:  PUSH    PSW                ;保护现场
          PUSH    ACC                ;保护现场
          SETB    RS1
          SETB    RS0
          JB      TI,CHOUT1          ;输入中断还是输出中断
CHIN:     CLR     RI                 ;串口输入
          MOV     A,SBUF
          CJNE    A,#07H,TORR        ;设机号为07 不是本机号,查是否发或收标志
          MOV     SDBZ,#0FH          ;收到机号后,置标志为 0FH
          AJMP    BACK1
TORR:     CJNE    A,#0CCH,NOTR       ;CC 是 PC 要求本机发送数据的标志
          MOV     A, SDBZ            ;是 CC 查是否收过机号
          CJNE    A,#0FH,BACK        ;是转 CHOUT
          MOV     SDBZ,#00H
          NOP
          AJMP    CHOUT
NOTR:     CJNE    A,#0BBH,BACK       ;BB 是 PC 要求本机发送数据的标志
          MOV     A,SDBZ             ;是 BB 查是否收过机号
          CJNE    A,#0FH,BACK        ;是转 RECCP
          MOV     SDBZ,#00H
          LJMP    RECCP
BACK:     MOV     SDBZ,#00H          ;不是约定格式返回
BACK1:    POP     ACC
          POP     PSW
          RETI
CHOUT:    CLR     REN                ;发送,禁接收
          SETB    P0.1               ;接通 RS-485 控制口
          LCALL   DELAY
          MOV     EESJ,#0FFH         ; EESJ =0FFH 表示已发送打头信号
          LCALL   DELAY
```

```
        LCALL   DELAY
        MOV     SBUF ,#0C5H        ;发送打头信号
        JNB     TI,$
        CLR     TI
        LCALL   DELAY
        MOV     SBUF,#0C5H
        JNB     TI,$
        LCALL   DELAY
        AJMP    BACK1
CHOUT1: CLR     TI                 ;串口发送
        MOV     A,EESJ
        CJNE    A,#55H,TXCODE
        LCALL   DELAY
        CLR     P0.1
        SETB    REN                ;允许接收
        LCALL   DELAY
        AJMP    BACK1
TXCODE: MOV     0CH,#00H ;
SMA:    MOV     R1,SDJ             ;开始发送 30H～4FH 内容
SMA1:   MOV     R2,#20H
SMA2:   MOV     SBUF, @R1
        JNB     TI,$
        CLR     TI
        INC     R1
        ADD     A,0CH
        MOV     0CH,A
        LCALL   DELAY
        DJNZ    R2,SMA2
        MOV     R2,#20H
        MOV     R1,SDJ             ;送完清零
QIN:    MOV     @R1,#00H
        INC     R1
        DJNZ    R2,QIN
SEND:   MOV     SBUF,0CH           ;发送校验和
        JNB     TI,$
        CLR     TI
        LCALL   DELAY
        MOV     SBUF,#20H          ;发送个数
        JNB     TI,$
```

```
        CLR     TI
        LCALL   DELAY
        MOV     SBUF,#0EEH
        JNB     TI,$
        LCALL   DELAY
        MOV     EESJ,#55H
        LJMP    BACK1               ;发送结束
RECCP:  CLR     EA
        MOV     R3,#06H             ;接收数据置于 50H～56H
        MOV     R1,#50H
SH1:    JNB     RI,SH1
        CLR     RI
        MOV     @R1, SBUF
        INC     R1
        DJNZ    R3,SH1
        SETB    EA
        CLR     REN
        SETB    P0.1
        LCALL   DELAY
        LCALL   DELAY
        MOV     SBUF, #0C5H         ;发打头信号 C5,C5
        JNB     TI,$
        LCALL   DELAY
        CLR     TI
        MOV     SBUF,#0C5H
        JNB     TI,$
        LCALL   DELAY
        CLR     TI
        MOV     R3,#06H             ;发出已收到的内容供对方校验
        MOV     R1,#50H
NEXTT:  MOV     SBUF, @R1
SH2:    JNB     TI,SH2
        LCALL   DELAY
        CLR     TI
        INC     R1
        DJNZ    R3,NEXTT
        MOV     SBUF, #0EEH         ;发出结束标志 EE
SH3:    JNB     TI,SH3
        LCALL   DELAY
```

```
SH4:    MOV     EESJ,#55H       ;置接收结束标志
        LJMP    BACK1
        END
```

（二）PC 的通信程序

PC 要与单片机通信，可以用高级语言编制，通常使用的有 C 语言、VB 等。其中以 VB MSComm 控件最为方便、可靠。编制时可以进入 Visual Basic 设计窗口，建立如图 7-25 的窗体，窗体内包括以下控件：

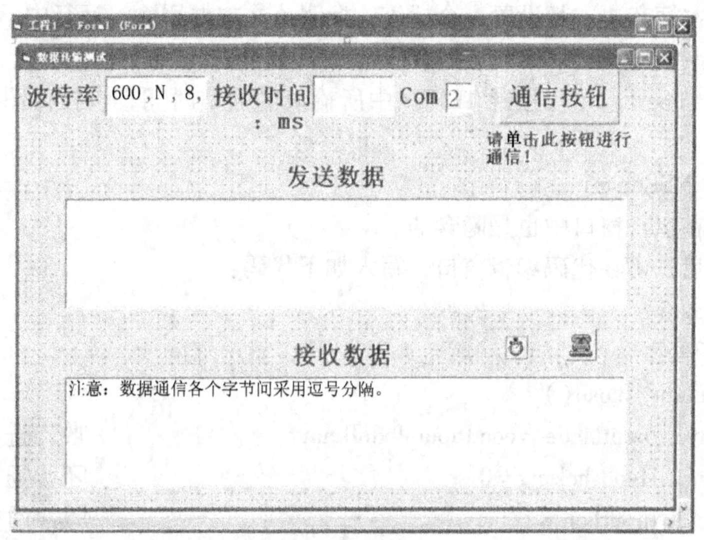

图 7-25 窗体图

1. 文本框

TEXT1：

用于输入 Setting 属性，包括波特率、校验方式(S 为偶校验,M 为标号校验,N 为无校验,O 为奇校验,S 为空格校验)，数据位数和停止位数。可以选择波特率 = 600bit/s，校验方式 = N，数据位数 = 8 和停止位数 = 1。

TEXT2：

用于输入通信时间，选初始值为 1000ms。

TEXT3：

用于填写 PC 发送给单片机的数据窗口。

1）若 PC 要求单片机发送数据时，此文本框用于输入单片机的机号和发送标志。即 07，CC。

2）若 PC 要求单片机接收数据时，此文本框用于输入机号、收标志以及接收的内容，设要求单片机接收的数据为 01，02，03，04，05，06，框中应输入

07H，0BBH，01H，02H，03H，04H，05H，06H

输入数据应用逗号隔开。

TEXT4：

用于显示收到单片机发来数据窗口

1）若是 PC 机要求单片机发送数据时，此框显示的就是所接收的数据，即 C5H、C5H，然后是 32 个数据，最后是校验和、数据个数、结束符 0EEH。

2）若是 PC 要求单片机接收数据，此框显示的就是单片机回送的数据，即

C5，C5，01，02，03，04，05，06，EE

以上数据结构均为自行约定。

TEXT5：用于选择使用的串口

2. 标签 lebel1-lebel6

在每一个文本框旁边，都设置一个标签，标明该文本框用途，运行中不起作用。

3. 计时器控件 Timer1_

计时器控件 Timer1_ 用于控制 TEXT2 中所输入的通信时间，该控件图形在运行窗口中是隐含的。

4. 通信控件 MSComm1

该控件图形在运行窗口中也是隐含的。

窗体建立之后，可在代码编辑窗口，写入如下代码：

```
Dim yss As Byte
'调入窗口子程序
Private Sub Form_ Load( )
    MSComm1. InputMode = comInputModeBinary          '收二进制数据
    MSComm1. Handshaking = 0                         '不设通信协议
    MSComm1. InputLen = 1                            '读字符数
    MSComm1. OutBufferCount = 0                      '清 f 缓冲区
    MSComm1. ParityReplace = "0"                     '取代无效字符
    MSComm1. Settings = "600,N,8,1"
    Text2. Text = 1000                               '设置接收时间
    Text5. Text = 2                                  '设置端口
End Sub
'退出窗口子程序
Private Sub Form_Unload(Cancel As Integer)
    End
End Sub

'计时器事件
Private Sub Timer1_Timer( )
    yss = 0
    Timer1. Interval = 0
    Timer1. Enabled = False
End Sub
'读入 TEXT3 的字符,转换为串行数据的函数
Public Function Str2Array(ByVal src As String,ByVal c As String,dst( )As String)
```

```
    Dim n As Long,p As Long
    n = -1
    Do
      p = InStr(src,c)
      If p =0 Then Exit Do
      n = n + 1
      ReDim Preserve dst(0 To n)
      dst(n) = Left(src,p - 1)
      src = Right(src,Len(src) - p - Len(c) + 1)
  Loop
  n = n + 1
    ReDim Preserve dst(0 To n)
    dst(n) = src
End Function
    ' Command2_Click 事件
Private Sub Command2_Click()
  If Form1. MousePointer = 0 Then
    Label6. Caption = "通信在进行中!"
    Form1. MousePointer = 11
    MSComm1. CommPort = Text5. Text
    MSComm1. Settings = Text1. Text
    MSComm1. InputMode = comInputModeBinary                    '收数据
    MSComm1. OutBufferSize = 1
    MSComm1. PortOpen = True        '开通信口
    Dim ay() As String
        Dim a As Byte,byb() As Byte,nbyb(0)As Byte,str1 As String
        Str2Array Text3. Text, ",", ay
          For i1 = LBound(ay) To UBound(ay)
            byb() = ""
            nbyb(0) = Val("&h" & ay(i1))
            MSComm1. Output = nbyb()
          Next i1
    yss = 1                                                    '设置定时器参数 1/0
    Timer1. Interval = Text2. Text ' ms
    Timer1. Enabled = True
    Text4. Text = ""
    Do While yss = 1
      If MSComm1. InBufferCount <> 0 Then
        byb() = MSComm1. Input
```

```
        a = byb(0)
        str1 = str1 & Hex(a)& ","
      End If
    DoEvents
    Loop
    Text4 = str1
    MSComm1. PortOpen = False                        '关通信口
    Form1. MousePointer = 0
    Label6. Caption = "请单击此按钮进行通信"
  End If
End Sub
```

习 题

1. 串口按以下波特率工作，试计算定时器 T1 的时间常数，设时钟频率为 6MHz。

（1）波特率 = 1200bit/s。

（2）波特率 = 9600bit/s。

2. 编写下列两种情况下 8051 单片机的串口初始化程序：

（1）串口工作方式 1，波特率为 1200bit/s，在初始化结束后，打开串口使之处于准备接收状态。

（2）串口工作方式 1，波特率为 600bit/s，在初始化结束后进行发送，禁接收，并发出 OK 的 ASCII 码。

3. 按下列要求编写 8051 单片机串口的接收程序：

（1）串口工作方式 1，波特率为 600 bit/s。

（2）向对方发出呼叫信号"03 03 "。

（3）发完呼叫信号后，等待对方应答，如对方无应答，再次呼叫。

（4）收到对方应答信号后，检查是否为"01 01 "，如是结束本次通信，如不是再次呼叫。

4. 在上述接收程序中，要求发出呼叫信号"03 03 "后加发一个校验和。接收到呼叫信号的对方，应在应答信号后也要发一个校验和，即在"01 01 "后跟一个校验和数据。同时编写一个包括检查校验和的接收程序，在接收程序中收到数据后，需检查所收到的对方发来的校验和根据收到数据计算出来的校验和是否相同，如果不同要继续呼叫，要求对方重发。

5. 编写一个用于 AT89C51 单片机的串口发送程序。自行选择工作方式和波特率，并将存于 30 ~ 3F 内存单元的 16 个数据依次发出。

* 第八章　单片机的 C51 编程

第一节　概　　述

单片机开始应用的初期，因为受开发工具的限制，只能使用汇编语言。汇编语言的语法简单，指令易记，不需要引入各种运算符号，也没有什么繁琐的规则，所以使用方便。加上汇编语言具有直接操作硬件的指令，运行速度快。源程序编好之后，只要一次汇编就可以转换为目标程序。然后用编程器(烧写器)写入 ROM，如果系统不太复杂，开发者又比较有经验，甚至可以一次成功。所以直到现在，开发不太复杂的单片机系统，汇编语言仍是使用者的首选。

但是汇编语言可读性比较差，用汇编语言编制的一组程序，通常只能为一个系统所使用，建立新系统时很难移植，大都必须重新开发，在系统规模较大的情况下，开发历时长、难度大。因此随着开发工具及集成电路技术的发展，单片机开始使用高级语言，其中也包括 C 语言。C 语言是目前国际上广泛使用的程序设计语言之一，它具有以下特点：

1）C 语言是一种编译型程序设计语言，具有功能丰富的库函数、运算速度快、编译效率高、可移植性好，与汇编语言相比可读性强。

2）C 语言具有完善的模块程序结构，便于改进和扩充。设计程序时，可以按模块分别开发，分开调试，大大缩短了开发周期。

3）过去认为用高级语言编制的源程序，所生成的目标程序的代码太长。但现在由于编译器的发展，比汇编语言产生的目标代码一般增加不多。以目前程序存储器的发展水平来衡量，多占用一点存储空间，已经不成什么问题。而 C 语言在提高程序的开发速度方面，则是汇编语言所无法做到的。

4）过去认为高级语言编写的程序运行起来的速度比较慢，现在由于有优良的仿真器支持，可以通过人工优化其中的关键部分，基本上能接近到汇编语言的水平。

但是在单片机上使用 C 语言编程，是不能使用标准的 C 编译器，因为标准 C 编译器是针对 PC 的，而 51 系列单片机的存储器结构与 PC 不同，要通过编译生成能够在 51 系列单片机上运行的目标程序，必须用专门针对 51 系列单片机开发出来的 C51 编译器(简称 C51)，才能有效地使用片内、片外的全部资源。目前针对 51 系列单片机开发出来的编译器有多种，包括 Franklin C51、Keil C51 for Windows 等。C51 编译器的语法规则基本遵循标准 C 的规定，在运算符、表达式、程序格式、基本结构方面都和标准 C 语言相同，只是在存储模式、片内资源的使用等方面有些区别。所以学习 C51 编程，首先要了解 C 语言的基本语法规则和特点，然后进一步了解 C51 与标准 C 的区别。但由于本书不是专门介绍 C 语言的书，只能对 C 语言作一些简要的介绍，并通过一些实例介绍 C51 编程的基本方法。

第二节 程序的格式

下面是几个简单的 C 语言程序，从中可以了解 C 语言的程序格式。

例 8-1 编制一个输出字符"Welcome to here"的程序。

解：

```
#include "stdio.h"
main( )
{
    printf("Welcome to here \n");
}
```

这个程序的功能是输出一行"Welcome to here"字符串到标准输出设备。这个标准输出设备对 PC 来讲就是显示器屏幕，对单片机来讲则是串口。

这是一个简单的 C 语言程序，程序中只有一个必需的主函数 main( )，主函数的函数体用一对大括号{ }括起来。程序从{开始，至}结束。这个程序的大括号内只有一个输出语句即 printf，printf 是一个输出函数，它的定义存在 C51 的标准函数库名为 stdio. h 的头文件中。

C51 的标准函数库可参看 Keil C51 集成开发软件中的 INC 子目录，使用标准库中的这些函数，必须在程序开头写一行包含处理命令，即 #include"stdio. h"，表示程序使用了标准函数库中的一个名为 stdio. h 的头文件(头文件的扩展名为 . h)。所谓包含处理命令。是指一个源文件将另外一个源文件的全部内容包含进来。或者说是把一个外部所谓文件包含到本文件之中，它的格式为

#include"文件名"

或者用

#include <文件名>

printf 语句要用一个双引号将输出的内容括起来，双引号内包括输出字符串和格式控制符，例如程序中的"\ n"就是一个表示换行的格式控制符，即输出字符"Welcome to here"后换行。语句以分号作为结尾。(注:用友 eil 51 软件,要在串口窗口显示输入、输出内容,还应对 SCOH、TMOD、TH1、TR1、TI 等寄存器进行设置)

例 8-2 求三个整数 a、b、c 之和的程序。

解：

```
#include "stdio.h"
main()                          /* 主函数 */
{int  a,b,c,sum;                /* 定义变量 */
a = 12;b = 34;c = 56;           /* 给变量赋值 */
sum = a + b + c;                /* 求和 */
printf("sum   is %d\n",sum);   /* 显示结果 */
}
```

这个程序的功能是求三个整数 a、b、c 之和 sum，并通过屏幕输出。/ * 和 * /是注释的起止符号。注释可以加在程序中任何位置，用于帮助读者阅读和理解程序，也是给自己的备

忘注解。它对编译和运行不起作用，这里使用了汉字注释，当然也可以用英文或别的字符作注释。程序在变量定义部分，说明了 a、b、c 和 sum 为整型(int)变量。接下来是三个赋值语句，使变量 a、b、c 的值分别为 12、34、56。接下来将 a + b + c 的结果赋予 sum。最后一行中 "%d" 是控制输入输出格式的字符串，用来指定输入输出时的数据类型和格式，"%d" 表示“十进制整数”，在执行输出时，数值以十进制整数表示。printf 函数中的 sum 是要输出的变量，其值为 102(即 12 + 34 + 56 之值)。

程序运行后，会输出一行字符，即

sum is 102

例 8-3　求 x 和 y 中数值较大者的程序。

解:

```
#include "stdio.h"
int max(int x,int y) /* 定义 max 函数,返回值为整型;x、y 为形式参数,整型 */
    {
    int z;
    if(x > y)z = x;
    else z = y;
    return(z);                  /* 将 z 的值返回到调用处 */
    }
main()                          /* 主函数 */
    {int   a,b,m;               /* 定义三个整型变量 */
    scanf("%d,%d," &a,&b);      /* 从键盘输入变量 a 和 b 的值 */
    m = max(a,b);               /* 调用 max 函数,将得到的值赋给 m */
    printf(" max = %d",m);      /* 输出 m 的值 */
    }
```

例 8-3 的程序包括两个函数：主函数 main 和自定义的函数 max，max 函数的作用是将 x 和 y 中数值较大的赋给变量 z，并返回 z 值。return 是返回语句，表示 z 将通过函数名 max 返回到 main 函数的调用处。scanf 是 C 语言提供的标准输入函数。此程序中 scanf 函数的作用是输入 a 和 b 的值。"&" 字符表示的是“取地址”即 scanf 函数输入两个数值，分别存放到变量 a 和 b 地址所对应的单元中，也就给变量 a 和 b 赋值。其中的 "%d,%d" 的含义与之前例子相同，它们指定输入的两个数据按十进制整数形式输入。语句 m = max(a,b) 为调用 max 函数，在调用时将实际参数 a 和 b 的值分别传送给 max 函数中的形式参数 x 和 y，通过执行 max 函数得到一个返回值(即 max 函数中变量 z 的值)，并赋给变量 m，然后通过 prinf 函数输出 m 的值。程序总是从主函数 main()开始执行，而不论 main()所在的位置，程序运行的第一步是输入两个数据，分别赋予 a、b，对于 PC 输入数据是通过键盘，对单片机则是串口输入，运行结果如下：

3　，　5　(输入 3、5 给 a、b)

max = 5　　(输出 max 的值)

通过上面几个例子，读者可以大体了解 C 语言源程序的格式。

1）C 语言程序书写格式自由，每一行可以写一个语句，也可以写多个语句，但每个语句都必须以“;”结尾。一个语句也可以写成几行。

2) C 语言程序由一个主函数和若干个其他函数组成，其中主函数的名字必须为 main。程序的执行总是从 main 函数开始的，而对 main 函数的位置并无特殊规定，main 函数可以放在程序的开头、最后或是其他位置。

3) C 语言程序通过函数调用去执行指定的工作。函数调用类似于汇编语言中的调用子程序。被调用的函数可以是系统提供的库函数(如 printf 函数)，也可以是用户自行定义的函数(如 max 函数)。所有函数体都是用一对大括号{ }括起来。程序从{开始，至}结束。

4) 源程序文件需要包含其他源程序文件的内容时，则要在本程序文件头部用包含命令#include 进行“文件包含”处理，其一般格式为#include "文件名"。如#include " stdio. h " 是将文件 " stdio. h " 的全部内容包含到现文件中。一条 include 命令只能指定包含一个文件。

C51 程序格式和以上所述的标准 C 的格式基本相同，没有什么区别。

第三节　数据类型和存储类型

一、数据类型

数据有常量与变量之分，不论是常量还是变量同样都有多种类型，各种类型在机器中占有不同的存储长度，为了使编译器能够找一个适当的存储器，来安排这些数据，要求程序在引入一个常数或变量、函数时，必须先说明它的类型，定义数据类型实质上就是告诉编译器，该常数、变量或函数需要占用多大的存储空间，以便编译器分配相应数量的存储单元。下面分别介绍常量与变量的类型划分。

(一) 常量和符号常量

程序运行过程中，其值不改变的量称为常量。对于常量的语法规定，标准 C 和 C51 没有什么不同，都可以用一个标识符代表一个常量，称为符号常量。符号常量要用#define 定义，现以下列程序为例说明。

例 8-4　求 25 与 12 的乘积。

解:

```
#define   PRICE 25
main( )
{
int count,total;
count = 12;
total = count * PRICE;
printf(" total = % d\n", total);
}
```

程序运行结果:

```
    total = 300
```

在这个程序中用了#define 命令定义了一个符号常量 PRICE，其值为 25，此后在此程序中如出现有 PRICE 的地方，它都代表常量 25。符号常量的值不能改变，也不能再被赋值。习惯上符号常量名用大写，变量名用小写，以示区别。

常量分为以下几种类型：

1. 整型常量

整型常量即整型常数。包括十进制、八进制和十六进制的整数。十进制整型常数可用常规方法表示，如 123，-456，0；为与十进制相区别八进制整型常数以 0 开头，如 0123 或写成 $(123)_8$；十六进制数则以 0x 开头，如 0x123、0x3F。

2. 实型常量

实型常量即实型常数，又称浮点数。它由数字和小数点组成，可以用十进制形式表示：如写成 0.123，-1.23，23.0，0.0。也可以用指数形式示　如 1.23e3 或 1.23E3 都代表 1.23 * 10^3。注意字母 e(或 E)之前必须有数字，且 e 后面指数必须为整数，如写成 e3，在 e 之前无数字，或写成 e3.5，在 e 之前既无数字，e 之后又非整数，则都是不合法的指数形式。

3. 字符常量

C51 的字符常量是指用单引号括起来的单个字符。如 'a'，'x'，'D'，'?' 都是字符常量。注意 'a' 和 'A' 是不同的字符常量。

C51 还有一种特殊形式的字符常量，就是以一个 "\" 开头的字符序列。例如，前面遇到过的，在 printf 函数中的 '\n'，它代表一个“换行”符。这种非显示字符难以用一般形式的字符表示，故规定用这种特殊方式。

4. 字符串常量

C51 还有另一种字符数据即字符串。字符串常量与字符常量不同，字符串常量可能由一大串字符组成，并用一对双引号括起来的字符序列。如 "You are welcome."、"CHINA"、"八"、"123.45" 等都是字符串常量。而字符常量则不同。字符常量由单字符组成，并用一对单引号括起来。printf 语句可以输出一个字符串。如 printf("How do you do.")，也可以只输出一个字符。

（二）变量类型

凡数值可以改变的量称为变量。变量由变量名和变量值构成。在单片机内部，变量名实际上代表存储器地址，变量值代表存储器内容。C51 规定变量名只能由字母、数字和下划线组成，且不能以数字打头。变量分成以下几种类型，如表 8-1 所示。

表 8-1　变量类型表

变量名称	符号	类型	数据长度/bit	值域范围
位型量		bit	1	0，1
有符号字符型	有	signed char	8	-128 ~ +127
无符号字符型	无	unsigned char	8	0 ~ 255
有符号整数型	有	signed int	16	-32768 ~ +32767
无符号整数型	无	unsigned int	16	0 ~ 65535
有符号长整型	有	signed long	32	$-2^{31} \sim 2^{31}-1$
无符号长整型	无	unsigned long	32	$2^{32}-1$
浮点型		float	32	
指针型		指针	8 ~ 24	对象地址
特殊位型		sbit	1	0 或 1
8 位特殊功能寄存器型		sfr	8	0 ~ 255
16 位特殊功能寄存器型		sfr16	16	0 ~ 65535

1. 位型变量

定义为位型的变量，其值可以是 0 或 1，它可以存放在可位寻址的存储单元。

2. 字符型变量

字符型变量用来存放字符，但只能放一个字符。字符变量的定义形式为

```
char c1,c2;
```

一个字符变量在内存中占一个字节。将一个字符放到一个字符变量中，实际上是将该字符的 ASCII 代码放到存储单元中。例如将字符 'a' 和 'b' 分别赋予 c1 和 c2，字符 'a' 和 'b' 的 ASCII 代码分别为 97 和 98，在内存中变量 c1 和 c2 的值就分别为 97 和 98。字符数据存储形式与整数的存储形式相类似，正因为这样，C 语言中的字符型数据和整型数据之间可以通用。一个字符数据既可以以字符形式输出，也可以以整数形式输出，以输出时所带的格式符为准。以字符形式输出时，需要先将存储单元中的 ASCII 码转换成相应字符，然后输出。以整数形式输出时，直接将 ASCII 码作为整数输出。也可以对字符数据进行算术运算，此时相当于对它们的 ASCII 码进行算术运算。若最高位为 1，则代表是负数，数据一般用补码表示。但要注意如果 c 被定义为字符变量，例如 char c；则 c = 'a' 是正确的赋值，而 c = "a" 则是错误的。因为字符串的结尾有一个“字符串结束标志”，以便系统据此判断字符串是否结束。所以字符串 "a" 实际上在内存占用两个字节，不能赋予只有一个字节的字符变量。

3. 整型变量

从表 8-1 可知，整型变量又分为 int、unsigned int、signed long、unsigned long 4 种类型，因此在程序中使用整型变量时，必须详细定义。例如：

```
int i,k;                 /* 指定变量 i,k 为整型 */
unsigned  int   m;       /* 指定变量 m 为无符号整型 */
unsigned  long   p;      /* 指定变量 p 为无符号长整型 */
signed long q,s;         /* 指定变量 q,s 为有符号长整型 */
```

16 位整型变量放在存储器中，先放高位，后放低位。如存储 0X1234 如图 8-1 所示。

4. 长整型变量

长整型为 32 位按图 8-2 方式存放。

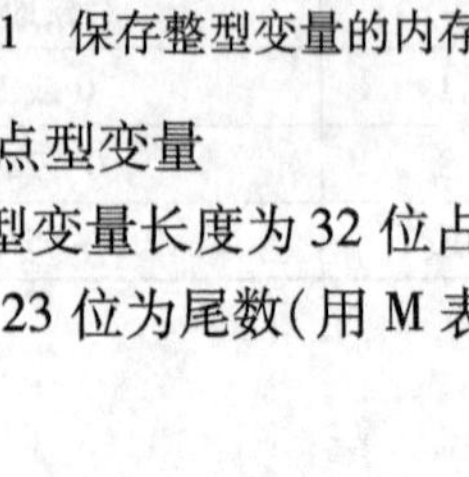

地址	⋮
+0	0X12
+1	0X34
⋮	⋮

图 8-1 保存整型变量的内存结构

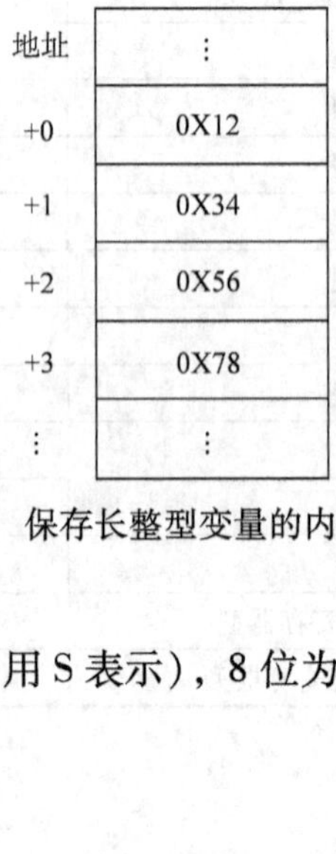

地址	⋮
+0	0X12
+1	0X34
+2	0X56
+3	0X78
⋮	⋮

图 8-2 保存长整型变量的内存结构

5. 浮点型变量

浮点型变量长度为 32 位占 4 个字节，其中 1 位为符号位(用 S 表示)，8 位为指数位(用 E 表示)，23 位为尾数(用 M 表示)。如下表所示。

地址　+3　+2　+1　+0

内容　SEEE EEEE　EMMM MMMM　MMMM MMMM　MMMM MMMM

6. 指针

指针变量是指用于表示存放某个变量的地址，不同类型的变量，其数据长度不同，占用的地址也不同，所以指针数据的长度随其对象而定。

7. sbit、sfr、sfr16 使用方法将在第四节中介绍。

二、存储类型

由于 51 系列单片机存储器中，有内部数据 RAM、外部数据 RAM、程序 ROM 之分。内部数据 RAM 中，又有可位寻址的区间和特殊功能寄存器的区间。因此引进一个变量之后，除了定义数据类型外，还要定义该变量要求存放哪个位置。所以存储类型实质上就是指数据在存储器中的定位方式。C51 的定位方式有 6 种，如表 8-2 所示，C51 存储类型及其大小如表 8-3 所示。

表 8-2　C51 存储类型

存 储 类 型	与存储空间的对应关系
data	直接寻址片内数据存储区，访问速度快(128B)
bdata	可位寻址片内数据存储区，允许位与字节混合访问(16B)
idata	间接寻址片内数据存储区，可访问片内全部 RAM 地址空间(256B)
pdata	分页寻址片外数据存储区(256B)由 MOVX @ R0，A 指令访问
xdata	片外数据存储区(64KB)，由 MOVX @ DPTR，A 指令访问
code	代码存储区(64KB)，由 MOVC A，@ A + DPTR 指令访问

表 8-3　C51 存储类型及其大小

存 储 类 型	长度/bit	长度/B	值域，范围
data	8	1	0 ~ 255(8bit 即 00H ~ 0FFH)
bdata	1		
idata	8	1	0 ~ 255(8bit 即 00H ~ 0FFH)
pdata	8	1	0 ~ 255(8bit 即 00H ~ 0FFH)
xdata	16	2	0 ~ 65535(16bit 即 0000H ~ 0FFFFH)
code	16	2	0 ~ 65535(16bit 即 0000H ~ 0FFFFH)

因此用 C51 编程时应注意：

1）用标准 C 语言编写的程序，因为是在 PC 中运行，所以在定义一个变量时，只要标明数据类型就可以。例如：

```
int    x
char   y
```

但在单片机中一个变量可以放在不同的存储区，若要求将它放在指定存储区，则定义一个变量时，除了要定义它的数据类型外，还应定义它的存储类型。例如：

```
int  data  x,y          表示变量 x、y 为 16 位整型并指定放在片内数据存储区
```

int　xdata　x,y　　　表示变量 x、y 为 16 位整型并指定放在片外数据存储区

unsigned char　data x　表示变量 x 为 8 位字符型数据,并指定放在片内数据存储区

在这里先写数据类型，还是先写存储类型，没有硬性规定，一般习惯如上面三条，都是先写数据类型，后写存储类型。

2）如果没有定义存储类型，C51 编译器在编译的时候，会自动选择默认的存储类型。而默认的存储类型又是由存储模式来确定，表 8-4 表示存储模式与默认的存储类型关系。存储模式有三种，即 SMALL、COMPACT 和 LARGE，它是在编译时随编译命令输入的。例如用 C51 编译器对源程序 SAMPLE. C 进行编译，可输入命令 C51 SAMPLE. C COMPACT。这个命令选择 COMPACT 模式。如果使用默认的存储类型，若不符合设计要求，就可能出错，或者影响程序优化。因此对常量和变量定义，干脆指明存储类型以免出错。

表 8-4　存储模式与默认的存储类型

存储模式	默认的存储类型
SMALL	默认的存储类型为 data，最大为 128B
COMPACT	默认的存储类型为 pdata，每页 256B
LARGE	默认的存储类型为 xdata，最大为 64KB

3）选择变量类型时应尽量选用无符号型，可以减少测试符号的额外操作，可以提高代码效率。由于 8051 系列单片机的存储器数量不多，为了节省空间，尽量减少使用一些数据类型，譬如只用字符型和整型。

4）为使编程时书写简化，数据类型允许用缩写，但缩写成什么样子，要在程序开头用 #define 语句定义，例如：

```
#define uchar unsigned char
#define uint unsigned int
#define ulong unsigned long
```

这样，就可以用 uchar 代替 unsigned char，用 uint 代替 unsigned int，用 ulong 代替 unsigned long。

从以上所述可知，C51 对数据类型的规定，跟标准 C 没有什么区别，但为了使数据能合理存放，在 C51 中增加了一些存储类型的规定。

第四节　运算符和表达式

一、算术运算符及其表达式

C 语言的基本算术运算符有：

+　（加法运算符或正值运算符。如 2 +7、+2）

-　（减法运算符或负值运算符。如 7 -2、-2）

*　（乘法运算符。如 3 * 7）

/　（除法运算符。如 7/2）

%　（模运算符,或称求余运算符,要求两侧均为整型数据。如 8%5 的值为 3）

用算术运算符和圆括号将运算对象包括常量、变量、函数、数组等连接起来，并符合 C 语法规则的式子称为算术表达式。如 a * (b - c) + 2.3 + 'a' 就是一个合法的算术表达式。

C 语言还规定了运算符的优先级和结合性，其中优先级规定为：先乘除模（模运算又称求余运算）后加减，括号最优先。结合性规定为“自左至右”，即运算对象两侧的算术运算符优先级相同时，先与左边运算符结合。

如果一个运算符两侧的数据类型不同，则必须转换成同一类型，再进行运算。转换方式有自动转换（默认）和强制转换。强制转换的形式为

（类型名）（表达式）；

例如：（int）　（m + n）；　（将 m + n 的值强制转换成整型）

（double）　x；　（将 x 强制转换成双精度型）

强制转换只转换表达式的值，并不改变其中的变量的类型。上例中的 x 的类型不会变。

二、关系运算符及其表达式

C 语言的关系运算符有 6 种：

>　（大于）

<　（小于）

>=　（大于或等于）

<=　（小于或等于）

! =　（不等于）

==　（等于）

关系运算符的优先级规定为

1）前 4 种运算符（>、<、>=、<=）优先级相同，后两种也相同，前 4 种高于后两种。

2）关系运算符的优先级低于算术运算符。

3）关系运算符的优先级高于赋值（=）运算符。

用关系运算符将两个表达式（算术表达式、关系表达式、逻辑表达式等）连接起来的式子称为关系表达式。关系表达式的结果是逻辑值，即“真”或“假”。C 语言没有逻辑型数据，以 1 代表真，以 0 代表假。

例如 a = 1，b = 2，c = 3，则

c > b 的值为“真”，表达式的值为 1；

b >= (a + c) 的值为“假”，表达式的值为 0；

x = a > b，因 a > b 的值为“假”，所以 x 的值为 0。

三、逻辑运算符及其表达式

C 的逻辑运算符有三种：

&& 逻辑与　（两个操作数都为真时，结果才为真，否则为假）；

|| 逻辑或　（只要两个操作数中有一个为真，结果便为真，否则为假）；

!　逻辑非　（对操作数的值取反）。

&& 和 || 要求有两个操作对象，而 ! 是单目运算符，只要求有一个运算对象。

逻辑运算符的优先级规定为

!（非）→ &&（与）→ ||（或）

当表达式中同时出现不同类型的运算符时，!（非）运算符优先级最高，算术运算符次之，

关系运算符再次之，其后是 && 和 ||，最低为赋值运算符。用逻辑运算符将关系表达式或逻辑量连接起来的式子称为逻辑表达式。逻辑表达式的值只能是 0(假) 或 1(真)。

例如 a = 2，b = 3，则

! a　　为 0(假)　　(因 a = 2 为非 0，所以! a 为 0)

a && b　　为 1(真)

! a && b　　为 0(假)　　(因先执行! a，值为 0，而 0&&b 为 0)

四、位操作运算符及其表达式

&	按位与
|	按位或
∧	按位异或
~	按位取反
≪	位左移
≫	位右移

除按位取反运算符 ~ 外，其余位操作运算符都是两目运算符，要求运算符两侧各有一个运算对象。位运算符操作的对象只能是整型或字符型数据。

下面简单介绍位运算符的运算规则：

1. 按位与 &

参与运算的两操作数，只有双方相应的位都为 1，结果值中该位为 1。否则为 0。即 0&0 = 0，0&1 = 0，1&0 = 0，1&1 = 1

例如若a = 0x37 = 00110111B

b = 0x7A = 01111010B

则 a&b 的值为 00110010B，即 0x32

2. 按位或 |

参与运算的两操作数只要双方相应的位中有 1，其结果该位便为 1，否则为 0，即 0 | = 0，0 | 1 = 1，1 | 0 = 1，1 | 1 = 1

例如a = 0x31 = 00110001B

b = 0x56 = 01010110B

则 a | b 的值为 01110111B，即 0x77

3. 按位取反 ~

对操作数的二进制值按位取反，即 0 变 1，1 变 0。例如 a = 0x3FH = 00111111B，则 ~a 的值为 11000000B 即 0xC0H。

4. 按位异或 ∧

参与运算的两操作数，按位进行异或运算，如果对应位的值不同，运算结果该位为 1，否则为 0，即 0∧0 = 0，0∧1 = 1，1∧0 = 1，1∧1 = 0。

例如a = 0x31 = 00110001B

b = 0x56 = 01010110B

则 a∧b 的值为 01100111B，即 0x67

5. 位左移和位右移

移位运算有两个操作数，例如 a ≪2，移位时将左操作数 a 的各二进制位全部左移若干位，所移位数由右操作数决定。式中右操作数为 2，表示移 2 位，移位后留出的空白位补 0，溢出的位舍弃。

例如若 a = 0x3E = 00111110B

则 a << 2 的值为　00　111110 00，即 0xF8。
　　　　　　　　舍弃　　　　补进

例如若 a = 0x3E = 00111110B

则 a >> 2 的值为　00001111　10，即 0x0F。
　　　　　　　　补进　　　舍弃

五、自增减运算符及其表达式

自增减运算符的作用是使变量的值增 1 或减 1，例如：

```
  ++i     (使用 i 之前,先使 i 值增 1)
  --i     (使用 i 之前,先使 i 值减 1)
  i++     (在使用 i 之后,使 i 值增 1)
  i--     (在使用 i 之后,使 i 值减 1)
```

例如若　i = 5

```
  j = i++;              j 的值为 5,执行后 i 的值变为 6
  j = ++i;              j 的值为 6,i 的值亦为 6
  printf("%d",i++);     输出 5,然后的 i 值变为 6
  printf("%d", ++i);    输出 6
```

显然，自增减运算符只能用于变量，不能用于常量或表达式。

六、复合运算符及其表达式

C 语言中的两目运算符都可以和赋值运算符“=”一起组成复合赋值运算符。C 语言规定使用的复合赋值运算符有以下 10 种：

```
  +=,  -=, *=, /=, %=, <<=, >>=, &=, |=, ~=
```

```
例如  a+=2          等价于 a = a + 2
      m*=n+1        等价于 m = m*(n+1)(注意,不是 m = m*n+1)
      k<<=2         等价于 k = k<<2
```

七、对指针操作的运算符

&　取地址运算符

*　取内容运算符

&　又能用于按位与，但作为“按位与”的时候，“&”的两边必须是变量或常量

*　又能作为指针变量的标志，但作为指针变量的标志一定出现在对指针定义中

C51 编程中有关算术运算符和表达式的使用方法，完全遵循以上标准 C 的所有规定。

第五节　指针与函数

一、指针与指针变量

如果在程序中定义一个变量，编译器就会给这个变量分配一个内存空间。分配的空间大小与变量类型有关。例如对字符变量分配一个字节，整型变量分配两个字节，实型变量分配

4 个字节。

一个变量具有一个变量名，对它赋值后就有一个变量值，变量名和变量值是两个不同的概念。变量名对应于内存单元的地址，表示变量在内存中的位置，而变量值则是放在内存单元中的数据，也就是内存单元的内容。变量名对应于地址，变量值对应于内容，不能混淆。例如定义一个整型变量 int x，如果程序给变量赋值，令 x = 0x0030，编译器就分配两个存储单元给 x(例如 1000 单元和 1001 单元)。变量名对应于地址 1000 单元和 1001 单元，变量值对应于内容 0x0030。不过这个地址是由编译器分配的，无法事先确定。

我们把存放变量 x 的地址称为变量 x 的指针，并定义一个指针变量 xp。C 语言规定所有变量使用前都要定义，编译器就会另外再开辟一个存储单元。同样指针变量也要定义，例如定义：

```
char   xdata   * data xp
```

也可以写成

```
data   char   xdata   * xp
```

从这个例子可以看出：

1）指针变量名前面冠以“ * ”号，如上例 * xp，表示 xp 为指针，* 号本来还可以表示为取内容运算符，但此处不是取内容的意义，而表示 xp 为指针。但 * 号不一定要放在指针变量的前面，* 号也可以放在指针变量和它的存储类型前面，如 * data　xp。

2）定义时，应包括被指变量的数据类型、存储类型以及指针变量的本身的存储类型。指针变量本身的存储类型，写在语句的开头，或者在 * 号与变量名之间。一般可选择存储类型为 data 或 xdata。上例(data　char　xdata　* xp)表示数据类型为 char，数据存储类型为 xdata，指针变量本身的存储类型为写在开头的 data。或者如第一种写法(char　xdata　* data　xp)把 data 放在指针变量 xp 与 * 之间。

3）如果只定义被指变量的数据类型和存储类型，而没有定义指针变量本身的存储类型，则 * xp 本身就被置于默认的存储区(由编译模式决定见表 8-4)长度为两字节。

如果既不定义指针变量本身的存储类型，也不定义被指变量的存储类型，(如 char　* xp)则编译时就被默认为通用型。

通用型指针处于编译模式默认的存储区，长度为 3B，第一字节为存储类型编码，第二、第三字节所指地址的高位和低位。凡是在定义中没有指明被指变量的数据类型，或不指明本身的存储类型，则编译时第一字节取默认的存储类型编码值。表 8-5 为通用型指针的存储类型编码。

表 8-5　通用型指针的存储类型编码

存储器类型	idata	xdata	pdata	data	code
编码值	1	2	3	4	5

现在有了 4 个名称，即变量、变量值、变量指针、变量指针值。如果变量 x 是一个字符变量，如果要置它的值为 6，可先定义，然后赋值，即

```
char   data   x
x = 6
```

它的存放地址由编译器决定，例如为片内存储单元 20H，这个值就是变量 x 指针的值，

虽然是由编译器分配，但可以用取地址运算符取出，并存于指针中，如果用 xp 表示变量 x 的指针，也可以先定义，然后对它赋值，即

```
char  data  * data  xp
xp = &x
```

xp 所存放的数据应为 20H，xp 本身存放的地址同样要由编译器决定，例如分配它存于 30H。30H 所存的值是 20H。

现在访问变量 x 可以有两种方式，一是直接访问，如 printf("% d ",x) 中的 x，就是直接从变量的地址单元中取出。取出的值为 6。另一种是间接访问，先从指针变量 xp 中取出变量 x 的地址，然后从 xp 所指向的内存单元取出变量值，例如 printf("% d ", * xp)，其结果也是为 6，与 printf("% d ",x) 完全相同。

要注意 char xdata * data xp 中的 * 号是对指针变量定义时作为类型说明，表示 xp 是一个指针变量，而不是一般变量。而 printf("% d ", * xp) 中的 * 号是一个运算符，表示要从由 xp 所指示的内存单元中取出所需的变量值。

在 C 语言程序中，经常要用到变量值、变量地址和指针变量值和指针变量地址，故应该分清它们的区别。

二、函数

C51 程序是由一个主函数和若干个其他函数所构成，程序中由主函数调用其他函数，其他函数也可以互相调用。其他函数又可分为标准库函数和用户自定义函数。如果在程序中要使用标准库函数，就要在程序开头写上一条文件包含处理命令，例如#include " stdio. h"，编译时将读入一个包含该标准库函数的头文件。但要注意不同编译器库函数的头文件略有区别，程序中使用的头文件，必须是编译器中有的。如果在程序中要建立一个自定义函数，则需要先对函数进行定义，根据定义的形式可将函数划分为：无参数函数、有参数函数和空函数。

1. 无参数函数的定义形式

```
类型标识符  函数名()
{函数体语句}
```

类型标识符用来指定函数返回值的类型。无参数函数一般不带返回值，因此可以不写类型标识符。例如要定义一个函数名为 dis，函数体为 printf(" ok \n ") 的函数，可略去类型标识符，它的定义形式为

```
dis()
    {
    printf(" ok\n ");
    }
```

2. 有参数函数的定义形式

```
返回值类型  函数名(形式参数列表及参数说明)
{函数体语句}
```

例如第二节的例 8-3 中的 max 函数；就是一个有参数函数，它的定义形式为

```
int  max(int x,int y)          /* 类型标识符  函数名(形式参数列表及说明) */
{int z;                        / * 函数体语句 * /
if  (x > y) z = x;
```

```
    else  z=y;
    return  (z);
    }
```

返回值类型可以是基本数据类型(int,char,float,double)，如果没有返回值可以用 void 做标识符。

3. 空函数的定义形式

类型说明符　函数名()

调用此函数时，什么工作也不做，等以后需要扩充函数时，可以在函数体位置填写。

第六节　片内硬件资源的定义

一、特殊功能寄存器的定义

8051 系列单片机的片内有 21 个特殊功能寄存器(简称 SFR)，它们分散在片内 RAM 的高 128 字节中，地址为 80H~0FFH，其中有 11 个寄存器具有位寻址能力。在汇编语言中这些寄存器都有自己的名称，所以使用起来比较方便，在 C51 中也希望使用这些名称，以便直接访问，因此在 C51 中提供了一种自主形式的定义方法，不过，这些定义方法与标准 C 语言是不兼容的，只能在 C51 编译器中使用。

定义方法用表 8-1 中的 sbit、sfr、sfr16。凡是字节型的特殊功能寄存器，都可以用 sfr 定义，凡是双字节型的如 DPTR 可以用 sfr16 定义，特殊功能寄存器中的位，可以用 sbit 定义。

1）用 sfr 定义字节型的特殊功能寄存器的符号，例如：

```
sfr    P0=0X80
sfr    P1=0X90
sfr    PCON=0X87
sfr    TCON=0X88
sfr    TMOD=0X89
sfr    SCON=0X98
sfr    PSW=0XD0
```

定义之后就可以直接对它赋值，实际上这些标志符已经在头文件 reg51. h 被定义，所以编程者只要在程序开头写一条文件包含处理命令#include "reg51. h"，就能自由使用，无须一一定义。

2）用 sfr16 定义双字节型的特殊功能寄存器的标志符，例如：

sfr16　DP=0X82　　(DP 定义为 0X82 和 0X83 的 16 位地址组合，只要标出低 8 位，可作为 16 位 DPTR 使用)

这只限于像 DPH、DPL 这种允许组合成 16 位的特殊功能寄存器，由于 DP 是 16 位变量，所以要用 16 位数据赋值，如 DP=0X1234，这时 DPL=0X34，DPH=0X12。当然也可以用 sfr 对 DPH、DPL 分别定义，需要赋值时可分别赋值。

3）用 sbit 定义特殊功能寄存器位地址空间的位名称。若某个特殊功能寄存器的字节名称定义之后，可以用它定义该寄存器的位名称，但定义时要用运算符 "^" 代替汇编语言中的 "."，P1^0 相当于汇编语言中的 P1.0，例如：

```
sbit    P1_0 = P1^0     /* 定义 P1_0 为端口 P1 第 0 位(D0) */
sbit    OV = PSW^2      /* 定义 OV 为 PSW 第 2 位(D2) */
```

OV 也可以用下面两种方法定义：

```
sbit    OV = 0XD0^2     /* 定义字节地址第 2 位(D2) */
sbit    OV = 0XD2       /* 定义位地址 0XD2 */
sbit    CY = PSW^7      /* 定义 CY 为 PSW 第 7 位(D7) */
```

CY 也可以用下面两种方法定义：

```
sbit    CY = 0XD0^7     /* 定义字节地址第 7 位(D7) */
sbit    CY = 0XD7       /* 定义为位地址 0XD7 */
sbit    TR1 = TCON^6    /* 定义 TR1 为 TCON 第 6 位(D6) */
sbit    TR0 = TCON^4    /* 定义 TR0 为 TCON 第 4 位(D4) */
```

二、存储器绝对地址定义

在包含处理命令#include "reg51.h" 之后，允许在程序中直接使用 SFR 名称，对于其他的各种存储空间，为了便于使用，也允许在包含处理命令 "absacc.h" 之后，使用它的绝对地址，为区分不同的存储空间，在使用绝对地址时前面冠以关键字，例如要对片外 RAM 绝对地址为 2010H 单元操作，可用关键字 XBYTE 加地址 2010H，对片内 RAM 绝对地址为 20H 的单元操作，可用关键字 DBYTE 加地址 20H，地址要加方刮号，即 XBYTE[2010H] 或 DBYTE[20H]。规定的关键字有 8 种即

(1) CBYTE　程序存储器空间，字节型。
(2) DBYTE　片内 RAM 空间，字节型。
(3) PBYTE　分页操作的片外 RAM 空间，字节型。
(4) XBYTE　片外 RAM 空间，字节型。
(5) CWORD　程序存储器空间，字型。
(6) DWORD　片内 RAM 空间，字型。
(7) PWORD　分页操作的片外 RAM 空间，字型。
(8) XWORD　片外 RAM 空间，字型。

还可以使用#define 指令，将不同存储空间各个变量的绝对地址，定义为某个名称，例如：

```
#define PORT    XBYTE[0X2000]
```

PORT 就是我们要定义的变量，XBYTE 为关键字，它表示该变量所处的存储空间和数据长度，括弧内表示该变量在所处空间的绝对地址。定义之后，可以用名称对 PORT 赋值，例如：

```
PORT = 0X01
```

表示将数据 0X01 赋予片外存储器 0X2000。

第七节　程序的基本结构

C 语言的基本结构类型有三种，即顺序结构、分支结构和循环结构。这和第三章中所介绍的汇编语言三种基本结构，不论是工作原理还是执行过程也都基本一样。

一、顺序结构

顺序结构是指程序按语句的先后顺序逐句执行的一种结构，这种结构是最基本、最简单的一种结构。执行这种结构的程序，总是按语句顺序逐行执行，所以检查或阅读都比较容易。

例 8-5 与第三章例 3-1 的要求相同，即将地址为 2000H、2001H、2002H 的片外数据存储单元的内容，分别传送到 2002H、2003H、2004H 存储单元中去，但改用 C 语言编写。

解：

```
#include <absacc.h>
main()
{
    XBYTE[0x2004] = XBYTE[0x2002];
    XBYTE[0x2003] = XBYTE[0x2001];
    XBYTE[0x2002] = XBYTE[0x2000];
}
```

这里采用绝对地址访问方式（绝对地址已在头文件 absacc. h 中定义），从以上程序可以看出，用 C 语言编写的顺序结构程序，更直观，也更便于阅读，执行时按语句顺序，分三次传送。

二、分支结构

分支结构可分为单分支、双分支和多路分支三种，为此 C 语言提供了三种形式的条件转移语句，即 if 语句，if-else 语句和 switch 语句。

（一）单分支转移语句

单分支语句形式：

if(表达式)　语句

if 语句的执行步骤是：首先判断 if 后的表达式条件是否成立；若条件成立（为真）则执行表达式后面的语句部分，否则执行下一条语句。由于 if 语句后面有一个分号作为结束标志，所谓下一条语句就是指分号后的语句。单分支流程图如图 8-3 所示。

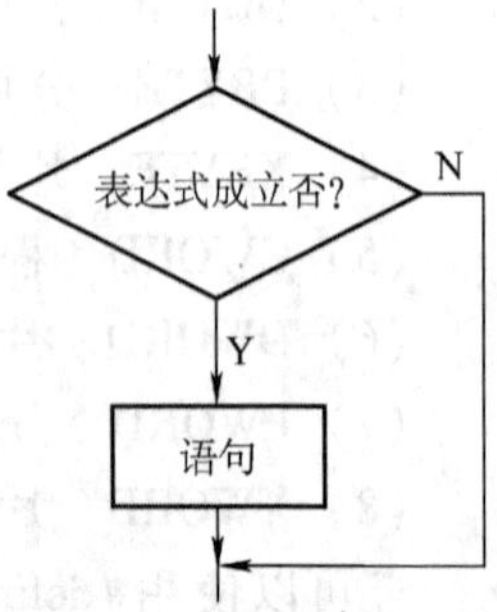

图 8-3　单分支流程图

例 8-6 从键盘输入两实数，然后按值的大小顺序输出。

解：#include "stdio.h"

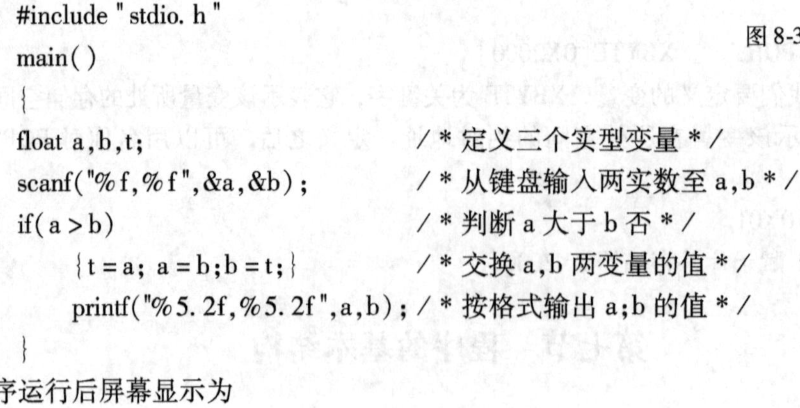

```
main()
{
    float a,b,t;                           /* 定义三个实型变量 */
    scanf("%f,%f",&a,&b);                  /* 从键盘输入两实数至 a,b */
    if(a>b)                                /* 判断 a 大于 b 否 */
        {t=a; a=b;b=t;}                    /* 交换 a,b 两变量的值 */
    printf("%5.2f,%5.2f",a,b);             /* 按格式输出 a;b 的值 */
}
```

程序运行后屏幕显示为

3.5，2.5

2.50，3.50

（二）双分支转移语句

双分支语句的形式：

```
if(表达式)        语句 1；
else              语句 2；
```

双分支语句的执行步骤是：首先判断 if 后的表达式条件是否成立，若条件成立(为真)则执行表达式后面的语句 1，否则执行 else 后面的语句 2，不论是执行语句 1 还是执行语句 2，执行完之后都是执行语句 2 分号后面的下一条语句。双分支流程图如图 8-4 所示。

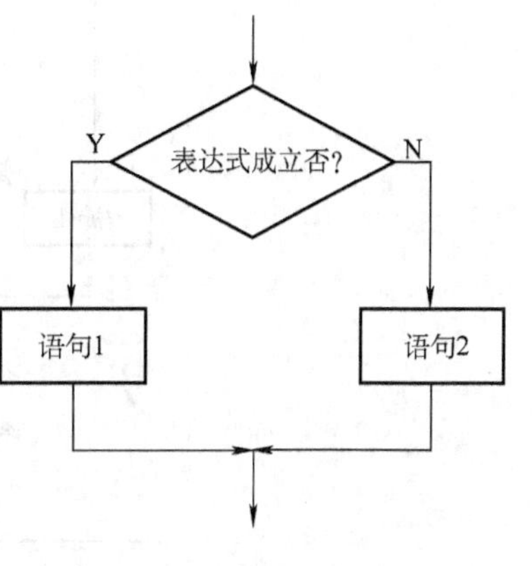

图 8-4　双分支流程图

应该注意 else 不能单独使用，必须与 if 配对，但在书写时每个 else 前面有个分号，整个语句结束处有一个分号。例如：

```
if(x =1)
    y =x +5；
else
    y =x * 5；
```

实际上 if 语句和 if else 语句都是一个出口，严格说都只有一个分支，但考虑到 if else 语句有两个可执行语句，所以称它为双分支。双分支语句可以嵌套使用，嵌套后可实现多路分支，其语句形式为

```
if(表达式 1)   语句 1；
    else   if(表达式 2)   语句 2；
       ⋮
    else   if(表达式 n－1)   语句 n－1；
else   语句 n；
```

这种语句的执行步骤是：首先判断表达式 1 的条件是否成立，若条件成立(为真)则执行表达式 1 后面的语句 1，否则判断表达式 2 的条件是否成立，若条件成立(为真)则执行表达式 2 后面的语句 2……，直至判断表达式 n－1，否则执行语句 n。双分支嵌套实现多路分支如图 8-5 所示。

（三）多分支转移语句

除了可以用双分支语句的嵌套实现多路分支外，C 语言还提供一种专门用于多分支的开关语句，用起来更加方便，多分支流程图如图 8-6 所示。

多分支的语句形式为

```
switch(表达式)
{case   常量表达式 1:语句 1;break;
case    常量表达式 2:语句 2;break;
              ⋮
case    常量表达式 n:语句 n;break;
default:               语句 n+1;break;
}
```

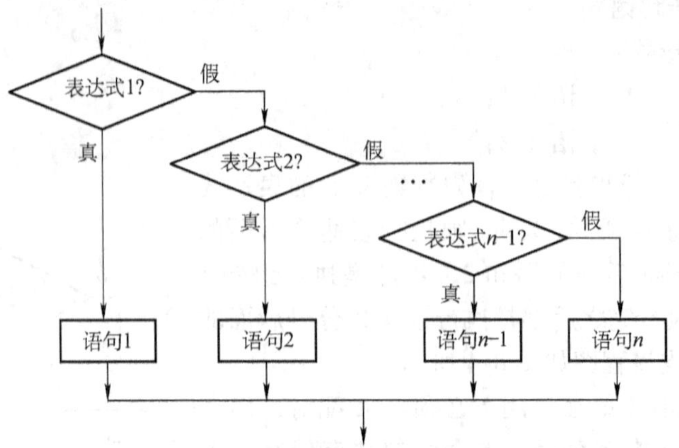

图 8-5 双分支嵌套实现多路分支

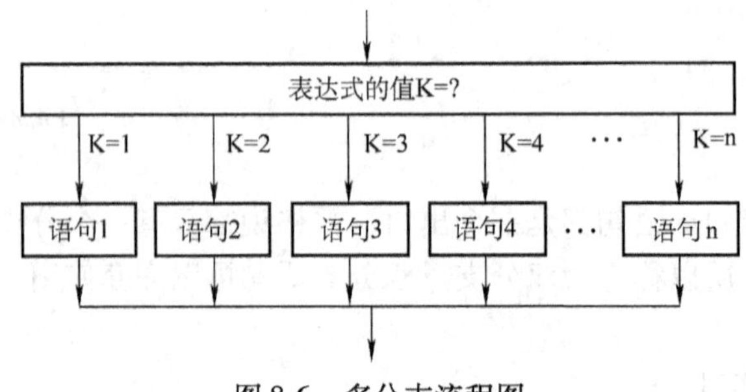

图 8-6 多分支流程图

要注意：

1）当 switch 括弧内的表达式的值与某一个 case 后面的常量表达式的值相等时，就执行此 case 后面的语句，若所有的 case 中的常量表达式值都没有与表达式的值匹配时，就执行 default 后面的语句。

2）每个 case 的常量表达式的值必须互不相同，否则将会出现互相矛盾的现象(对表达式的同一个值,有两种或多种执行方案)。

3）各个 case 和 default 的出现次序不影响执行结果。

4）一个 case 分支的语句执行完之后，若它的后面没有 break 语句，程序将移到下一个的 case 分支或 default 语句，而且不管该 case 分支的表达式条件是否成立，都要继续执行该 case 分支的语句。如果每一个分支的语句执行完之后，仍没有 break 语句，将会一直执行到最后。为了使执行一个 case 分支后，能跳出 switch 结构，可以在每个 case 分支语句后面加一个 break 语句来实现。

例 8-7 给定一个百分制成绩，要求转换为五级记分制的成绩，并规定 90 分以上为 'A'，80 ~ 89 分为 'B'，70 ~ 79 分为 'C'，60 ~ 69 分为 'D' 60 分以下为 'E'。

解：程序如下：

```
#include    "stdio. h"
main( )
{
```

```
int   score,c;
char   g;
printf("请输入学生成绩:");
scanf("%d",&score);                    /* 从键盘输入数据 */
if((score>100 || (score<0))
    printf("\n 输入错误!");            /* 成绩大于 100 或小于 0 时报错 */
else
{
    c=(score-score%10)/10;             /* 计算成绩包含的十的整数倍 */
    switch(c)
    {
        case 10:
        case 9:g='A';break;
        case 8:g='B';break;
        case 7:g='C';break;
        case 6:g='D';break;
        case 5:
        case 4:
        case 3:
        case 2:
        case 1:
        case 0:g='E';
        }
    printf("成绩:%d,等级成绩为%c", score, g);
    }
}
```

程序中有的 case 语句后有 break 语句，有的没有。我们可以分析出：输入 90 分以上的成绩，变量 c 的值为 10 或 9 时都执行 g='A' 语句；输入 60 分以下成绩时，即变量 c 的值为 5、4、3、2、1 或 0 时，程序都将顺序执行最后一句的 case 0：g='E' 语句。

例 8-8　将例 3-2 改用 C 语言编写，即根据存于 40H 单元中的 ASCII 码(加号 ASCII 码为 2BH、减号 ASCII 码 2DH)，将存于片内存储单元 41H 和 42H 中的甲、乙两数，作加法或减法运算，并将运算结果存于 43H 单元。

解：

```
#include <absacc.h>
int c,d;
main()
{
    c=DBYTE[0x40];
    {
        switch(c)
```

```
            {
            case   0x2b:d = DBYTE[0x41] + DBYTE[0x42];break;
            case   0x2d:d = DBYTE[0x41] - DBYTE[0x42];break;
            }
            DBYTE[0x43] = d;
        }
    }
```

三、循环结构

(一) while 语句

while 语句的一般形式为

while(表达式)　循环体

while 语句的执行步骤是：先判断 while 后的表达式是否成立，若成立(其值为非 0)则重复执行 while 语句中的循环体，否则(其值为 0)退出循环去执行 while 语句的下一条语句。但应注意如果循环体含一个以上的语句，应用花括弧括起来。while 语句流程图如图 8-7 所示。

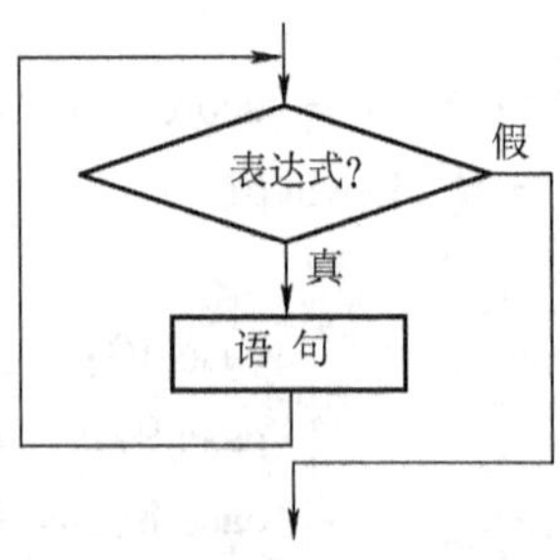

图 8-7　while 语句流程图

例 8-9　求 1 +2 +3 + … +100 的和。

解：

```
#include   "stdio. h"
main()
{
int   i,sum =0;
i =1;
while(i <=100)
{sum = sum + i;
i ++;
}
printf("%d",sum);
}
```

(二) do...while 语句

do...while 语句的一般形式为

do 循环体 while(表达式);

这种形式是先执行 do 后面的循环体，后判断表达式是否成立，当表达式的值为非零时，返回重新执行循环体，直至表达式值为零，则停止循环，如图 8-8 所示。

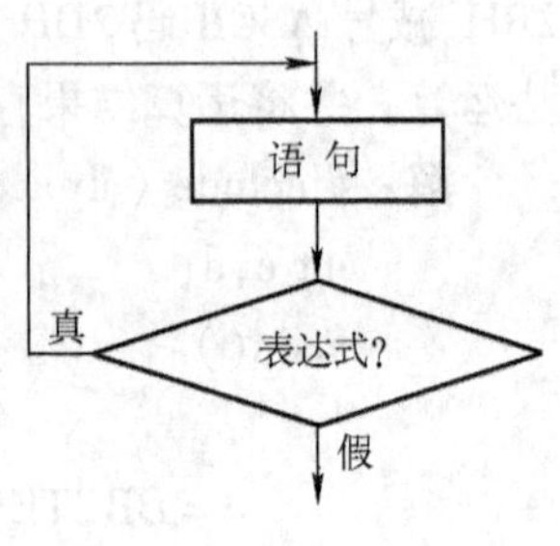

图 8-8　do while 语句的流程图

例 8-10　将例 8-9 改用 do while 语句实现。

解：

```
#include   "stdio. h"
main()
{
int   i ,sum =0;
```

```
i=1;
do
{sum=sum+i;
i++;
}
while(i<=100);
printf("%d",sum);
}
```

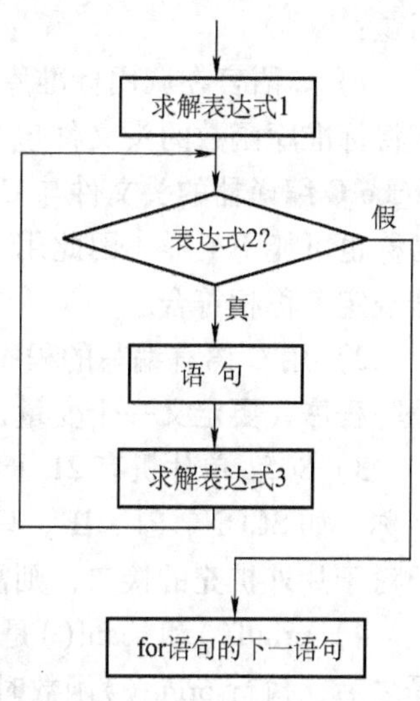

图 8-9　for 语句的流程图

（三）for 语句

for 语句的一般形式为

for(表达式1;表达式2;表达式3)　循环体

这种形式的执行步骤是：先求解表达式 1，并作为循环变量的初值，再求解是否满足表达式 2 的条件，若其值为真(非 0)，则执行循环体，然后求解表达式 3，按表达式 3 的要求对循环变量进行修改后返回。如此反复，直到表达式 2 的条件不满足，即其值为假(0)时，则退出循环，执行 for 语句的下一条语句。for 语句的流程图如图 8-9 所示。

例 8-11　将上题改为用 for 语句实现。

解：
```
#include"stdio.h"
main()
{
int i,sum=0;
for(i=1; i<=100;i++) sum=sum+i;
printf("%d",sum);
}
```

例 8-12　编制一个延时约为 1s 的函数。

解：
```
delay()                          /*延时函数*/
{int i,j;
for(i=0; i<250; i++)             /*用双重空循环实现延时*/
for(j=0; j<250; j++);
}
```

由于用 C 语言编写的程序，最后还要转换为机器码，因此以上程序延迟的时间，要看机器码的执行时间而定，又因为不同的编译器转换出来的机器码会略有不同，所以要从 C 语言程序本身计算延时，只能作大体估算，执行一次空循环，大约要 4～10 个机器周期，若时钟为 12MHz，一个空循环约为 4～10μs，250 次空循环约为 1～2.5ms，以上程序延时大约为 250～1000ms。

第八节　C51 程序举例

综上所述，用 C51 编程与用标准 C 语言编程没有什么很大区别，但要注意以下几个问题：

1）C 语言在调用标准库函数时，总是在程序开头用一个文件包含命令，即#include 语句将标准库函数的头文件包含进来，由于不同的编译器所用的头文件名称可能不同，不但 Turbo C 编译器的头文件与 C51 编译器的头文件有不同，甚至不同版本的 C51 编译器头文件名称也可能不一样。因此用 C51 编译器时，应注意头文件的名称，程序上的名称要与编译器规定名称相符合。

2）用 C 语言编写的程序，在定义一个变量时，只要标明数据类型就可以了。但用 C51 编写程序，要定义一个变量，除了要定义它的数据类型外，还应定义它的存储类型。

3）8051 单片机有 21 个特殊功能寄存器（SFR）。对这些寄存器的操作，可以直接用其名称，如 SCON、P1、IE。只要在程序前面加上一句#include "reg51. h"，而不要一一定义。但对于片外扩充的接口，则需要根据硬件形成的地址，用绝对地址访问方式进行访问。

4）printf( ) 和 scanf( ) 是 C 语言最常用的格式输出、输入函数，经 Trubo C 的编译器编译之后，执行 printf( ) 函数时，可以将输出项显示在计算机屏幕上，执行 scanf( ) 函数时可以从计算机键盘读入一个字节代码。而在 C51 编译器中，printf( ) 函数则表示，从 8051 串口输出所指定的数值或字符串，scanf( ) 函数则表示从 8051 串口读入字符。这两个函数在 C51 源程序上只有短短的一行，而生成的机器码却有相当长的一段，因此可能明显地影响生成的目标程序长度，或者造成片内存储单元不够分配而无法编译，使用时应予注意。

5）用 C51 编译器编译源程序的时候，数据类型和存储类型都是可以预先定义的，但数据具体放置在哪一个单元则由编译器编译时确定，不必由用户指定。在汇编语言中要存放一个数据，都需要指定具体的存储单元，这种做法，在 C51 程序中已没有必要。

下面举几个应用实例予以说明。

一、“走马灯”电路

例 8-13 设计一个实验电路，在 AT89C51 并行接口(P1)连接 8 个 LED，要求这 8 个 LED 能循环点亮，点亮顺序为 P1 的各个位左循环移动，当 P1 的相应位输出低电平时，它所连接的 LED 发光，当 P1 的相应位输出高电平时，则 LED 熄灭。“走马灯”电路如图 8-10 所示。

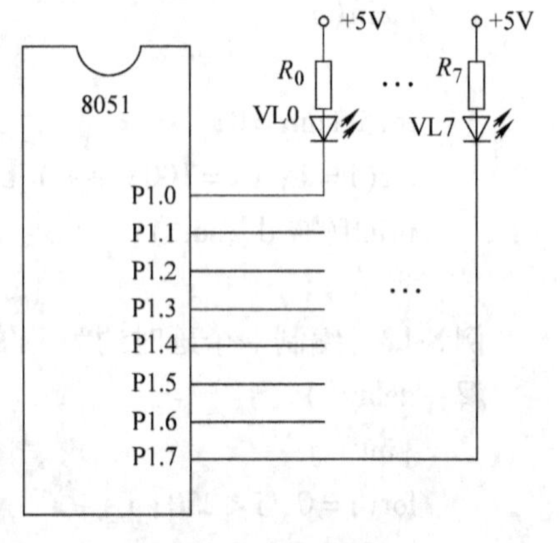

图 8-10 “走马灯”电路

解：程序清单：

```
#include "reg51 h"
delay(int t)                  /* 延时函数 */
{int i,j;                     /* 采用默认的存储类型 */
for(i=0;i<t;i++)              /* 用双重空循环实现延时 */
for(j=0; j<10; j++);}
main()                        /* 主函数 */
{
        char data i,s;
```

```
while(1)                    /* 无穷循环 */
{
    s = 0xfe;               /* 设置初值,最低一位为 0 */
    P1 = s;                 /* 由 P1 送出数据,令接 P1.0 的 LED 亮 */
    delay(500);
    for(i = 0; i < 8; i ++)
    {
s = s << 1;                 /* 控制 s 值左移一位,最低位补 0 */
s = s | 0x01;               /* 将最低位置 1 */
P1 = s;                     /* 由 P1 送出数据,令对应的 LED 亮 */
delay(500); }
    }
}
```

程序包括一个主函数 main( )和一个延时函数 delay(int　t)。延时函数通过空循环达到延时的目的，延时的时间是由主函数调用时所提供的实际参数决定，本例中所提供的 t 等于 500。如果每一次循环为 1ms，500 次循环约为 500ms。

主函数最初送给 P1 的数据为 0xfe，头文件 reg51. h 中已定义为 8051 的 P1 = 0X90，所以可以直接将 s 送 P1，当 11111110B 送 P1 口时，点亮第一个 LED，经延时后，进入第二层循环，在第二层循环中让 s 左移一位，使之为 11111100B，与 0X01 相或后，s 值为 11111101B，点亮第二个 LED，延时后再次移位、点亮下一个 LED，直至等于 11111111B 为止，这时 i = 8，退出第二层循环，然后再置 c 值为 0xfe，重复前面操作，由于程序循环语句 while(1)的表达式为 1，说明退出循环的条件是 1 = 0，而 1 永不会等于 0，所以永远不会退出成了无穷循环，使得 LED 也不断循环点亮。如果将 8 个 LED 排成环形，点亮的 LED 就会像“走马灯”一样绕着圆圈旋转。

二、数码管动态显示

例 8-14　设计一个数码管动态显示电路，利用 AT89C51 外接可编程并行接口 8255，驱动数码管显示字符，电路如图 8-11 所示。由 8255 的端口 B 输出段码，驱动 4 个共阴极七段数码管的字段阳极，以显示指定数据，并设定为高电平工作，哪一段电位为高，哪一段点亮。8255 端口 C 的 PC0 ~ PC3 送出位扫描码，设定低电位工作，哪一位电位为低，即点亮哪一位数码管。

解：/* 数码管动态显示程序 */

```
#include "stdio.h"
#include "reg51.h"                      /* 载入 C51 头文件 */
#include "absacc.h"
#define cr   XBYTE[0x8003]              /* cr 为控制口 */
#define pb   XBYTE[0x8001]              /* pd 为 8255A 的 B 口 */
#define pc   XBYTE[0X8002]              /* pc 为 8255A 的 C 口 */
#define CW   0x88
char d_7[4] = {0x3f,0x06,0x5b,0x4f};   /* 0 ~ 3 的字型段码数据 */
```

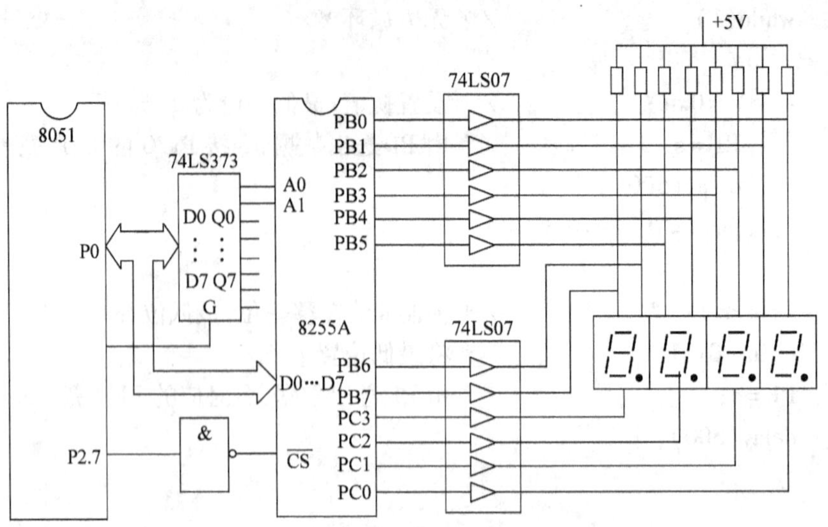

图 8-11　例 8-14 数码管动态显示电路

```
char  con[4] = {0xfe,0xfd,0xfb,0xf7};   /* 扫描控制信号 */
delay(int t)                            /* 延时函数 */
{
  int  i,j;
  for(i=0; i<t; i++)
  for(j=0; j<10; j++);
}
scan()                                  /* 扫描显示函数 */
{
  char i;
  for(i=0; i<4; i++)
  {pb=d_7[i];                           /* 由 B 口送出段码 */
  pc=con[i];                            /* 由 C 口(PC0~PC3)送位扫描码 */
  delay(3);
  }
}
main()
{
  cr=CW;                                /* 设定 8255 工作模式 */
  while(1) scan();                      /* 无穷循环扫描驱动数码管显示数据 */
}
```

程序由三个函数组成；delay(int t)为延时函数，scan()为扫描显示函数，main()为主函数。

程序中用到的 pb、pc、cr 等三个字符常量中，pb 为 8255 的端口 B 的地址，pc 为 8255 的端口 C 的地址，cr 为 8255 的控制口地址；对 8255 初始化，可置 cr 为 CW(0x88)，即设定端口 B、端口 C(PC0 ~ PC3)为输出。d _ 7[i]存放要显示的“0、1、2、3”4 个字型的段码数据；con[i]存放位扫描码。scan()函数通过循环送出位扫描码信号，实现动态扫描。

如：con[0] =0xfe，即只有 PC0 为 0，驱动第一位数码管，并显示 d _ 7[0]所表示的字符，即字符 0。之后依次显示 1、2、3。由于扫描速度很快，好像 4 个数码管同时发亮，即显示出 "0123"。

程序第一行的文件包含处理命令#include "stdio. h"，只是作为备用，因为现在的程序没有用到 stdio. h 中的有关函数。只是准备将来程序如果需要扩充，不用再去增添。

三、键盘扫描程序

例 8-15　用 C 语言编写图 6-17 行列式键盘的键盘扫描程序。(图中 P0 低 6 位作为列输出,P1 低 3 位作为行输入)

解：/ * 键盘扫描程序 * /

```
#include "reg51. h"                    / * 载入 C51 头文件 * /
#include "absacc. h"
#define uchar unsigned char
#define uint unsigned int
#define PORT XBYTE[0x6000]             / * rowcode 输出地址 * /
void main(void)
  {
  uchar   keyvalue
  while(1)
    {keyvalue = keyscan()              / * 从键盘扫描函数返回键值 * /
    delay()
    }
  }
void delay(void)                       / * 延时函数 * /
  {uchar I;
  for(i =200; i >0; i - - );
  }
uchar keyscan(void)                    / * 键盘扫描函数 * /
{uchar rowcode,linecode;               / * 定义列值 rowcode 行值,linecode * /
  PORT =0xc0;                          / * 列值输出全 0 * /
  If((P1 & 0x07)! =0x07 )              / * 若行低 3 位输入不全为 1 有键按下 * /
    {Delay();                          / * 延时防抖动 * /
  If((P1 & 0x07)! =0x07 )
    {rowcode =0xfe;                    / * 若确有键按下逐列扫描 * /
  while(rowcode & 0x40)! =0)           / * 不到最后一列循环 * /
    {PORT = rowcode;
    If((P1 & 0x07)! =0x07 )
      {linecode = P1& 0x07;
```

```
        rowcode = rowcode & 0x3f;
        rowcode = rowcode <<6          /* 列值移位 */
        return(linecode + rowcode); /* 返回键值 */
        }
    else
        rowcode = (rowcode <<1) | 0x10;
        }
      }
    }
    return(0);
  }
```

四、C51 中断程序举例

例 8-16 将例 8-11 中的“走马灯”电路改用开关控制，并采用中断方式如图 8-12 所示，要求开关每拨动一次，点亮的 LED 向前移动一个位置。连续拨动开关，LED 就可以循环点亮。为防止开关在接触时可能产生抖动，开关通过触发器与图中的外部中断源 P3.3 口(INT1)相接，试用 C 语言编制一个能实现上述任务的中断程序。

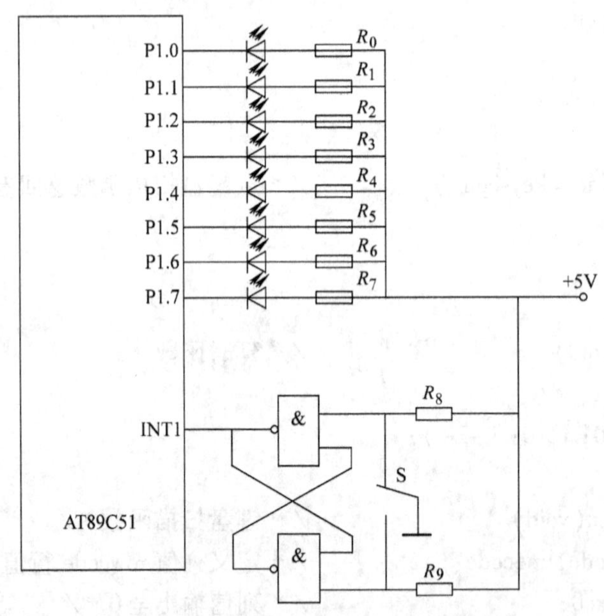

图 8-12 用中断方式控制“走马灯”电路

在 C51 中，中断服务程序定义为函数，并规定用下列形式表示：

函数名 interrupt n [using m]

上式中的函数名由用户确定，interrupt 为关键字，n 是中断源编号，使用 INT0 则 n = 0，使用 T0 则 n = 1，使用 INT1 则 n = 2，使用 T1 则 n = 3，使用串口则 n = 4。图 8-13 使用外部中断源 INT1，故选 n = 2。用 C51 编制中断函数的时候，中断入口地址由编译器自动建立，无须用户去安排，中断之后需要保护的寄存器也会自动入栈，也不需要用户安排。[using m]定义函数使用的工作寄存器组，m 取值 0 ~ 3，可以默认。根据题意编制程序如下：

解：
```
#include "reg51.h"
char i;
char s = 0xfe;
led1()  interrupt 2
    {
    if(i<8){ s=s<<1;s=s | 0x01;P1=s;i++;}
    else  {i=0;s=0xfe;}
    }
main()                  /* 主函数 */
{
    EA=1;               /* 开中断 */
    EX1=1;              /* 允许外部中断源1中断 */
    IT1=1;              /* 定义下降沿触发方式 */
    P1=0xfe;            /* 点亮第一个 LED */
    while(1);           /* 无穷循环等待中断 */
}
```

主函数 main()的任务是开中断，确定中断的触发方式，并令 P1 = 0xfe，将第一个 LED 点亮，然后等待中断。

中断函数的任务是在拨动一次开关后，响应中断，将计数值加 1，让 s 从初值 0xfe 开始左移一位，并与 0x01 进行"或"运算，使左移后的最低位置 1，然后将 s 值赋给 P1，点亮下一个 LED。当中断 8 次后，让 s 值回到初始状态，即 s = 0xfe，重新从新第一个 LED 开始点亮，进行新的循环。

习 题

1. 用 C 语言编写下列程序：

（1）从键盘输入华氏温度，按公式 C = 5/9(F − 31)，求出摄氏温度，并由屏幕显示。

（2）求三个变量 x、y、z 中哪一个最大？并将最大值存于变量 a。

（3）将变量 x1、x2、x3 按其数值大小，从最大开始分别赋予变量 y1、y2、y3。

（4）在一组 5 个数据中，查找是否有等于 43H 的数，如有将变量 m 置 1，否则将变量 m 置 0。

2. 将以下习题改用 C 语言编程：

（1）第三章习题 15。

（2）第三章习题 16。

（3）第六章习题 1。

第九章　单片机控制系统设计与调试

第一节　单片机控制系统的设计

上面几章介绍的是有关51系列单片机的基础知识，以及它的使用方法。由于单片机具有体积小、功能强、价格便宜的诸多优点，使得单片机的应用十分广泛，可以说是无处不在。它的应用领域包括：

1）工业和军用设备控制系统：包括机床的数字控制，各种生产线的自动控制，温度、压力及各种参数的调节，以及远程控制、多机连动、机电一体化智能产品、军用产品等方面的应用。

2）数据测量与采集：包括各种智能仪器仪表、数字仪表、生产或管理现场的数据采集，远程遥测及各种自动测量系统。

3）现代商店、住宅管理中的各种安全、防盗、监控设备。

4）家用电器、小型电器的功能控制。

可以说从大到军事、工业、交通、金融、通信领域。小到家用电器、生活用品，几乎都内嵌有单片机。从广义上讲所有这些应用，都离不开控制范围，所以往往把单片机应用系统称之为单片机控制系统。

设计一个单片机控制系统通常要包括硬件和软件两个部分，而且两部分的设计最好相互配合同时进行，因为软件设计中需要的存储器地址和接口地址，都要由硬件提供。先要确定硬件中存储器和接口的连接方法，才能确定其地址值。当然，也可以是软件先分配好存储器和接口的地址，然后硬件按照所分配的地址来布置线路。要实现的某种控制，可以通过软件实现，也可以用硬件实现。有时软件很容易做到的事，用硬件实现就很困难，例如对电路的工作状态的逻辑判断，用软件实现就比较容易，用逻辑电路不但成本高，而且增加了电路的复杂性。相反有些硬件很容易做到的事，软件反而难以做到。例如抑止干扰等。一般地讲，由硬件实现某种功能，工作速度会比较快，也会减少软件工作量。但用软件实现，则可简化电路，降低成本。为此需要设计时硬件和软件间相互配合相互协调。有时设计的系统比较小。软件和硬件设计可能由一个人包揽，这时候可以根据设计需要，自行调节硬件和软件的结构。

一、硬件设计

设计一个新的控制系统，通常都是自行选择元件，自行设计系统结构，即所谓从元件级开始进行。元件级开始进行设计主要考虑以下几个方面；

（一）单片机型号选择

现在常用的单片机有不同厂商生产的51系列、Microchip公司生产的PIC系列、台湾义隆公司生产的EM78系列等等，选用哪一种系列，一般根据是否有该种单片机的开发工具，设计人员本身对这种型号是否熟悉等因素。

其次，要从该系列的诸多型号中，选定一种型号。选择时，首先考虑所设计的系统有多少外设，相应要用多少 I/O 口，是否需要配置显示器、键盘、A/D 转换、要配置多少按键以及多少开关量输出。是否需要扩展 RAM，程序大约要占多大的容量，哪些功能需要在片外扩展，然后根据这些要求去选择单片机的型号。当然，选择时不仅仅要考虑性能方面的因素，还应该考虑产品价格等其他因素，从中找出最优者。一般来讲总是希望尽可能使用片内资源。不要在片外扩展，一定要在片外扩展，也希望尽量少一些。因此设计者首先考虑选择一种存储器的容量、所含接口的数量都能满足需要的单片机，使得不要在片外扩展或少扩展。但由于系统对功能要求各式各样，并不是所有功能都能在片内解决，甚至在片外扩展更加有利。总之是否在片外扩展，必须全面权衡比较。不能一概而论。

在上面几章经常用 AT89C51 为例，这种单片机片内有 8KB 的程序存储器，4 组 I/O 口，一个串口，两个定时/计数器，有 5 个中断源，无内置看门狗，无 A/D 转换，外形为 40 脚双列直插式。对一般中小型的系统来讲，这些配置足够满足需要，可以作为首选机型。但如果确实无法满足设计的要求，可以考虑改选另一种机型，或者在片外扩展一些接口。例如系统需要 A/D 转换接口，而 AT89C51 片内没有 A/D 转换，就要考虑在片外扩展，或者改选有 A/D 转换接口的型号，如 Philips 的 P87LPC768。又例如需要内置看门狗，就要改用 AT89S51 等等。如果系统比较小，I/O 口的数量不必这么多，可以选择外形比较小的型号，例如 AT89C2051，它是 20 脚双列直插式，片内有 15 个 I/O 口，但没有并行扩展用的三总线。如果能满足需要，就不必选择 40 个引脚的 AT89C51。

（二）片外存储器的扩展及配置

选好单片机之后，要根据系统要求决定是否还要在片外扩充存储器，现在有的单片机片内程序存储器可达 8KB 以上，可以做到不在片外扩展。但片内数据存储器一般较少，只有 128B 至 1KB 左右，在需要采集数据的系统中，这个数量显然不够，需要在片外扩展。或选用像 AT89S8252 那样片内有 EEPROM 的型号。扩展片外的存储器应考虑以下几个方面：

1）选择存储器类型和容量。

2）确定存储器的地址分配。

3）确定存储器与单片机的连接方法。

关于存储器的扩展可参看第四章内容。

（三）输入输出通道和接口的设计

输入通道是指向系统输入信号的电路，例如为系统的起动、停止；紧急停车、复位、状态检测所装的开关、为系统运行需要输入的初始参数所装的键盘、拨盘。为模拟信号输入设置的 A/D 转换电路等。如果输入通道的信号是属于开关型或频率型信号，一般只要加上必要的防抖动措施，都可以直接与系统连接，图 9-1 为开关输入电路。为防止输入电路因共地引进的干扰，可用光耦隔离，图 9-2 为光耦输入电路，若要求输入信号为可控制的，可以选用可控三态门，对于模拟信号，则需通过 A/D 转换，A/D 转换电路可参看第六章。

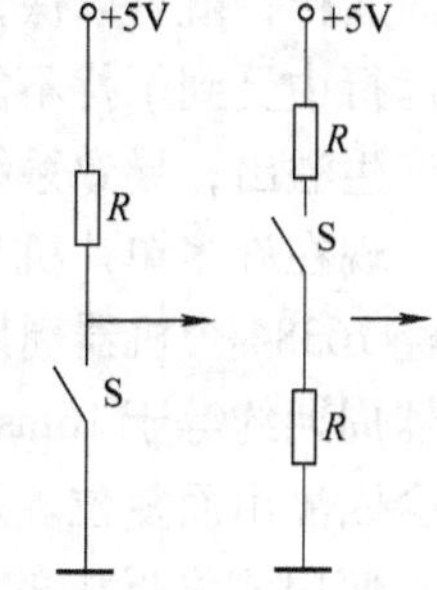

图 9-1　开关输入电路

对于非标准电平的外围设备，要与系统相连，还需要经过电平转换。有时为了系统传输的需要，也要变换电平，如图 9-3 所示的单片机串口 TTL 电平转换为 RS-232 电平，图中采用 1488 和 1489。也可用单电源的芯片 MAX232。

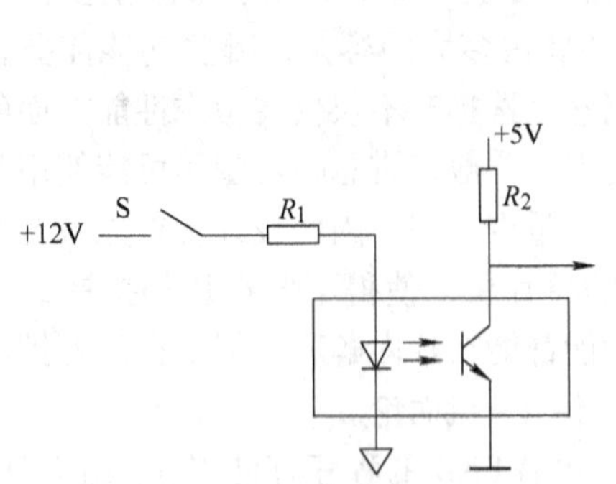

图 9-2 光耦输入电路

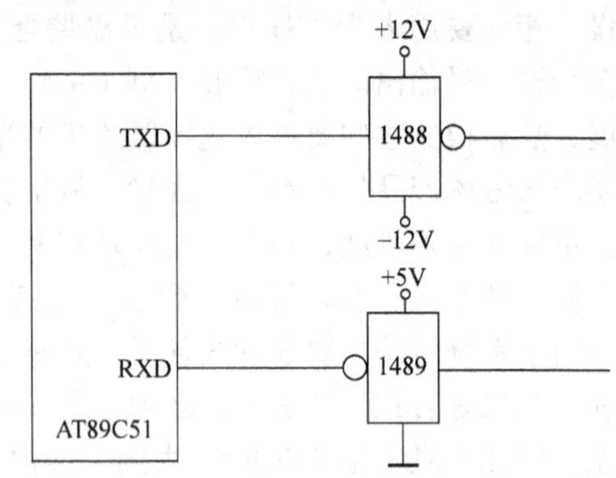

图 9-3 RS-232 电平转换电路

输出通道是指单片机输出控制信号的电路，例如显示、声光报警信号输出、D/A 转换电路等等。对于输出电路最主要是考虑接口的驱动能力，单片机片内接口往往无法直接驱动有关的执行电路或机构，或者无法同时驱动多个外设电路，在这种情况下，需要加接驱动电路。其次在控制强功率器件时，为防止负载的噪声对系统干扰，跟输入通道一样也要进行光耦隔离。

根据控制系统的需要，如果单片机的片内接口不够使用，就要在片外扩展，扩展时应考虑如下几个方面：

1）选择 I/O 接口芯片的类型。

2）如选并行扩展，要确定扩展后 I/O 接口的连接方式与地址空间分配。由于 8051 单片机的接口地址是与存储器统一编址的，所以接口同样要占用存储器的地址空间，安排地址时应与存储器统一考虑，以免发生冲突。接口电路的连接方式与存储器相类似。

（四）系统可靠性设计

系统基本配置完成之后，还要考虑系统的可靠性，例如硬件方面要考虑元器件的性能是否合适、器件的负载能力是否足够、电路的抗干扰能力等等。软件方面除通过调试纠错外。必要的时候还要配置看门狗电路。

看门狗定时器电路简称看门狗或 WDT(Wacth Dog Timer)，它是监视程序正常运行的一种定时器。这种定时器的定时时间固定不变，一旦定时的时间到，就会产生中断或产生溢出脉冲，使系统复位。为了不让系统复位，我们可以在运行的程序中，插入对看门狗定时器的清零指令(或称喂狗)，不时对它清零刷新。只要清零指令安排得恰当，而且程序能按正常走向运行，就可以保证看门狗都能在每次溢出前清零。这样，溢出就不会发生。但如果程序在运行中受到干扰不能按正常走向运行而跑飞，也就不能保证在 WDT 溢出前对它清零，因而产生溢出，导致系统复位。从而避免系统因跑飞而产生误操作的危险。

现在许多单片机片内就有看门狗电路，以 AT89S51 为例，片内有一个 14 位的计数器，每经 16384 个机器周期即计满溢出，若时钟频率为 12MHz，一个机器周期为 1μs，16384 个机器周期约等于 16ms，因此要求在未计满 16ms 之前，就要对计数器清零，如不及时清零，就会因溢出而复位。虽然复位也是不得已而为之，但可以回到初始状态，避免发生危险操作。使用 AT89S51 的看门狗前可先对寄存器 WDTRST 进行初始化，以便激活它，初始化的方法是：向地址为 0A6H 的看门狗寄存器 WDTRST 写入 1EH，再写入 0E1H 即可。激活以后，即开始计时，在正常程序中，要在 16ms 内向看门狗寄存器 WDTRST 写入 1EH，再写入 0E1H。如果程序跑飞，没有喂狗指令，系统就会马上复位。

Microchip 公司的 PIC 系列单片机内部也有看门狗电路，它是在向 ROM 烧写程序时，选择 CONFIG 选项，从中激活看门狗定时器。它的喂狗指令为 CLRWDT，常用的 WDT 溢出时间为 18ms。只要在 18ms 以内，执行一次 CLRWDT 指令，就能对 WDT 刷新。

单片机如果没有内置看门狗，可以用片内富余的定时器，通过软件自行构成。也可以选用一种称为 μP 监控器的集成电路，例如 MAX706P 芯片，构成外置看门狗，图 9-4 是 MAX706P 芯片引脚图，图 9-5 是它的典型应用电路。

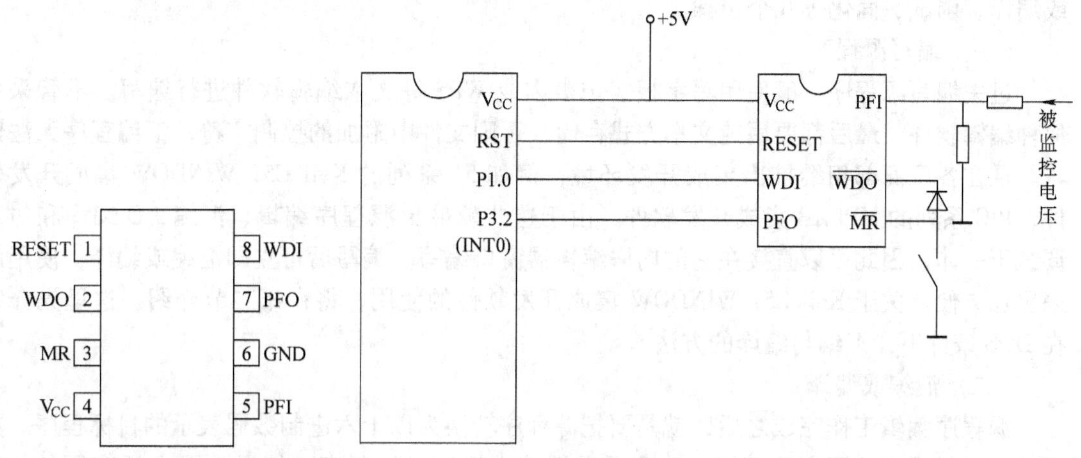

图 9-4　MAX706P 芯片引脚图　　　图 9-5　MAX706P 典型应用电路

在图 9-4 中。各引脚的功用为

PFI　电源故障电压监控输入

PFO　当输入到 PFI 的监控电压 $U_{PFI}<1.25V$ 时，PFO 变低

WDI　看门狗输入

WDO　看门狗输出

RESET　高电平复位信号输出端，接单片机 RST 端

MR　手动复位输入端，低电平复位

V_{CC}　+5V 电源输入端

GND：地

MAX706P 作为看门狗使用时。定时时间为 1.6s，如果在 1.6s 内 WDI 始终保持固定电平(低或高)，看门狗输出端 WDO 就会输出低电平，通过二极管使 $\overline{MR}$ 变低，产生复位信号，通过 RESET 输出到单片机复位引脚，使单片机复位。复位后，WDO 恢复为高。

如果在 1.6s 内，能给 WDI 输入引脚一个跳变沿(上升沿或下降沿)，看门狗定时器即被清零，在图 9-5 中，WDI 接在单片机的一个输出端口，只要在小于 1.6s 的时间内，在程序中安排一条对该端口取反的指令，就能对看门狗定时器清零，重新计数，就不会因 WDO 输出低电平而复位。反过来，若程序跑飞，到时没有给 WDI 一个信号，系统就会因 WDO 输出低电平而导致复位。

（五）电源选择

系统电路的设计工作完成之后就要选择或自行设计功率和电压合适的电源，凡采用光耦隔离的电路，要注意光耦两侧的电源不能共地，否则将失去隔离的作用。

二、软件设计

进行软件设计可以采用汇编语言，也可以采用面向单片机的高级语言、包括 C 语言。采用什么语言，可以根据系统规模、设备条件以及控制要求进行选择。一般初学者最好选择汇编语言，因为汇编语言可以由用户自己选择存储器，自己分配地址，因此比较直观，而使用 C51 编程，则存储器的地址分配，全部是编译器自动完成的，初学有一种摸不着的感觉。但对需要集体合作开发的大系统，又是选择 C 语言为好。通常软件设计要经过编写、汇编或编译、调试、固化等几个步骤。

（一）编写源程序

过去编写源程序一般使用写字板、记事本或 WPS 等文本编辑软件进行编写。不管采用何种编辑软件，最后都要用纯文本方式存储，否则文件中附加的控制字符，汇编程序无法辨认。现在各厂商都相继推出集成开发环境，例如 51 系列的 Keil C51 WINDOW 集成开发软件，PIC 系列的 MPLAB 集成开发软件，由于这些软件集源程序编辑、汇编、C 编译和仿真调试于一体，因此可以直接在它的内嵌编辑器窗口编写。编写后可立即汇编或编译，使用起来更加方便。关于 Keil C51 WINDOW 集成开发软件的使用，将在第二节介绍，这里先介绍在 DOS 条件下，汇编与编译的方法。

（二）汇编或编译

源程序编辑工作完成之后，就是要把源程序转换为以十六进制数码表示的目标程序。如果源程序是用汇编语言编写的，就要通过汇编转换为目标程序，如果是用 C 语言写的，则要通过编译转换为目标程序。然后才能通过编程器写入单片机的程序存储器。

汇编有时称为交叉汇编，所谓交叉指利用普通的个人计算机，并在它的操作系统支持下，对异种计算机(如 8051)的汇编语言源程序进行汇编，完成符号指令到机器代码之间的转换，当然所生成的机器码在普通的个人计算机上是不能运行的。

在 DOS 环境下汇编，可以用 Keil C51 的 BIN 子目录下的汇编器 A51 和十六进制符号转换器 OH51 进行汇编。汇编的命令格式为

A51　　文件名.ASM

设源程序扩展名为 ASM 则执行 A51 之后将产生扩展名为 OBJ 的同名文件，以及扩展名为 LST 的列表文件，有的编程器可以用所产生的 OBJ 文件写入芯片，但 A51 产生的 OBJ 文件，仅仅是一个定位文件，它不能用于写入芯片；因此产生 OBJ 文件后，还要经 BL51 链接，链接命令为

BL51　　文件名.OBJ

链接后形成同名的无扩展名文件，再经 OH51 转换形成扩展名为 HEX 的十六进制绝对目标文件，转换命令的格式为

OH51　　文件名

例 9-1　将第六章例 6-3 显示子程序 display 进行汇编，以生成扩展名为 HEX 的十六进制 Intel HEX 格式的绝对目标文件。

解：将例 6-3 中的源程序略作修改以 display. asm 命名，经编辑完成后，放在 d 盘子目录 user 中。在 DOS 环境下汇编时，可在 Keil C51 的 BIN 子目录下输入如下命令，界面如图 9-6 所示。

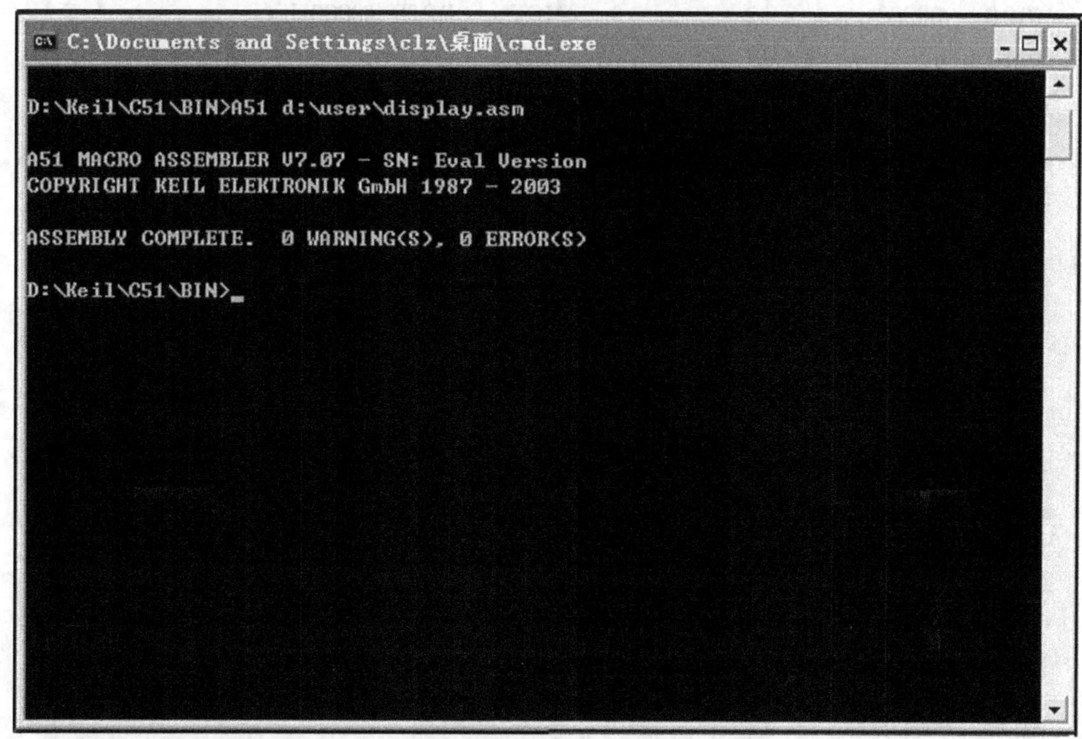

图 9-6　A51 命令界面

1. 输入汇编命令

A51　d:\user\display. asm

执行后，在 user 中将生成目标文件 display. obj 和列表文件 display. 1st，如果汇编出错，列表文件中将会有错误信息的提示。汇编通过后的列表文件格式如下所示：

```
MACRO  ASSEMBLER  A51  V7.07
OBJECT  MODULE  PLACED  IN  d:\user\display.OBJ
ASSEMBLER  INVOKED  BY:C:\Keil\C51\BIN\A51.EXEd:\user\display.asm
LOC   OBJ      LINE   SOURCE
0000            1              ORG    0000H
0000  020100    2              LJMP   DISPLAY
0100            3              ORG    0100H
0100  7869      4     DISPLAY: MOV    R0,#69H
0102  7B01      5              MOV    R3,#01H      ;从最右边开始显示
0104  EB        6              MOV    A,R3
0105  906000    7     DIS1:    MOV    DPTR,#6000H
0108  F0        8              MOVX   @DPTR,A      ;送位码
0109  E6        9              MOV    A,@R0        ;取缓冲器内容
010A  2419      10             ADD    A,#19H       ;执行转换指令的当前
                                                    地址与表头距离
010C  83        11             MOVC   A,@A+PC      ;转换为段码
```

```
010D  908000                      MOV    DPTR,#8000H
0110  F0                          MOVX   @DPTR,A        ;送段码
0111  311D                        ACALL  DELAY          ;延时
0113  08                          INC    R0
0114  EB                          MOV    A,R3
0115  20E504                      JB     ACC.5,DIS2     ;显示到第六位否
0118  23                          RL     A              ;调整显示位
0119  FB                          MOV    R3,A
011A  2105                        AJMP   DIS1
011C  22                DIS2:     RET
011D  7F02              DELAY:    MOV    R7,#02H
011F  7EFF              DELAY1:   MOV    R6,#0FFH
0121  DEFE              DELAY2:   DJNZ   R6,DELAY2
0123  DFFA                        DJNZ   R7,DELAY1
0125  22                          RET
0126  3F065B4F          TABLE:    DB  03FH,06H,5BH,4FH,66H,6DH,7DH,
                                      07H,7FH,6FH
012A  666D7D07
012E  7F6F
                                  END
```

2. 输入链接命令

在生成目标文件 display. obj 和列表文件 display. 1st 之后，可在 BIN 子目录下输入 BL51 命令进行链接，链接后形成同名的无扩展名文件 display，执行过程如图 9-7 所示。

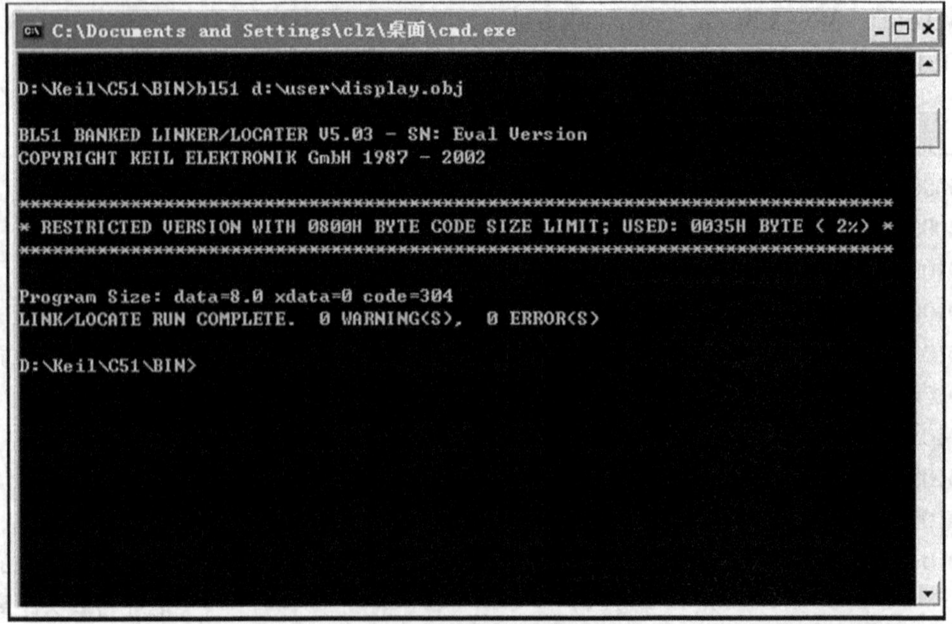

图 9-7 BL51 命令界面

BL51　d:\user\display. OBJ

3. 输入转换命令

OH51　d:\user\display

经 OH51 转换可产生扩展名为 HEX 的 Intel HEX 格式十六进制绝对目标文件。执行过程如图 9-8 所示。

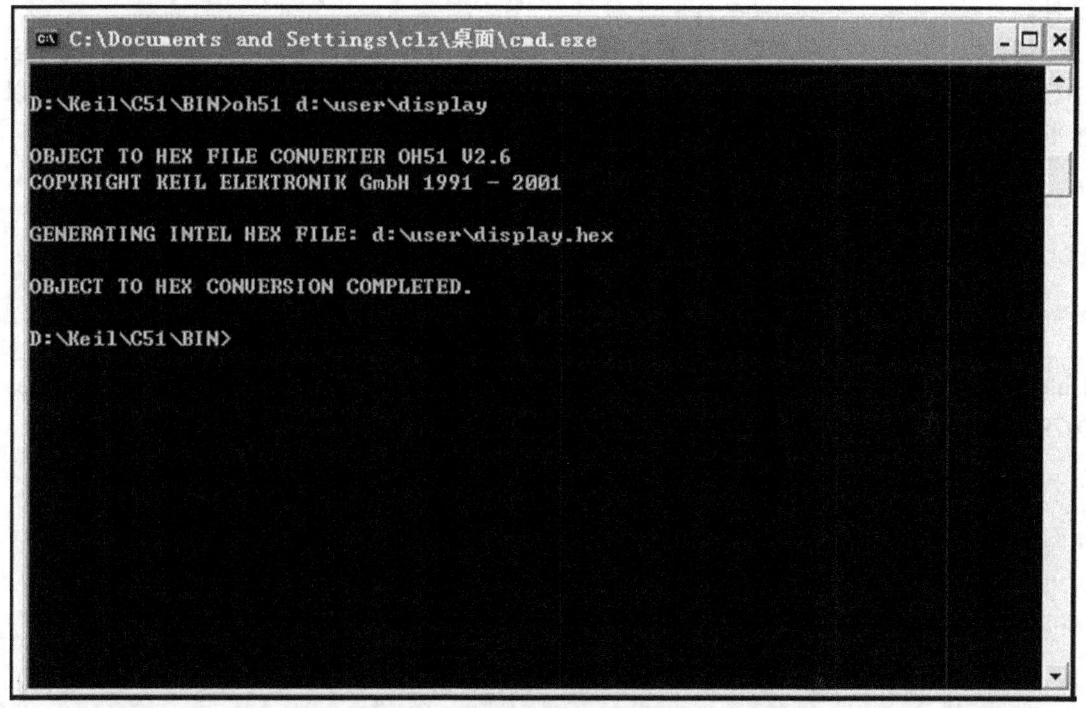

图 9-8　OH51 命令界面

执行后，生成扩展名为 HEX 的十六进制文件 display. hex。文件每一行开头的冒号(:)表示一个新记录。接着两个字符是本行的记录块长度，典型的 10 代表一个 16B 的块。再下面的 4 个字符是十六进制数，表示本行数据块中数据的起始地址。再下面的两个字符是块的类型码，00 表示可重定位数据，01 是文件的结束标志。接下去是实际的十六进制数据，每两个字符表示一个字节。最后两个字符表示校验和，将该行所有的十六进制值与校验和加起来并以 256 取模时，整个结果应为 0。display. hex 文件的结构如下：

:03000000020100FA

:1001000078697B01EB906000F0E624198390800011

:10011000F0311D08EB20E50423FB2105227F027E40

:10012000FFDEFEDFFA223F065B4F666D7D077F6FC5

:00000001FF

如果程序是用 C 语言编写的，同样可以用 Keil C51 的 BIN 子目录下的编译器 C51 进行编译，和汇编一样也是分别输入编译命令 C51，链接命令 BL51 和转换命令 OH51。命令的格式为

1. 编译命令　C51　文件名 . C

源程序扩展名为 C，执行后产生扩展名为 OBJ 和 LST 两个同名文件。

2. 链接命令　BL51　文件名 . OBJ

链接后形成同名的无扩展名的文件。

3. 转换命令　OH51　文件名

转换后形成扩展名为 HEX 的十六进制绝对目标文件。

例 9-2　将第六章例 6-3 显示子程序用 C 语言编写，并编译成扩展名为 HEX 的绝对目标文件。

解：以上的显示子程序若用 C 语言编写，如果所用的显示电路不变，并且显示缓冲区中已经存放了 1、2、3、4、5、6 等 6 个数据，要求程序运行后数码管能以扫描方式显示以上 6 个数字，则可编写以 display. c 命名的源程序，并将他存放在目录 user 中。

```
#include <absacc. h>
#include <reg51. h>
#define uchar unsigned char
uchar idata dis_buf[6] = {1,2,3,4,5,6};
uchar code
table[20] = {0x3f,0x06,0x5b,0x4f,0x66,0x6d,0x7d,0x07,0x7f,0x6f,0x77,0x7e,0x39,0x5e,
0x79,0x71,0x40,0x00};
delay(int t)                              /*延时函数*/
  {
  int i,j;
  for(i=0;i<t;i++)
  for(j=0;j<10;j++);
  }
scan(uchar idata *p)                      /*扫描显示函数*/
  {
  uchar sel,i;
  sel=0x01;
  for(i=0;i<6;i++)
  {
  P2=0x80;
  P0=table[*p];                          /*送出段码 */
  P2=0x60;
  P0=sel;                                /*送出位码 */
  delay(3);
  p--;
  sel=sel<<1;
  }
  }

main( )                                   /*主函数*/
```

```
{
while(1)
scan(dis_buf+5);
}
```

编写好原程序后，可通过执行编译、链接、转换三个命令，对原程序进行编译，即

编译命令　C51　display. c

链接命令　BL51　display. obj

转换命令　OH51　display

通过这三个命令，生成目标文件 display. Obj 列表文件 display. lst 和 Intel HEX 格式的绝对目标文件 display. hex。display. hex 的清单如下：

```
:1008DF003F065B4F666D7D077F6F777E395E79715F
:0408EF0040000000C5
:0808F300060A010203040506D8
:1008B900E4FDFCC3ED9FEE6480F8EC64809850156C
:1008C900E4FBFA0BBB00010AEB640A4A70F50DBDA3
:0608D90000010C80DE228C
:10088C008F08750901E4F975A080A808E69008DFC7
:10089C0093F58075A0608509807F037E001208B9EE
:0D08AC001508E50925E0F50909B906DB226C
:0708FC007F0F12088C80F948
:03000000020800F3
:0C080000787FE4F6D8FD75810F020847F0
:10080C000208FCE493A3F8E493A34003F68001F2FE
:10081C0008DFF48029E493A3F85407240CC8C333ED
:10082C00C4540F4420C8834004F456800146F6DFBC
:10083C00E4800B0102040810204080900 8F3E47E51
:10084C00019360BCA3FF543F30E509541FFEE493B1
:10085C00A360010ECF54C025E060A840B8E493A378
:10086C00FAE493A3F8E493A3C8C582C8CAC583CAA3
:10087C00F0A3C8C582C8CAC583CADFE9DEE780BE5B
:0108FB0000FC
:00000001FF
```

将 C 语言所形成的机器码与汇编语言所形成的机器码相比较，同样是动态显示 6 个数码，占用的程序存储器空间要大一些，所以小规模的控制系统，多数还选用汇编语言为好。但用 C 语言编写的程序如通过人工优化，上面这个程序还是可以缩小的。

（三）固化和调试

生成十六进制文件后，就可以用它在仿真器上进行调试。也可以直接写入单片机，插在目标板上试运行，根据运行情况，对程序作进一步修改。然后再把修改后的程序重新写入。编程器也称烧写器或称固化设备，在编程软件的支持下，用它将目标程序写入程序存储器，

通常程序写入之后，还要通过编程器将程序加锁或称之为加密，加密的程序将无法读出，以保护程序不被抄袭。

第二节 Windows 环境下集成开发软件

上面介绍了在 DOS 环境下对源程序进行汇编或编译的方法，现在各类单片机都有集成开发软件(简称 IDE)，例如 Keil 公司针对 51 系列的 Keil C51 Windows 集成开发软件，Microchip 公司针对 PIC 系列的 MPLAB 集成开发软件，这些软件集源程序编辑、汇编、C 编译和仿真调试于一体，使用起来更加方便。本节主要介绍 Keil C51 集成开发软件的安装与使用。

Keil C51 是针对 51 系列单片机并基于 Windows 环境下的集成开发软件，有 Keil μVision51、Keil μVision2、Keil μVision3 等几种版本。下面主要根据 Keil μVision2 版本作些介绍。在 Keil μVision2 中除了汇编器 A51、编译器 C51、连接器 BL51 和文件转换器 OH51 等工具外，还包括集成编译环境 μVision2。在 μVision2 集成开发环境中，用户可以完成源程序的编写、编译、连接、仿真调试及项目管理等操作，如果进行软件模拟仿真，可以不需要其他任何设备情况下，利用 μVision2 对编好的源程序进行仿真调试。通过单步执行、设置断点、设置观察点等手段使得调试工作变得非常方便有效。当然软件模拟仿真无法检查目标板硬件中的问题，要检查目标板硬件，需要使用仿真设备进行硬件仿真。下面简要介绍 Keil μVision2 集成开发软件的操作。

一、Keil μVision2 的安装

安装程序在光盘上的 SETUP 目录中，执行该目录下的 Setup 应用程序就可以将Keil μVision2 安装在 Windows 操作系统下，安装时可以指定 C51 的安装目录或使用默认目录。也可从网络下载。

安装完成后，此目录下有两个子目录 C51 和 UV2，其中在 UV2 子目录中，有 μVision2 主执行文件 UV2. EXE，在 C51 下的 BIN 子目录中有汇编器 A51、编译器 C51、连接器 BL51 和文件转换器 OH51 等执行文件以及一些芯片驱动程序的动态链接库(. DLL)；在 C51 下的 INC 子目录中，装有编译需要的头文件(. H)；在 LIB 子目录中，装有 C51 的标准函数库(. LIB)。

二、启动 Keil μVision2

要启动 Windows 环境下的 μVision2，用户需要找到安装目录下的 UV2 子目录，执行 UV2. EXE 进入图 9-9 所示的 μVision2 启动窗口，并出现如图 9-10 所示的编辑主窗口。

三、建立一个新工程项目

建立新工程项目，可在主菜单【Project】中选择【New Project】选项，在弹出的【Creat New Project】窗口中写入工程文件的名称，并加上扩展名 uv2，如 dis. uv2。选择你要保存的路径，输入工程文件的名字，比如保存到 User 目录里，然后单击“保存”，如图 9-11 所示。

四、选择目标器件

这时 Project 窗口就会显示一个名为 Target 1 的项目，在 Target 1 项目下有一个 <Source group1> 的文件夹。并弹出【Select Device for Target 'Target 1'】对话框，（也可以右击

Target1，在弹出的菜单中选择【Select Device for Target 'Target1 '】选项，弹出对话框）。从框中厂家和单片机的列表中，为项目选择目标板实际使用的单片机型号，Keil C51 几乎支持所有的 51 核的单片机，本例选择 AT89C51，如图 9-12 所示。

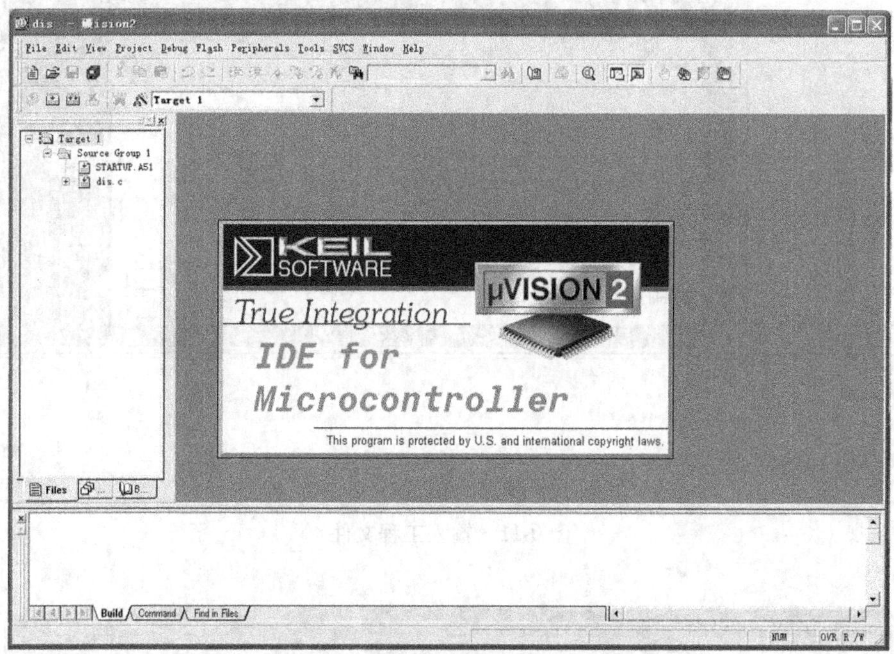

图 9-9　启动 Keil C51 时的屏幕

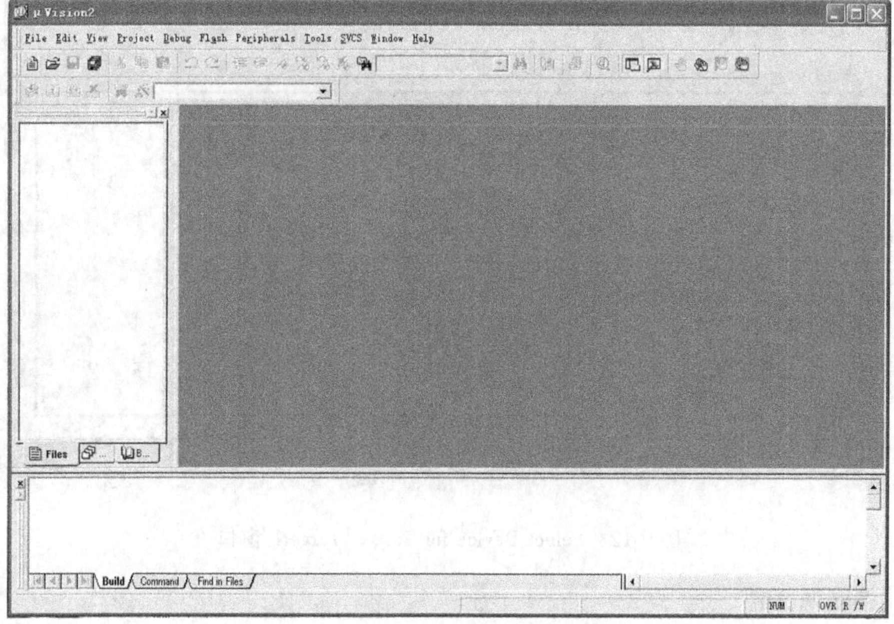

图 9-10　µVision2 主窗口界面

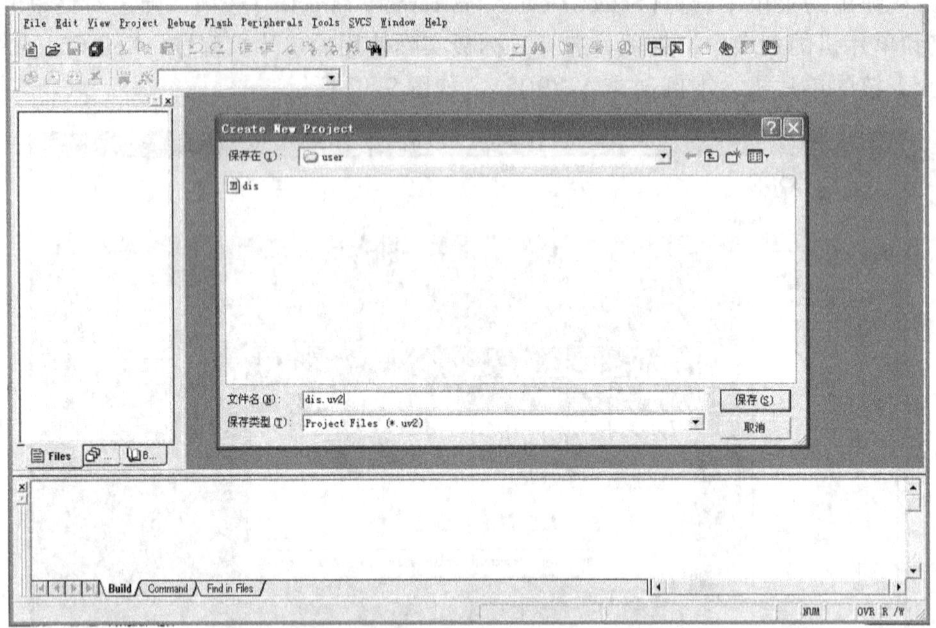

图 9-11 输入工程文件

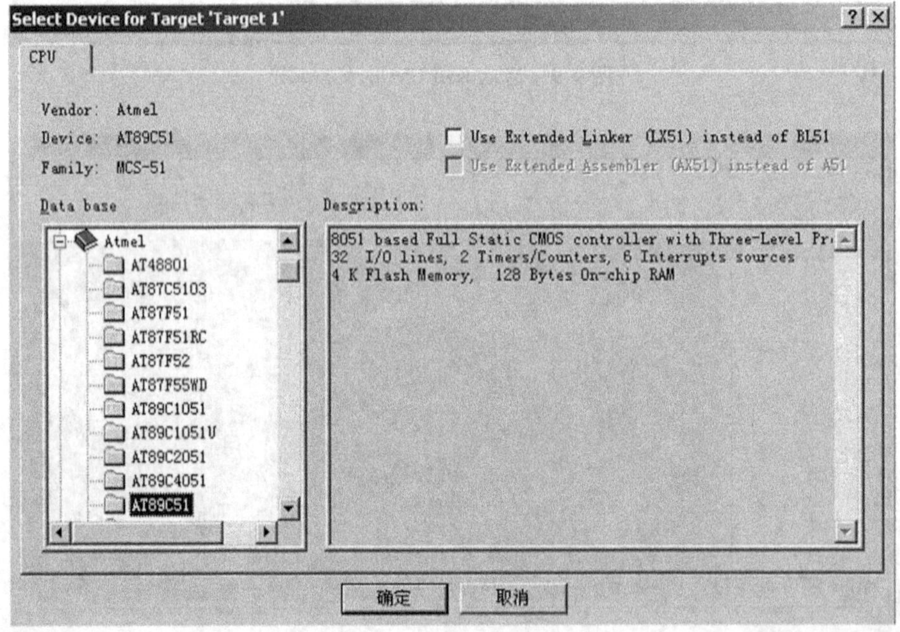

图 9-12 Select Device for Target 'Target1'窗口

五、编辑源文件

在主菜单中的【File】下拉菜单中选择【New】选项，弹出编辑窗口，然后就在弹出的文本编辑窗口中编写源程序，如图 9-13 所示，建议先保存该空白的文件，单击菜单上的【File】，在下拉菜单中选中【Save As】选项单击，在"文件名"栏右侧的编辑框中，键入欲使用的文件名，并指定文件夹，如 d:\user。同时必须键入正确的扩展名。注意，如果用 C 语言编写程序，则扩展名为(.c)如 dis.c；如果用汇编语言编写程序，则扩展名必须为(.asm)。如 dis.asm。然后单击“保存”按钮。

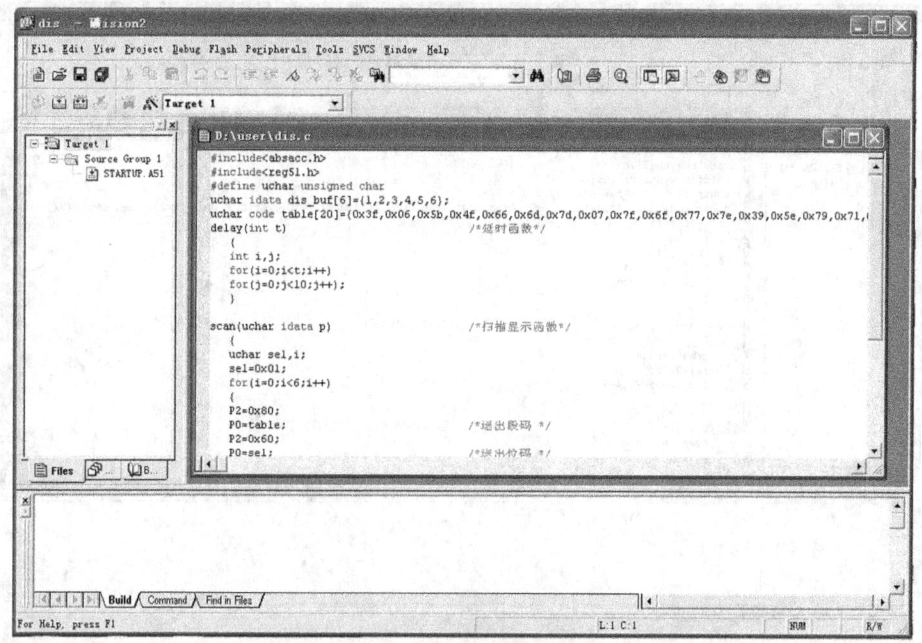

图 9-13　文本编辑窗口

保存空白文件后，就可以在文件编辑器中编写汇编语言程序或 C 语言程序，用汇编语言编写，要求每行写一个语句，所有数据一律采用十六进制。用 C 语言编写，格式自由、编辑方便。但是书写时要遵循 C 语言语法规则，注意每条语句的结束用分号";"，并在书写时根据程序结构采用“缩进”格式，给程序加恰当的注释等。编写完程序，同样存于文件夹 d:\ user，取代原来的空白文件 dis.c 或 dis.asm。

回到编辑界面，单击"Target 1"前面的"+"号，然后在"Source Group 1"上单击右键，在弹出菜单中单击【Add Files to Group 'Source Group 1'】，屏幕出现如图 9-14 输入框。

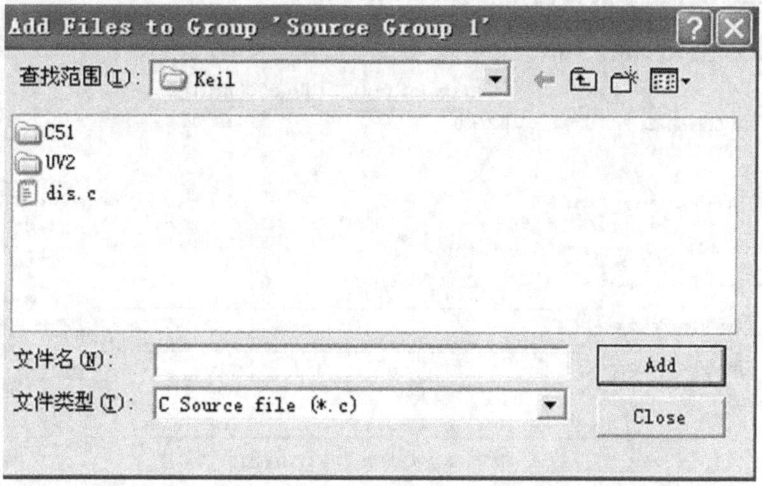

Add Files to Group 'Source Group 1'

查找范围(I)：Keil

C51

UV2

dis.c

文件名(N)：　　Add

文件类型(T)：C Source file (*.c)　　Close

图 9-14　【Add Files to Group 'Source Group 1'】输入框

在框中选中 dis. asm 或 dis. c，然后单击【Add】，在图 9-15 的屏幕中，注意到 Project 窗口的"Source Group 1 "文件夹中多了一个子项 dis. asm 或 dis. c，子项的多少与所增加的源程序的多少相同。

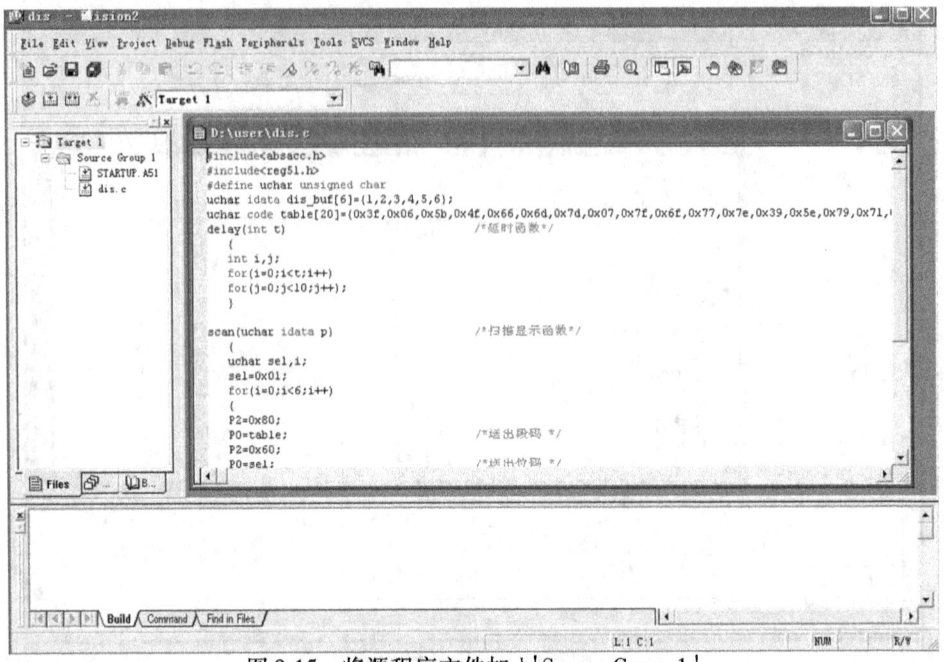

图 9-15　将源程序文件加入'Source Group 1'

六、对要求生成 Hex 代码文件进行设置

对源程序进行的汇编或编译，要求生成 Hex 代码文件，这是直接用于调试并烧写到 ROM 的文件，但 µVision2 默认不生成，为此必须进行设置。设置方法是右击 Target 1，选择【Options for Target 'Target 1'】，单击后出现的 Option for Target 'Target 1'窗口，如图 9-16

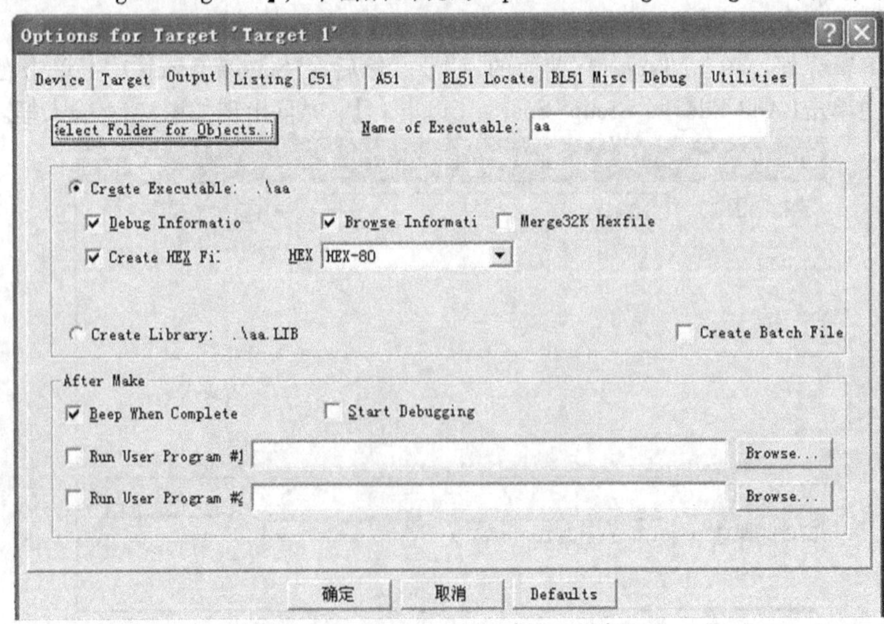

图 9-16　Options for Target 'Target 1'窗口

在这个窗口列出的 10 项菜单选项中，选择 output，然后在 Create HEX File 可选框中打√。表示要求汇编或编译后生成 Intel HEX 格式的 Hex 代码文件。

七、汇编或编译

完成以上 6 个步骤之后，就可以对源文件进行汇编或编译操作。以便生成能在单片机上运行的 Intel HEX 格式的绝对目标文件，有了绝对目标文件就可以将它载入调试器进行调试也可以通过编程器写入单片机。在执行汇编或编译之前，可对 A51 汇编器、C51 编译器、BL51 连接器等进行设置，以便生成的目标文件能包含用户所需要的信息。设置可以通过【Options for Target 'Target1 '】选项中进行。但通常也可以使用默认值而不设置。

设置后只要点击【Project】菜单中的【Rebuild All Target Files】选项，就可以自动完成全部的汇编或编译工作。并生成扩展名为 obj、hex、m51、lst 的文件。其中 hex 文件就是我们所需要的目标程序，可用于写入程序存储器。

汇编或编译窗口如图 9-17 所示。操作时可以从界面下方的 Build 窗口，观察到汇编或编译过程是否顺利进行，以及汇编或编译过程中的错误信息。

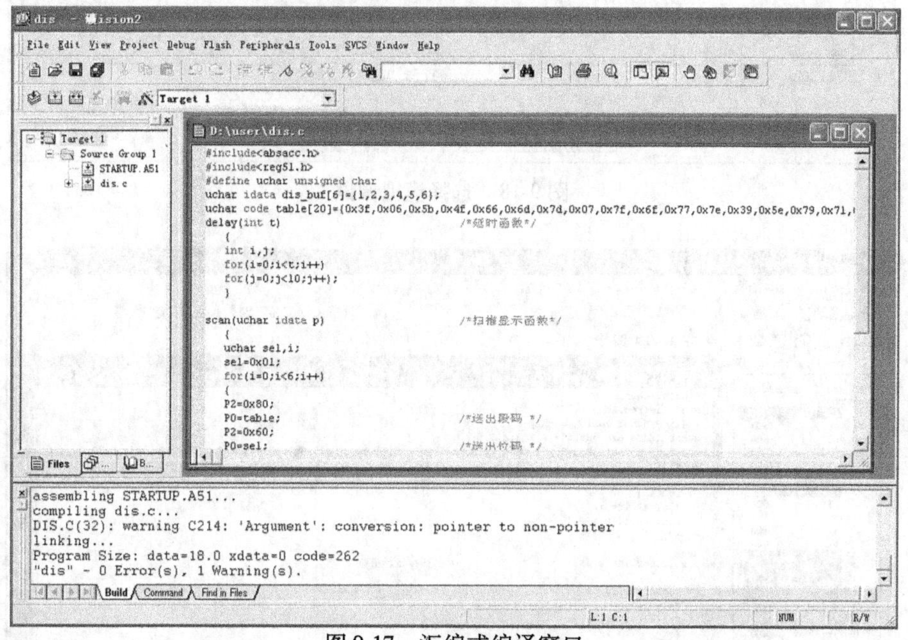

图 9-17　汇编或编译窗口

八、调试

生成目标文件后，可在 μVision2 环境下进行仿真调试，调试器有两种工作模式：Use Simulator 和 Use 接口驱动，它们在【Option for Target 'Target 1 '】对话框列出的 10 项菜单中，选择 Debug 选项。如图 9-18 所示，就可以选择其中的一种工作模式。例如将框中的 Use Simulator 选项打点。调试器就工作于纯软件模拟方式，用户不需要实际的硬件支持，直接用 μVision2 软件仿真器对源文件进行模拟调试。若在 Use 选项打点，则可以选择内嵌的 Keil Monitor-51 Driver，或外接相关的仿真硬件设备，进行仿真调试。

调试时，可单击菜单栏的【Debug】，从下拉菜单中选【Start/Stop Debug Session】选项，进入调试窗口，如图 9-19 所示。同时会弹出反汇编窗口（从【View】-【Disassembly Window】也可以调出此窗口），如图 9-20 所示。在文件窗口我们可以看到运行箭头已指在 main 函数的首条执行语句。可利用工具栏中的单步跟踪、设置断点、运行、复位等图标进行操作。也可以调出各种寄存器窗口(Regs、Watch、Serial)以及堆栈窗口观察其中的变化，或对程序进行跟踪。

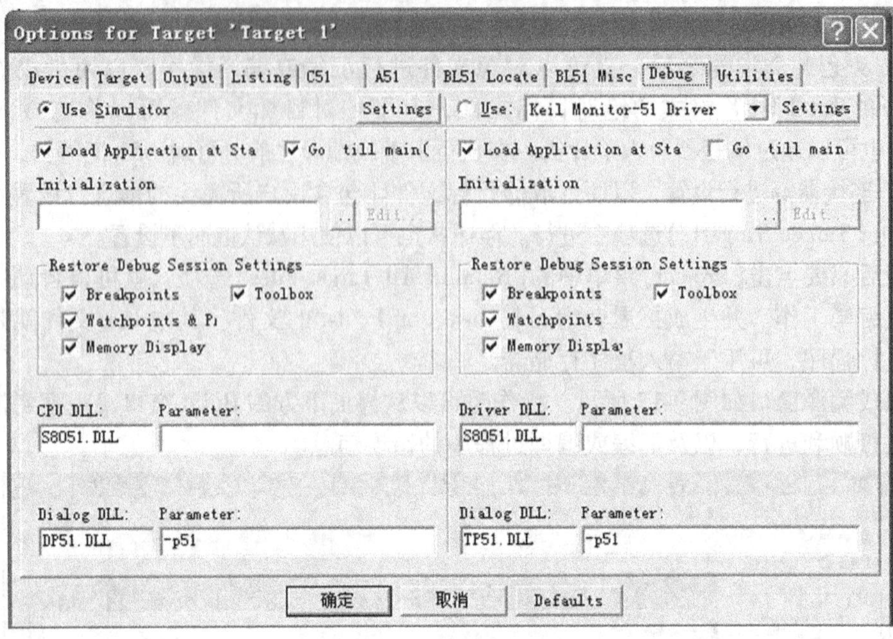

图 9-18 选择模拟调试

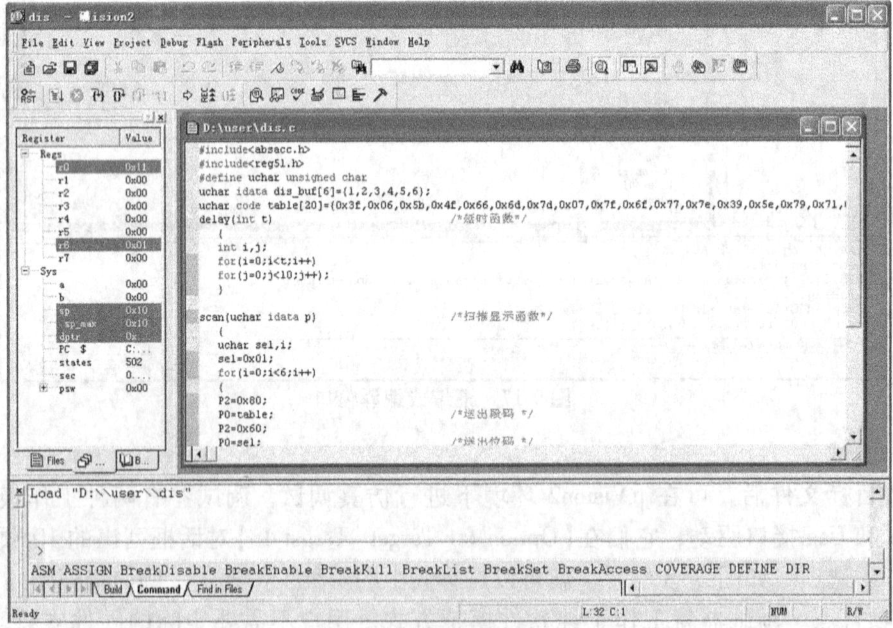

图 9-19 调试窗口

现在还可在网站上下载 Keil μVision3 汉化版，要了解它们的详细功能和操作，可查阅 Keil μVision2 手册或 Keil μVision3 汉化版的有关说明。

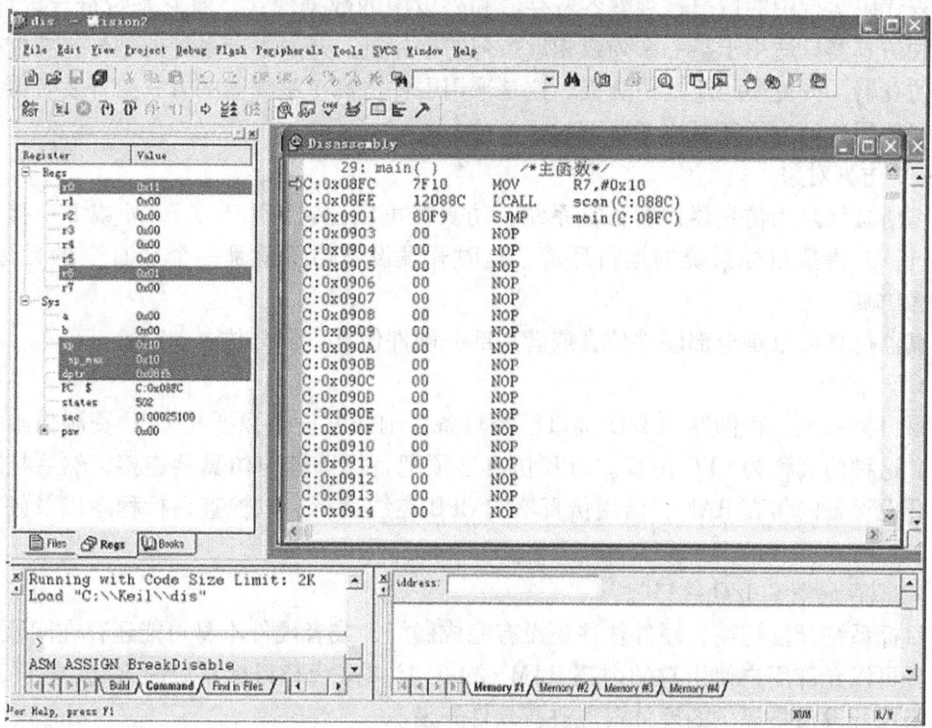

图 9-20　反汇编窗口

第三节　单片机的开发设备与开发方式

如上所述，用户在完成硬件和软件的设计及制作之后，最后要进行调试和固化，因为汇编和编译通过的程序，只能说明没有语法错误，能否按设计者的意图工作，还要通过仿真器的调试和排错。然后用编程器把程序代码写入程序存储器(又称固化)。通常把编译、调试和固化所需要的设备统称为开发设备，把用户设计的单片机应用系统称为目标系统。利用开发设备对目标系统进行调试和固化可以使用以下几种方式。

一、硬件仿真＋编程器的方式

这是一种最传统的调试方式，设备连接如图 9-21 所示。在线仿真器有的采用机外盒，有的做成板卡，如果是机外盒则一端通过并口或串口(或 USB 口)与主计算机相接，另一端通过专用插头插在目标板的单片机插座上。如果是板卡则直接插在主计算机的插槽上。板卡输出端通过专用插头与目标板的单片机插座相连。连接好之后可以通过仿真软件，在主计算

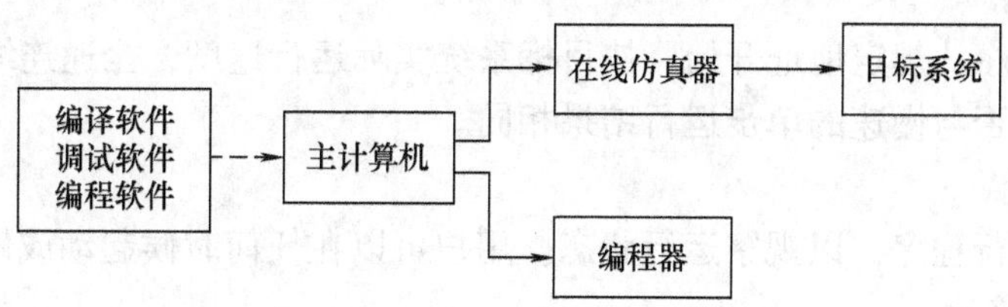

图 9-21　开发设备的结构示意图

机上检查代码运行中的情况，观察各寄存器和外设中的数据变化，看它是否符合设计要求。通常一种仿真器只适用于某一系列或相近系列的单片机。开发不同系列的型号，要配备不同型号的仿真器，或更换相应的仿真板。这是采用硬件仿真 + 编程器的方式给开发者带来的最大负担。使用这种方式还要注意以下问题：

（一）仿真对象

所谓仿真就是用仿真器代替目标系统，仿真器可以把它的 CPU、RAM 或 I/O 接口借给目标系统，并模拟目标系统的运行环境，这时开发设备仿佛就是一个“真”的目标系统，所以称为仿真。

仿真器仿真可以是全部硬件仿真或者是部分硬件仿真。部分仿真包括：

1. CPU 仿真

如果目标系统的存储器和 I/O 接口已经具备，则开发设备只要把 CPU 资源借给目标系统即可，这种仿真称为 CPU 仿真。CPU 仿真必须把目标系统与仿真器连接，然后把目标程序调入开发设备的仿真 RAM，借用仿真器的 CPU 在线运行，以检查目标程序以及硬件的正确性。

2. 模拟存储器和 I/O 接口

在目标系统开发初期，硬件往往还没有完成做好，或者硬件本身可能还存在问题，这时开发设备可以允许用户使用它的内部 RAM 或 I/O 接口来代替目标系统的 RAM 或 I/O 接口，也就是借用开发设备提供的硬件资源进行软件开发。

借用 RAM 可以有几种模式，如果取指信号和读写控制信号均在仿真器内部，即开发设备把全部 RAM 借给目标系统使用，这种模式称为全借出模式。如果取指信号和读写控制信号全部指向目标系统，也就是目标系统全部使用自己的 RAM，开发设备只是借出 CPU 给目标系统，或者是取指信号和读写控制中的一个指向仿真器内部，一个指向目标系统，这种模式就是部分借出。

（二）仿真器运行的控制

仿真器将 CPU、RAM 或 I/O 接口资源出借给目标系统之后还必须能实现对运行过程的控制，这些控制包括：

1. 单步控制

用户可以使 CPU 从任意一个目标地址开始每执行一条指令，即停止运行，以便查看该指令运行过程是否正确，所产生的存储器和接口状态是否达到预期的结果。

2. 断点控制

用户可以在运行的某个地方设置条件断点，如果程序可以满足断点条件，则运行到断点处可停止，以此来检查程序的正确性或检查断点处的程序运行状态。

3. 连续运行

用户可以使程序从规定地址开始，按目标系统实际运行速度，全速连续运行，以检查在正常速度运行时是否与慢速的单步运行结果相同。

4. 运行的停止

连续全速地运行程序，以观察运行状态。用户可以在任何时候起动或停止程序的运行。

（三）读出和修改

仿真器要检查目标系统的硬件或软件是否正确，需要读出程序存储器、数据存储器以及

I/O 接口的状态，即读出功能。主计算机的屏幕上应具有存储器及接口状态的显示窗口，供用户检查。

也可以在这些窗口对数据进行修改，以便目标程序能在修改数据后的状态下继续运行，并观察运行的结果是否为预期值。

(四) 跟踪

虽然用户可以用单步运行观察 CPU 每一条指令的执行过程，但这种运行速度很慢，在某些情况下，例如 100 次循环中，要检查第 50 个循环后的状态，如果采用单步运行 50 次，显然效率太低，但连续运行又无法在第 50 次循环时停止，所以开发设备一般都具备跟踪功能，以便记下目标程序运行过程的地址、数据和控制信号的变化情况。例如有的开发设备可以跟踪 32KB 的信息，用户在运行停止后，可以查看 32KB 范围内某一种状态在某一时刻所具有的数值。

有的仿真器其跟踪功能是指能一步一步执行程序，即使碰到子程序调用，也能按子程序每一条指令，逐条运行。而单步则把子程序调用作为一步处理。

(五) 固化

仿真通过后的用户程序，最后还是要固化到单片机的程序存储器，固化用的编程器也是有机外盒和板卡两种形式，机外盒需要通过电缆与主计算机的串口、并口或 USB 口相接。现在市场上的编程器多属于智能型，可以对各种型号的单片机进行编程。

这种方式的缺点是需要购置一台仿真器和一台编程器，价格不菲。但它的优点是比较容易查出用户程序和目标板上的问题，可以完全模拟程序的运行过程，查错速度比较快也比较彻底，是几种开发方式中最好的一种方式。

二、软件模拟仿真 + 编程器的方式

用这种方法不需要仿真器，也不需要任何硬件支持。只要用上面介绍过的 Keil C51 的 μvision2 集成开发环境，把用户程序调到个人微型计算机上，就可以在上面进行模拟仿真。所以这种方式是开发单片机的一种最简便的方式。但问题是模拟仿真只能检查程序的运行情况，无法检查目标板的硬件是否能正常工作，所以调试后，还要把仿真通过的程序代码，用编程器写入单片机，放在目标板上试运行，以检查目标板上的其他硬件是否能按要求正常工作。如果有问题还要做进一步的检查修改。再把修改后的程序代码重新写入单片机。这是使用软件模拟仿真存在的局限性。

使用软件模拟仿真的方法是打开 Keil C51 μvision2，可以在【Options for Target 'target 1'】对话框中，选择软件模拟仿真【Use Simulator】。选择软件模拟仿真后，可从主菜单【Debug】中单击【Start/Stop Debug Session】选项，然后在源程序窗口或反汇编窗口对程序进行单步或跟踪调试。源程序窗口或反汇编窗口也可以从主菜单的【View】选项，选下拉菜单的【Disassembly Window】选项中调出，然后单击调试工具栏中的图标，或快捷键对程序进行调试，调试方法可以用单步或跟踪也可以全速运行。

三、在系统编程(ISP)与在应用编程(IAP)方式

上面介绍的两种方法都各有局限性，第一种方式需要购置一台仿真器和一台编程器。第二种方式虽然简便，但不能查出目标板上的硬件毛病，因此程序在软件仿真中通过后，要先写入单片机，放在目标板上试运行，根据运行情况才能确定软硬件是否正常。而且这两种方式。都需要把单片机芯片从目标板取下，然后插在编程器中编程，编程后再插回目标板。如果程序需要升级或改动，就要重新把芯片从目标板的插座中拔下，从新擦除或从新编程，既繁琐又容易给芯片或插座造成物理损害。如果芯片已经焊接在目标电路板上，则脱焊拆卸就更加困难。为此近年来推出了第三种的调试与固化方式，即ISP和IAP方式。这种方式既不要仿真器，也不要编程器，只要在个人微型计算机装上Keil C51的μvision2集成开发环境，并在目标板上留一个接口，通过接口例如串口与PC相连，如图9-22所示。这样就可以在个人微型计算机上，利用μvision2内嵌的Monitor51进行仿真，仿真通过后也不需要编程器，直接在PC上把程序代码写入单片机。当然，不是所有单片机都能采用这种方式，只能具备有这种功能的单片机才能做到。

单片机所以能具备ISP或IAP的功能。是由于近年来单片机采用了Flash存储器，这种存储器具有电可擦写的性能，而且不需要另外用较高的编程电压，所写数据不因掉电而消失，开始只是用Flash做程序存储器，对存储器的编程仍然需要用编程器，以后各厂家又相继推出了能实现在系统编程(ISP)和在应用编程(IAP)的单片机。如ATMEL公司的AT89SX系列和AT90SX系列。PHILIPS公司的P89C51RX2XX系列和P89LPC900系列，SST公司的SST89C58，都具有ISP和IAP的功能。

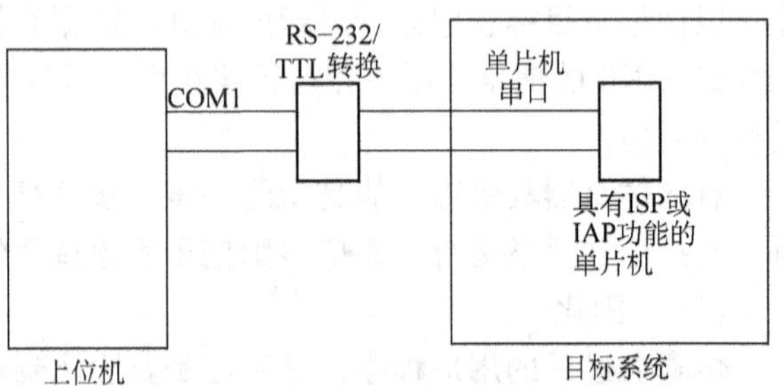

图9-22　ISP与IAP方式的连接

ISP(In System Programming)是在系统编程方式的简称，它可以把空白单片机插在目标电路板上进行编程无需拔下，已经编程过的单片机也可以在目标电路板上用ISP方式进行擦除或再编程。而且无需专用编程器。编程时直接用上位PC通过串口或其他接口把目标代码下载到单片机中去。ISP主要用于空白芯片的第一次编程，或修改后全部重新载入。具备这种功能的单片机，其硬件条件是采用了Flash程序存储器，软件条件是单片机内部存储器高端驻留有ISP启动代码，这样就可以通过目标板上的接口与PC通信，从而实现在线操作，包括在线仿真和在线编程。

IAP(In Applieation Programming)是在应用编程方式的简称，这种方式与ISP的区别是，要求单片机的程序存储器有几个分区，平时可以运行其中一个分区的用户程序。编程时激活启动代码，然后通过串口或其他通信接口把新的用户代码下载到另一个分区。下载完成后再转到新下载的分区运行。因为是在运行中下载，所以称为在应用编程。用这种方式编程，不仅无需拔下芯片，而且可以不必到设备现场，可以通过远程通信对程序代码的全部或一部分甚至只对几个字节进行更新。

可见实现在系统编程(ISP)或在应用编程(IAP)必须具备三个条件：第一是在单片机的程序存储器高端驻留一个启动代码。例如可以置于1C00H～1FFFH。通过运行启动代码，去接收从上位机发来的用户代码。接收结束之后，能够通过更改状态位，自动转到用户代码区，执行刚刚下载的或刚被修改过的用户代码。

第二是需要一个上位PC，先在PC中把汇编语言或C语言的原程序，通过编译转换为HEX文件，然后通过串口或其他通信接口把HEX代码送到单片机。为使上位机可以对各种可编程器件都能操作，往往还需要一个专用软件，这种软件可以具有器件选择、读FLASH

内容、擦除芯片、FLASH 编程、编程验证等功能，使得操作起来更加方便。

第三是要有上位机与单片机的通信硬件，最简单是采用串口传送，由于 PC 串口为 RS-232接口，而单片机串口为 TTL 电平，所以两者之间还要加一个 TTL 转 RS-232 的变换器。

*第四节　开发设备简介

开发设备是仿真器和编程器的统称，有时也专门用来指仿真器，仿真器一般用于硬件仿真。如果仅需软件仿真可以不要仿真器，下面介绍两种常用的开发器设备。

一、DICE 单片机实验系统

DICE-5103S 是江苏启东计算机总厂生产的一种实验学习机，但可以用于仿真，它本身是一台可以独立工作的单片单板机，由 8032 单片机，64KB 程序数据共用的存储器以及自带的 6 个数码显示和 32 键的键盘、固化用的 8255 接口等部分组成。另外 DICE-5103S 实验系统还带有一个 RS-232 电平的串口，这个串口与 PC 的串口连接之后，可进行实验系统与 PC 间的信息交换，能在 PC 中的 Win51 软件支持下联机运行，整个实验系统示意图如图9-23所示。

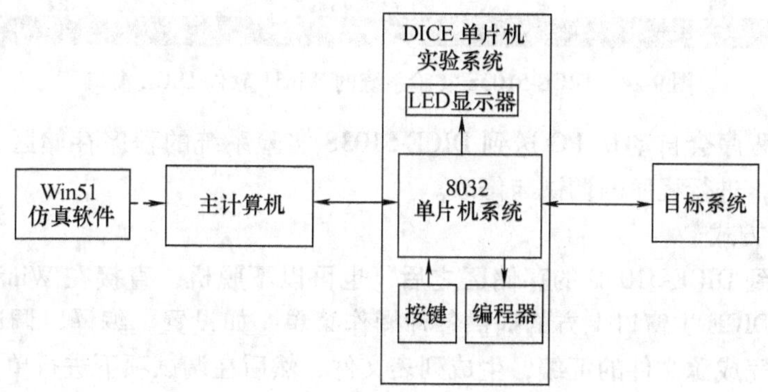

图 9-23　DICE 单片机实验系统示意图

（一）DICE-5103S 作为学习机使用

作为学习机使用时，可以工作于以下几种方式：

1. 单片单板机独立运行方式

DICE-5103S 可以在监控程序支持下，作为单片单板机独立运行；用户可以从键盘输入程序，也可以从 EPROM 调入程序到存储区（存储区可以从 0000H ~ 0FFFFH），然后利用键盘上的控制键，实现单步运行、连续运行或设置断点。

这是一种基本的运行方式，可以让初学者在 DICE-5103S 实验机上输入并运行程序，以了解程序的运行过程。

2. 联机装载脱机运行方式

DICE-5103S 实验系统可以与 PC 联机运行，联机需要先在 PC 中下载 Win51 软件，在 Win51 的支持下，提供了源文件的编辑窗口界面以及有关寄存器的观察窗口。如图 9-24 所示，可以在编辑窗口完成源程序的编辑，并汇编成目标程序。

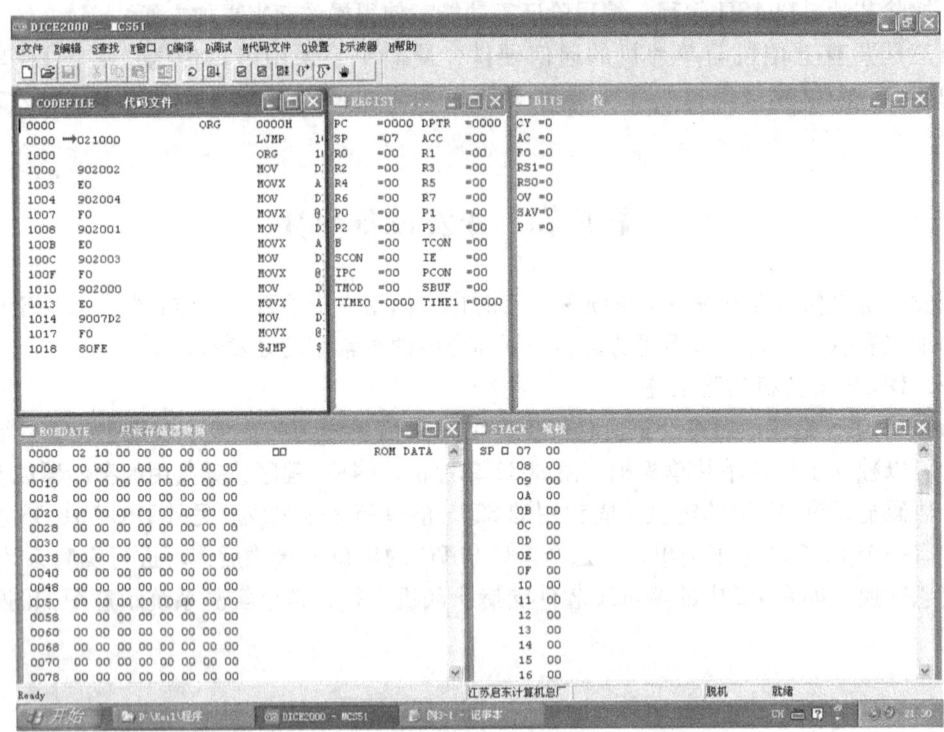

图 9-24　DICE-5103S 实验系统的 Win51 软件 DICE 窗口

汇编后目标程序会自动从 PC 送到 DICE-5103S 实验系统的程序存储区，然后脱机，在监控程序支持下，进行程序的调试与修改。

3. 联机运行方式

将程序装载到 DICE-5103S 的存储区之后，也可以不脱机，直接在 Win51 软件 DICE 窗口下进行操作。DICE 主窗口上方的提供各种操作菜单，如设置、编译、调试等选项，可以先在编译选项下完成源文件的汇编，生成列表文件，然后在调试项下进行单步运行、全速运行、设置断点，以观察程序的正确性。调试通过后可在设置项下完成 EPROM 编程等等。而且所有命令及读写操作，都会通过串口传送给 DICE-5103S 实验系统，可以在 DICE 窗口上，直接观察到程序运行的过程以及程序运行的结果。

（二）DICE-5103S 作为仿真器使用

作为仿真器使用时，可以将 DICE-5103S 实验系统的 CPU 和存储器全部借给目标系统，在这种情况下，一般只能用于调试软件，无法检查目标系统的硬件状态，而且 DICE-5103S 的程序与数据存储器是共用的。调试时数据存储器不能使用程序存储器的空间，因此用于调试的数据存储器地址可能与实际使用的地址略有不同，调试通过的程序最后可能还要做适当修改。

由于结构关系，若要在仿真时使用目标板的存储器或接口，还要作一些必要的线路连接，所以一般不使用目标板的存储器或接口进行仿真。

二、EasyPack/E 8252F 仿真开发系统

EasyPack 是一种在线仿真器，可以对 8051 系列单片机包括 INTEL 和 Philips 等公司的产品进行在线仿真，主机有 128KB 仿真存储器和仿真 CPU，通过仿真头与目标系统连接，通过打印口与 PC 相连；PC 至少有 4MB 以上内存和为 EasyPack 准备的 5MB 硬盘空间。EasyPack 软件是一组 Windows 应用程序，必须在安装有 Windows3.1 以上的操作系统下使用。

（一）操作步骤

EasyPack 可以自动查找目标板的电源，所以在仿真之前，目标板必须先上电，然后仿真器才能上电；在指示灯闪亮两次以后，开始调用仿真程序 EPSLD，使用者可按对话框提示先选择目标系统的 CPU 类型、打印口地址，然后选择所需要的窗口。EasyPack 可以提供 9 种窗口，包括：①可位寻址的存储单元窗口；②CPU 窗口；③两个存储器窗口；可选择程序存储器或片内数据或片外数据存储器作为显示窗口；④源程序窗口；⑤堆栈窗口；⑥跟踪窗口；⑦变量窗口；⑧周边寄存器包括所有特殊功能寄存器的窗口；⑨SHELL 窗口。在以上几个窗口中，SHELL 窗口可以输入操作命令，包括汇编反汇编，仿真操作，存储器操作以及菜单上的一些命令。寄存器窗口可以对寄存器直接进行在线写入或修改。

由于仿真软件是 Windows 的应用程序，所以它界面上使用的工具条、状态条、滚动条、对话框、快捷键、在线帮助系统及鼠标操作等等都和 Windows 操作界面类似。对于已经了解 Windows 操作的用户，使用起来直观方便。而且可以根据需要同时打开几个窗口，观察运行过程有关数据的变化。

（二）性能

EasyPack 具有以下主要性能：

1. 仿真目标系统存储器

主机有 128KB 仿真存储器，其中程序和数据存储器各 64K，在第一次使用时，用户可以通过 GroupMap 菜单命令，选择仿真存储器映射设定，可以选择指向内部，也可以选择指向目标，可以是只读，也可以是读写。目标系统也可以完整保留自身的存储器和 I/O 空间，以实现全空间仿真。

2. 运行控制功能

可以用快捷键实现单步运行、运行至光标所在位、停止运行、运行至断点、连续运行、外部触发运行等。也可以在激活源程序窗口后用工具条操作，或拉动菜单方法进行操作，这也是采用 Windows 界面方便的地方。

3. 实时跟踪记录功能

仿真器主机配有长度为 32KB，位宽为 40 位的追踪记录存储区。在 40 位的追踪记录存储区中，包括地址 16 位，数据 8 位；状态 3 位，外部追踪点 5 位和接口状态位 8 位。选择跟踪功能之后，可以在运行后，查找系统在过去 32KB 范围内的工作情况。

4. 软件评估功能

EasyPack 可以通过软件评估功能对程序进行评估，包括：①程序模块分析，可以显示子程序调用次数，子程序执行所用的时间，可以方便发现死循环或进入程序禁区之类的毛病；②程序执行时间分析，可以记录程序的运行时间，了解程序运行情况；③程序代码覆盖率分析，可以显示某一段程序执行效率，用于分析模块在整个程序中所占地位。其中跟踪功能和评估分析功能是一些普通仿真设备所不具备的。

附　　录

附录 A　ASCII 表

行	列	0③	1③	2③	3	4	5	6	7③
	位 654→ ↓ 3210	000	001	010	011	100	101	110	111
0	0000	NUL	DLE	SP	0	@	P	.	p
1	0001	SOH	DC1	1	1	A	Q	a	q
2	0010	STX	DC2	″	2	B	R	b	r
3	0011	ETX	DC3	#	3	C	S	c	s
4	0100	EOT	DC4	$	4	D	T	d	t
5	0101	ENQ	NAK	%	5	E	U	e	u
6	0110	ACK	SYN	&	6	F	V	f	v
7	0111	BEL	ETB	,	7	G	W	g	w
8	1000	BS	CAN	(	8	H	X	h	x
9	1001	HT	EM	)	9	I	Y	i	y
A	1010	LF	SUB	*	:	J	Z	j	z
B	1011	VT	ESC	+	;	K	[	k	{
C	1100	FF	FS	·	<	L	\	l	|
D	1101	CR	CS	-	=	M	]	m	}
E	1110	SO	RS	.	>	N	Ω①	n	~
F	1111	SI	US	/	?	O	_②	o	DEL

① 取决于使用这种代码的机器，它的符号可以是弯曲符号，向上箭头，或(－)标记。

② 取决于使用这种代码的机器，它的符号可以是在下面画线，向下箭头，或心形。

③ 是第 0、1、2 和 7 列特殊控制功能的解释。

NUL　空
SOH　标题开始
STX　正文结束
ETX　本文结束
EOT　传输结果
ENQ　询问
ACK　承认
BEL　报警符(可听见的信号)
BS　退一格
HT　横向列表(穿孔卡片指令)

ETB　信息组传送结束
CAN　作废
EM　纸尽
SUB　减
ESC　换码
VT　垂直制表
FF　走纸控制
CR　回车
SO　移位输出
SI　移位输入

DLE　数据链换码
DC1　设备控制 1
DC2　设备控制 2
DC3　设备控制 3
DC4　设备控制 4
NAK　否定
FS　文字分隔符
GS　组分隔符
RS　记录分隔符
US　单元分隔符

LF　换行　　SP　空间(空格)　　DEL　作废

SYN　空转同步

附录 B　MCS-51 指令表

十六进制代码	助记符	功能	对标志影响				字节数	周期数
			P	OV	AC	CY		
		表 B-1　算术运算指令						
28~2F	ADD A，Rn	(A)+(Rn)→A	√	√	√	√	1	1
25	ADD A，direct	(A)+(direct)→A	√	√	√	√	2	1
26，27	ADD A，@Ri	(A)+((Ri))→A	√	√	√	√	1	1
24	ADD A，# data	(A)+data→A	√	√	√	√	2	1
38~3F	ADDC A，Rn	(A)+(Rn)+CY→A	√	√	√	√	1	1
35	ADDC A，direct	(A)+(direct)+CY→A	√	√	√	√	2	1
36，37	ADDC A，@Ri	(A)+((Ri))+CY→A	√	√	√	√	1	1
34	ADDC A，# data	(A)+data+CY→A	√	√	√	√	2	1
98~9F	SUBB A，Rn	(A)-(Rn)-CY→A	√	√	√	√	1	1
95	SUBB A，direct	(A)-(direct)-CY→A	√	√	√	√	2	1
96，97	SUBB A，@Ri	(A)-((Ri))-CY→A	√	√	√	√	1	1
94	SUBB A，# data	(A)-data-CY→A	√	√	√	√	2	1
04	INC A	(A)+1→A	√	×	×	×	1	1
08~0F	INC Rn	(Rn)+1→Rn	×	×	×	×	1	1
05	INC direct	(airect)+1→direct	×	×	×	×	2	1
06，07	INC @Ri	((Ri))+1→(Ri)	×	×	×	×	1	1
A3	INC DPTR	(DPTR)+1→DPTR					1	2
14	DEC A	(A)-1→A	√	×	×	×	1	1
18~1F	DEC Rn	(Rn)-1→Rn	×	×	×	×	1	1
15	DEC direct	(direct)-1→direct	×	×	×	×	2	1
16，17	DEC @Ri	((Ri))-1→(Ri)	×	×	×	×	1	1
A4	MUL AB	(A)·(B)→AB	√	√	×	√	1	4
84	DIV AB	(A)/(B)→AB	√	√	×	√	1	4
D4	DA A	对 A 进十进制调整	√	√	√	√	1	1
		表 B-2　逻辑运算指令						
58~5F	ANL A，Rn	(A)∧(Rn)→A	√	×	×	×	1	1
55	ANL A，direct	(A)∧(direct)→A	√	×	×	×	2	1
56，57	ANL A，@Ri	(A)∧(Ri)→A	√	×	×	×	1	1
54	ANL A，# data	(A)∧data→A	√	×	×	×	2	1
52	ANL direct，A	(direct)∧(A)→direct	×	×	×	×	2	1
53	ANL direct，# data	(direct)∧data→direct	×	×	×	×	3	2
48~4F	ORL A，Rn	(A)∨(Rn)→A	√	×	×	×	1	1
45	ORL A，direct	(A)∨(direct)→A	√	×	×	×	2	1
46，47	ORL A，@Ri	(A)∨(Ri)→A	√	×	×	×	1	1
44	ORL A，# data	(A)∨data→A	√	×	×	×	2	1
42	ORL direct，A	(direct)∨(A)→direct	×	×	×	×	2	1
43	ORL direct，# data	(direct)∨data→direct	×	×	×	×	3	2
68~6F	XRL A，Rn	(A)⊕(Rn)→A	√	×	×	×	1	1

（续）

十六进制代码	助 记 符	功 能	对标志影响				字节数	周期数
			P	OV	AC	CY		
表 B-2 逻辑运算指令								
65	XRL A，direct	(A)⊕(direct)→A	√	×	×	×	2	1
66，67	XRL A，@Ri	(A)⊕(Ri)→A	√	×	×	×	1	1
64	XRL A，# data	(A)⊕data→A	√	×	×	×	2	1
62	XRL direct，A	(direct)⊕(A)→direct	×	×	×	×	2	1
63	XRL direct，# data	(direct)⊕data→direct	×	×	×	×	3	2
E4	CLR A	0→A	√	×	×	×	1	1
F4	CPL A	$\overline{(A)}$→A	×	×	×	×	1	1
23	RL A	A 循环左移一位	×	×	×	×	1	1
33	RLC A	A 带进位循环左移一位	√	×	×	√	1	1
03	RR A	A 循环右移一位	×	×	×	×	1	1
13	RRC A	A 带进位循环右移一位	√	×	×	√	1	1
C4	SWAP A	A 半字节交换	×	×	×	×	1	1
表 B-3 数据传送指令								
E8～EF	MOV A，Rn	(Rn)→A	√	×	×	×	1	1
E5	MOV A，direct	(direct)→A	√	×	×	×	2	1
E6，E7	MOV A，@Ri	((Ri))→A	√	×	×	×	1	1
74	MOV A，# data	data→A	√	×	×	×	2	1
F8～FF	MOV Rn，A	(A)→Rn	×	×	×	×	1	1
A8～AF	MOV Rn，direct	(direct)→Rn	×	×	×	×	2	2
78～7F	MOV Rn，# data	data→Rn	×	×	×	×	2	1
F5	MOV eirect，A	(A)→direct	×	×	×	×	2	1
88～8F	MOV direct，Rn	(Rn)→direct	×	×	×	×	2	2
85	MOV direct1 direct2	(direct2)→direct1	×	×	×	×	3	2
86，87	MOV direct@Ri	((Ri))→direct	×	×	×	×	2	2
75	MOV direct，# data	data→direct	×	×	×	×	3	2
F6，F7	MOV @Ri，A	(A)→((Ri))	×	×	×	×	1	1
A6，A7	MOV # Ri，direct	(direct)→(Ri)	×	×	×	×	2	2
76，77	MOV @Ri，# data	data→(Ri)	×	×	×	×	2	1
90	MOV DPTR，# data16	data16→DPTR	×	×	×	×	3	2
93	MOVC A，@A+DPTR	((A)+(DPTR))→A	√	×	×	×	1	2
83	MOVC A，@A+PC	((A)+(PC))→A	√	×	×	×	1	2
E2，E3	MOVX A，@Ri	((P2)+(R))→A	√	×	×	×	1	2
E0	MOVX A，@DPTR	((DPTR))→A	√	×	×	×	1	2
F2，F3	MOVX @Ri，A	(A)→(R1)+(P2)	×	×	×	×	1	2
F0	MOVX @DPTR，A	(A)→(DPTR)	×	×	×	×	1	2
C0	PUSH direct	(SP)+1→SP (direct)→(SP)	×	×	×	×	2	2
D0	POP direct	((SP))→direct (SP)-1→SP	×	×	×	×	2	2
C3～CF	XCH A，Rn	(A)←→(Rn)	√	×	×	×	1	1
C5	XCH A，direct	(A)←→(direct)	√	×	×	×	2	1
C6，C7	XCH A，@Ri	(A)←→((Ri))	√	×	×	×	1	1
D6，D7	XCHD A，@Ri	(A)0～3←→((Ri))0～3	√	×	×	×	1	1

（续）

十六进制代码	助 记 符	功 能	对标志影响				字节数	周期数
			P	OV	AC	CY		
表 B-4 位操作指令								
C3	CLR C	0→CY	×	×	×	√	1	1
C2	CLR bit	0→bit	×	×	×		2	1
D3	SETB C	1→CY	×	×	×	√	1	1
D2	SETB bit	1→bit	×	×	×		2	1
B3	CPL C	$\overline{\mathrm{CY}}$→CY	×	×	×	√	1	1
B2	CPL bit	$\overline{(\mathrm{bit})}$→bit	×	×	×		2	1
82	ANL C，bit	(CY)∧(bit)→CY	×	×	×	√	2	2
EO	ANL C，/bit	(CY)∧$\overline{(\mathrm{bit})}$→CY	×	×	×	√	2	2
72	ORL C，bit	(CY)∨(bit)→CY	×	×	×	√	2	2
AO	ORL C，/bit	(CY)∨$\overline{(\mathrm{bit})}$→CY	×	×	×	√	2	2
A2	MOV C，bit	(bit)→CY	×	×	×	√	2	1
92	MOV bit，C	CY→bit	×	×	×	×	2	2
表 B-5 控制转移指令								
*1	ACALL addr 11	(PC)+2→PC，(SP)+1→SP，(PC)L→(SP)，(SP)+1→SP，(PC)h→(SP)，addr11→PC10～0	×	×	×	×	2	2
12	LCALL addr16	(PC)+2→PC，(SP)+1→SP，(PC)L→(SP)，(SP)+1→SP，(PC)H→(SP)，addr16→PC	×	×	×	×	3	2
22	RET	((SP))→PCH，(SP)-1→SP，((SP))→PCL，(SP)-1→SP	×	×	×	×	1	2
32	RETI	((SP))→PCh，(SP)-1→SP，((SP))→PCL，(SP)-1→SP 从中断返回	×	×	×	×	1	2
*1	AJMP addr 11	addr 11→PC10～0	×	×	×	×	2	2
02	LJMP addr 16	addr 16→PC	×	×	×	×	3	2
80	SJMP rel	(PC)+(rel)→PC	×	×	×	×	2	2
73	JMP @A+DPTR	(A)+(DPTR)→PC	×	×	×	×	1	2
60	JZ rel	(PC)+2→PC 若(A)=0，(PC)+(rel)→PC	×	×	×	×	2	2
70	JNZ rel	(PC)+2→PC，若(A)不等0，则(PC)+(rel)→PC	×	×	×	×	2	2
40	JC rel	(PC)+2→PC，若 CY=1，则(PC)+(rel)→PC	×	×	×	×	2	2
50	JNC rel	(PC)+2→PC，若 CY=0，则(PC)+rel→PC	×	×	×	×	2	2
20	JB bit，rel	(PC)+3→PC，若(bit)=1，则(PC)+(rel)→PC	×	×	×	×	3	2
30	JNB bit，rel	(PC)+3→PC，若(bit)=0，则(PC)+(rel)→PC	×	×	×	×	3	2
10	JBC bit，rel	(PC)+3→PC，若(bit)=1，则0→bit，(PC)+rel→PC					3	2
15	CJNB A，direct，rel	(PC)+3→PC，若(A)不等于(direct)，则(PC)+rel→PC 若(A)<(direct)，则1→CY	×	×	×	×	3	2

（续）

十六进制代码	助 记 符	功 能	对标志影响				字节数	周期数
			P	OV	AC	CY		
表 B-5 控制转移指令								
B4	CJNE A，# data，rel	（PC）+3→PC，若(A)不等于data，则(PC）+ rel→PC 若（A）小于 data，1→CY	×	×	×	×	3	2
B8 ~ BF	CJNE Rn，# data，rel	(PC）+3→PC，若(Rn)不等于data，则（PC） + rel → PC，若(Rn)小于 data，则 1→CY	×	×	×	×	3	2
B6，B7	CJNE ⓐRi，# data，rel	（PC）+3→PC，若(Fi)不等于data，则（PC） + rel → PC，若((Ri))小于 data，则 1→CY	×	×	×	×	3	2
D8 ~ DF	DJNZ Rn，rel	（PC）+2→PC，（Rn）-1→Rn 若(Rn)不等于 0，则（PC）+ rel →PC	×	×	×	×	2	2
D5	DJNZ direct，rel	（PC）+3→PC，（direct）-1→direct，若(direct)不等于 0，则(PC）+ rel→PC	×	×	×	×	3	2
00	NOP	空操作	×	×	×	×	1	1

附录 C MCS-51 指令编码表

下面列出的 MCS-51 指令以操作码的十六进制数次序排列，供读者于反汇编时查阅。指令中的符号和指令表中符号有些差异(Intel 公司提供资料)，现说明如下：

code addr 指令中给出的地址，如：addr 11，addr 16，rel 等

data addr 数据地址，相当于指令表中符号 direct

bit addr 位地址，和指令表中符号 bit 相同

十六进制代码	字 节 数	助 记 符	
00	1	NOP	
01	2	AJMP	code addr
02	3	LJMP	code addr
03	1	RR	A
04	1	INC	A
05	2	INC	data addr
06	1	INC	ⓐR0
07	1	INC	ⓐR1
08	1	INC	R0
09	1	INC	R1
0A	1	INC	R2
0B	1	INC	R3
0C	1	INC	R4
0D	1	INC	R5
0E	1	INC	R6

（续）

十六进制代码	字 节 数	助 记 符	
0F	1	INC	R7
10	3	JBC	bit addr，code apdr
11	2	ACALL	code addr
12	3	LCALL	code addr
13	1	RRC	A
14	1	DEC	A
15	2	DEC	data addr
16	1	DEC	@R0
17	1	DEC	@R1
18	1	DEC	R0
19	1	DEC	R1
1A	1	DEC	R2
1B	1	DEC	R3
1C	1	DEC	R4
1D	1	DEC	R5
1E	1	DEC	R6
1F	1	DEC	R7
20	3	JB	bit addr Code addr
21	2	AJMP	code addr
22	1	RET	
23	1	RL	A
24	2	ADD	A，# data
25	2	ADD	A，data addr
26	1	ADD	A，@R0
27	1	ADD	A，@R1
28	1	ADD	A，R0
29	1	ADD	A，R1
2A	1	ADD	A，R2
2B	1	ADD	A，R3
2C	1	ADD	A，R4
2D	1	ADD	A，R5
2E	1	ADD	A，R6
2F	1	ADD	A，R7
30	3	JNB	bit addr，code addr
31	2	ACALL	code addr
32	1	RETI	
33	1	RLC	A
34	2	ADDC	A，# data
35	2	ADDC	A，data addr
36	1	ADDC	A，@R0
37	1	ADDC	A，@R1
38	1	ADDC	A，R0
39	1	ADDC	A，R1
3A	1	ADDC	A，R2
3B	1	ADDC	A，R3
3C	1	ADDC	A，R4
3D	1	ADDC	A，R5
3E	1	ADDC	A，R6

（续）

十六进制代码	字节数	助记符	
3F	1	ADDC	A，R7
40	2	JC	code addr
41	2	AJMP	code addr
42	2	ORL	data addr，A
43	3	ORL	data addr，# data
44	2	ORL	A，# data
45	2	ORL	A，data addr
46	1	ORL	A，@R0
47	1	ORL	A，@R1
48	1	ORL	A，R0
49	1	ORL	A，R1
4A	1	ORL	A，R2
4B	1	ORL	A，R3
4C	1	ORL	A，R4
4D	1	ORL	A，R5
4E	1	ORL	A，R6
4F	1	ORL	A，R7
50	2	JNC	code addr
51	2	ACALL	code addr
52	2	ANL	data addr，A
53	3	ANL	data addr，# data
54	2	ANL	A，# data
55	2	ANL	A，data，addr
56	1	ANL	A，@R0
57	1	ANL	A，@R1
58	1	ANL	A，R0
59	1	ANL	A，R1
5A	1	ANL	A，R2
5B	1	ANL	A，R3
5C	1	ANL	A，R4
5D	1	ANL	A，R5
5E	1	ANL	A，R6
5F	1	ANL	A，R7
60	2	JZ	code addr
61	2	AJMP	code addr
62	2	XRL	data addr，A
63	3	XRL	data addr，# data
64	2	XRL	A，# data
65	2	XRL	A，data addr
66	1	XRL	A，@R0
67	1	XRL	A，@R1
68	1	XRL	A，R0
69	1	XRL	A，R1
6A	1	XRL	A，R2
6B	1	XRL	A，R3
6C	1	XRL	A，R4
6D	1	XRL	A，R5
6E	1	XRL	A，R6

（续）

十六进制代码	字节数	助记符	
6F	1	XRL	A，R7
70	2	JNZ	code addr
71	2	ACALL	code addr
72	2	ORL	C，bit addr
73	1	JMP	ⓐA + DPTR
74	2	MOV	A，# data
75	3	MOV	data addr，# data
76	2	MOV	ⓐR0，# data
77	2	MOV	ⓐR1，# data
78	2	MOV	R0，# data
79	2	MOV	R1，# data
7A	2	MOV	R2，# data
7B	2	MOV	R3，# data
7C	2	MOV	R4，# data
7D	2	MOV	R5，# data
7E	2	MOV	R6，# data
7F	2	MOV	R7，# data
80	2	SJMP	code addr
81	2	AJMP	code addr
82	2	ANL	C，bit addr
83	1	MOVC	A，ⓐA + PC
84	1	DIV	AB
85	3	MOV	data addr，data addr
86	2	MOV	data addr，ⓐR0
87	2	MOV	data addr，ⓐR1
88	2	MOV	data addr，R0
89	2	MOV	data addr，R1
8A	2	MOV	data addr，R2
8B	2	MOV	data addr，R3
8C	2	MOV	data addr，R4
8D	2	MOV	data addr，R5
8E	2	MOV	data addr，R6
8F	2	MOV	data addr，R7
90	3	MOV	DPTR，# data
91	2	ACALL	code addr
92	2	MOV	bit addr，C
93	1	MOVC	A，ⓐA + DPTR
94	2	SUBB	A，# data
95	2	SUBB	A，data addr
96	1	SUBB	A，ⓐR0
97	1	SUBB	A，ⓐR1
98	1	SUBB	A，R0
99	1	SUBB	A，R1
9A	1	SUBB	A，R2
9B	1	SUBB	A，R3
9C	1	SUBB	A，R4
9D	1	SUBB	A，R5
9E	1	SUBB	A，R6
9F	1	SUBB	A，R7

（续）

十六进制代码	字节数	助记符	
A0	2	ORL	C，/bit addr
A1	2	AJMP	code addr
A2	2	MOV	C，bit addr
A3	1	INC	DPTR
A4	1	MUL	AB
A5		reserved	
A6	2	MOV	@R0，data addr
A7	2	MOV	@R1，data addr
A8	2	MOV	R0，data addr
A9	2	MOV	R1，data addr
AA	2	MOV	R2，data addr
AB	2	MOV	R3，data addr
AC	2	MOV	R4，data addr
AD	2	MOV	R5，data addr
AE	2	MOV	R6，data addr
AF	2	MOV	R7，data addr
B0	2	ANL	C，/bit addr
B1	2	ACALL	code addr
B2	2	CPL	bit addr
B3	1	CPL	C
B4	3	CJNE	A，# data，code addr
B5	3	CJNE	A，data addr code addr
B6	3	CJNE	@R0，# data，code addr
B7	3	CJNE	@R1，# data，code addr
B8	3	CJNE	R0，# code addr
B9	3	CJNE	R1，# data，code addr
BA	3	CJNE	R2，# data，code addr
BB	3	CJNE	R3，# data，code addr
BC	3	CJNE	R4，# data，code addr
BD	3	CJNE	R5，# data，code addr
BE	3	CJNE	R6，# data，code addr
BF	3	CJNE	R7，# data，code addr
C0	2	PUSH	data addr
C1	2	AJMP	code addr
C2	2	CLR	bit addr
C3	1	CLR	C
C4	1	SWAP	A
C5	2	XCH	A，data addr
C6	1	XCH	A，@R0
C7	1	XCH	A，@R1
C8	1	XCH	A，R0
C9	1	XCH	A，R1
CA	1	XCH	A，R2
CB	1	XCH	A，R3
CC	1	XCH	A，R4
CD	1	XCH	A，R5
CE	1	XCH	A，R6
CF	1	XCH	A，R7
D0	2	POP	data addr
D1	2	ACALL	code addr

（续）

十六进制代码	字节数	助记符	
D2	2	SETB	bit addr
D3	1	SETB	C
D4	1	DA	A
D5	3	DJNZ	data addr，code addr
D6	1	XCHD	A，@R0
D7	1	XCHD	A，@R1
D8	2	DJNZ	R0，code addr
D9	2	DJNZ	R1，code addr
DA	2	DJNZ	R2，code addr
DB	2	DJNZ	R3，code addr
DC	2	DJNZ	R4，code addr
DD	2	DJNZ	R5，code addr
DE	2	DJNZ	R6，code addr
DF	2	DJNZ	R7，code addr
E0	1	MOVX	A，@DPTR
E1	2	AJMP	code addr
E2	1	MOVX	A，@R0
E3	1	MOVX	A，@R1
E4	1	CLR	A
E5	2	MOV	A，data addr
E6	1	MOV	A，@R0
E7	1	MOV	A，@R1
E8	1	MOV	A，R0
E9	1	MOV	A，R1
EA	1	MOV	A，R2
EB	1	MOV	A，R3
EC	1	MOV	A，R4
ED	1	MOV	A，R5
EE	1	MOV	A，R6
EF	1	MOV	A，R7
F0	1	MOVX	@DPTR，A
F1	2	ACALL	code addr
F2	1	MOVX	@R0，A
F3	1	MOVX	@R1，A
F4	1	CPL	A
F5	2	MOV	data addr，A
F6	1	MOV	@R0，A
F7	1	MOV	@R1，A
F8	1	MOV	R0，A
F9	1	MOV	R1，A
FA	1	MOV	R2，A
FB	1	MOV	R3，A
FC	1	MOV	R4，A
FD	1	MOV	R5，A
FE	1	MOV	R6，A
FF	1	MOV	R7，A

参考文献

[1] 苏卫斌. 8051系列单片机应用手册[M]. 北京：科学出版社，1997.

[2] 徐仁贵. 微型计算机接口技术及应用[M]. 北京：机械工业出版社，1996.

[3] 李群芳，张士军，黄建. 单片微型计算机与接口技术[M]. 2版. 北京：电子工业出版社，2005.

[4] 严天峰. 单片机应用系统设计与仿真调试[M]. 北京：北京航空航天大学出版社，2005.

[5] 高锋. 单片微机应用系统设计及实用技术[M]. 北京：机械工业出版社，2004.

[6] 徐爱钧，彭秀华. 单片机高级语言C51 Windows环境编程与应用[M]. 北京：电子工业出版社，2003.

[7] 李伯成. 单片机及嵌入式系统[M]. 北京：清华大学出版社，2005.

[8] 马忠梅，马岩，张凯. 单片机C语言应用程序设计[M]. 北京：北京航空航天大学出版社，1997.

[9] 陈龙三. 8051单片机C语言控制与应用[M]. 北京：清华大学出版社，1999.